通信理論入門

工学博士 坂庭 好一
博士(学術) 笠井 健太
共著

コロナ社

まえがき

　本書は，通信理論の解説書である．ここでいう通信とは，距離あるいは時間の隔たりを越えて情報を伝達/交換することを指す．東京から大阪の友人に電話やメールをしたり，映像や音楽を記録メディアに記録し，あとで観賞したりするのは，距離ならびに時間を超えた通信の例である．

　例えば，人間の発する声/言葉などの情報を即時に遠方まで運ぶには，声などをそれが可能な物理量に変換して伝達する必要がある．この条件を満たしてくれたのがいわゆる電気通信である．

　電気通信においては，人や計算機などが発する情報を距離的あるいは時間的に隔たった宛先 (相手) へ届けるため，送信機などと呼ばれる装置によって情報を加工して光 (電磁波) や電気信号に変換し，通信路 (自由空間や光ファイバケーブルや記録媒体など) を通して，宛先 (受信側) へ伝達する．受信側では，受信機などと呼ばれる装置によって，受信された電気信号から人や計算機が発した元の情報を復元することになる．このとき，いずれの通信路においても

　　　　　(a) 物理的な障害 (雑音，帯域制限，歪など)，(b) 人為的な妨害

などが存在するため，送信された信号がそのまま形を変えずに受信側に現れることはない．したがって，これらの妨害を克服して，情報をいかに，

　　　　　(1)「正確」，かつ (2) 速く (大量に)，そして (3) 安全に

伝えるか，が通信工学の課題となる[†1]．通信理論の目的は，上記の (1), (2), (3) を最大限実現する通信方式の解明にある．

　まず情報を「速く」あるいは「大量に」という要請であるが，これに答えるためには，そもそも情報はどう測られるべきかを知らなくてはならない．その答えは 2 章に述べられている．

[†1] 「正確」であることは大前提である．不正確な情報をいくら速く送っても意味がない．

すると次には，情報表現の冗長性が問題になる．一つのことを1回話しても，3回話しても，相手に伝わる本質的な情報の量は変わらないと考えられる．3回話すのは無駄で1回話せば十分ということである．自然言語などは普通多くの無駄を含む．このような無駄(冗長性)を除くと，情報はどこまで短く簡潔に表現できるであろうか？「情報圧縮の限界」と「その限界を達成する方法」が3章，4章に述べられている．

次に，与えられた通信路を通して，情報を伝達しようとしたとき，誤りなく伝達できる情報量の限界が問題になる．上に述べたように，通信路には雑音などの妨害が存在する．このとき，その雑音の性質や大きさにより，各通信路は「通信路容量」と呼ばれる，通信路固有の特徴量 C を持つことが示される (5章)．ここで，k シンボルで表される情報に $n-k$ 個の冗長シンボルを付け加え，n シンボルの符号語に変換して通信路に送出するとする．すると，情報伝達のスピード $R := k/n$ が $R < C$ を満たすならば，冗長シンボルを「うまく」選ぶことにより，この通信路を通して誤りなく情報を伝達できることが示される．この事実は通信路符号化定理として知られ，通信理論の最も重要な結果の一つである (6章)．近年この情報伝達速度の限界 (通信路容量) を達成する具体的な符号の有力な候補として LDPC 符号が注目されている．本書ではその入門的な解説をやや丁寧に述べるようにした (6章)．

最後に，悪意のない単なるミスを含む人為的な妨害による情報の変化などを排して情報を安全に通信することが要請される．このための技術が「セキュリティ技術」であり，その中心に「暗号技術」がある．これに関する入門的解説を述べたのが8章である．

さて，本書を著すにあたっては次の点に留意した．必要な予備知識はできるだけ少ないこと，しかし証明などは省かず本書だけで完結して読み切れること，である．具体的には，予備知識としては大学入学程度の数学的基礎だけを仮定し，残りは本書を読み進むことによって理解できるよう，一通りの証明は漏らさないように心掛けた．そのため，いくつかの章に付録という形で，必要な数学的基礎事項をまとめている．

まえがき

　本書の内容は，基本的にシャノン (C.E. Shannon) によって提唱された「通信の数学的理論 (A Mathematical Theory of Communication)」(巻末の参考文献 1)) に述べられた内容である．日本では，この内容の書物は「情報理論」ということが多い．しかし本書では原点に立ち返るという意味でも，また内容をより的確に表す意味でも「通信理論」とすることが適切と考えた．また記述に関しても，できるだけ原典に近い記述を心掛けるように努めた．科学技術を切り開いてきた先人達の考え方に触れることは，自らが新しい発見をしていく際の助けになるであろうと考えたからである．

　講義のテキストとして使用されるときには，多少具体的な例を付け加えて説明いただくとよいように考える．学生はこれにより，話の概要を理解し，その後にこのテキストを読み返すことで，数学的/理論的内容まで理解を進めることができるようになると期待される．

　世の中に通信理論 (情報理論) に関する名著/良書は少なくない．したがって，本書にどれほどの存在意義があるかについては疑問が残らないわけではないが，上に述べた点において，内容/記述法において多少の特色はあるものと考える．本書が，通信理論を学ぼうとする学生諸君にとって，何らかの意味でお役に立つことができれば，著者にとって望外の喜びである．

　最後に，原稿に目を通して多くの貴重な指摘とコメントをいただいた，神奈川大学野崎隆之博士に感謝する．また辛抱強く原稿を待って下さったコロナ社に感謝する．

　平成 26 年 7 月

坂庭好一，笠井健太

目　　　次

1.　通信理論の概要

1.1　通信の目的とモデル ……………………………………………………… *1*
1.2　通信理論の概要と本書の構成 …………………………………………… *3*
1.3　付録：確率の初歩 ………………………………………………………… *6*
　　1.3.1　テイラー展開とロピタルの定理 ………………………………… *7*
　　1.3.2　確　率　空　間 …………………………………………………… *8*
　　1.3.3　確率変数と平均 …………………………………………………… *9*
　　1.3.4　特　性　関　数 …………………………………………………… *13*
　　1.3.5　中心極限定理 ……………………………………………………… *14*
　章　末　問　題 ………………………………………………………………… *16*

2.　情報源のモデルと情報量

2.1　情報源のモデル …………………………………………………………… *17*
2.2　情　報　の　尺　度 ……………………………………………………… *21*
　　2.2.1　情報の大小と加法性 ……………………………………………… *22*
　　2.2.2　情　報　の　尺　度 ……………………………………………… *23*
2.3　平均情報量（エントロピー）…………………………………………… *25*
　章　末　問　題 ………………………………………………………………… *28*

3. 情報源符号化定理

3.1 情報源符号 ·· 29
   3.1.1 符号化と復号化 ··· 29
   3.1.2 符号の例 ·· 30
3.2 クラフト・マクミランの定理 ··································· 32
   3.2.1 符号化(情報表現の変換) ·································· 33
   3.2.2 クラフト・マクミランの定理 ··························· 37
3.3 情報源符号化定理 ··· 40
   3.3.1 情報源の拡大 ··· 41
   3.3.2 情報源符号化定理 ··· 41
章末問題 ··· 44

4. 代表的な情報源符号

4.1 情報源符号の機能 ··· 45
4.2 2元ハフマン符号 ·· 46
   4.2.1 2元ハフマン符号の例 ·· 46
   4.2.2 2元ハフマン符号の構成法 ································ 48
   4.2.3 ハフマン符号の性質 ··· 50
   4.2.4 多元ハフマン符号 ··· 55
4.3 イライアス符号 ··· 56
4.4 イライアス符号を用いたユニバーサル符号 ········ 67
4.5 ジブ・レンペル符号 ··· 74
   4.5.1 増分分解 ·· 75
   4.5.2 符号化 ·· 76

4.5.3 復号化	77
4.5.4 漸近的最良性	79
4.6 ワイル符号	86
4.7 付録：凸関数といくつかの不等式	90
章末問題	93

5. 通信路モデルと通信路容量

5.1 通信路のモデル	94
5.1.1 通信システムの実例	94
5.1.2 一般の離散無記憶通信路	97
5.1.3 伝達情報量 (相互情報量)	99
5.2 通信路容量	102
5.2.1 数学的準備	102
5.2.2 通信路容量	105
5.2.3 基本的な通信路の通信路容量	109
章末問題	116

6. 通信路符号化定理

6.1 情報伝達の例と通信路符号化定理	117
6.2 最大事後確率復号法と最尤復号法	118
6.3 (順)符号化定理	124
6.3.1 通信システムのモデルと (順) 符号化定理	124
6.3.2 誤り確率の上界	125
6.3.3 ギャラガー関数とその性質	130
6.3.4 符号化定理の証明	132

6.4	逆符号化定理	134
	6.4.1 弱い逆符号化定理	135
	6.4.2 強い逆符号化定理	138
6.5	簡単な誤り訂正符号	142
	6.5.1 有限体	143
	6.5.2 距離，重みと限界距離復号法	143
	6.5.3 加法的通信路と限界距離復号	145
	6.5.4 単一誤り訂正符号 (ハミング符号)	146
6.6	低密度パリティ検査 (LDPC) 符号	148
	6.6.1 LDPC 符号と Sum-Product アルゴリズム	148
	6.6.2 2元消失通信路 (BEC) における性能評価	163
章末問題		175

7. 連続情報と連続通信路

7.1	連続情報源と連続通信路	176
7.2	アナログ信号からディジタル信号へ	177
7.3	連続標本値のエントロピー	181
	7.3.1 連続標本値のエントロピー	181
	7.3.2 多次元エントロピー	183
7.4	帯域制限 AWGN 通信路の通信路容量	184
	7.4.1 帯域制限 AWGN 通信路	184
	7.4.2 帯域制限 AWGN 通信路の伝達情報量	187
	7.4.3 帯域制限 AWGN 通信路の通信路容量	188
	7.4.4 離散的通信路との比較	191
	7.4.5 通信路符号化定理 (再掲)	193
7.5	付録：電力スペクトル密度と白色雑音	194

7.5.1 相関関数 ……………………………………………… *194*

7.5.2 電力スペクトル密度 ………………………………… *194*

章末問題 ………………………………………………………… *197*

8. 情報セキュリティの基礎 ── 暗号理論の初歩 ──

8.1 暗号の考え方と共通鍵暗号系 ……………………………… *198*

  8.1.1 暗号システム ………………………………………… *198*

  8.1.2 共通鍵暗号の代表例 ………………………………… *199*

8.2 公開鍵暗号系 …………………………………………………… *202*

  8.2.1 公開鍵暗号系の基本構成 …………………………… *203*

  8.2.2 公開鍵暗号系の成立条件 …………………………… *204*

  8.2.3 ディジタル署名 (認証) の改良 ……………………… *205*

8.3 公開鍵暗号成立の根拠 ………………………………………… *206*

  8.3.1 素因数分解と離散対数 ………………………………… *207*

  8.3.2 素数判定アルゴリズム ………………………………… *208*

8.4 公開鍵暗号系の具体例 (I)：RSA 暗号 ……………………… *209*

8.5 公開鍵暗号系の具体例 (II)：ラビン暗号 …………………… *211*

  8.5.1 2 次多項式の求解 ──ラビン暗号の復号── ……… *212*

  8.5.2 ラビン暗号の構成 ……………………………………… *215*

8.6 公開鍵暗号系の具体例 (III)：逆数暗号 ……………………… *216*

8.7 公開鍵暗号系の具体例 (IV)：エルガマル暗号 ……………… *219*

8.8 付録：初等整数論の基礎 ……………………………………… *220*

  8.8.1 群，体，環 ……………………………………………… *220*

  8.8.2 整数 ……………………………………………………… *221*

  8.8.3 多項式 …………………………………………………… *222*

  8.8.4 ユークリッドの互除法 ………………………………… *223*

    8.8.5 中国人の剰余定理 …………………………………… *225*

    8.8.6 オイラーの関数とフェルマの小定理 ……………………… *228*

    8.8.7 有 限 群 ……………………………………………… *229*

    8.8.8 有 限 体 ……………………………………………… *230*

    8.8.9 平 方 剰 余 …………………………………………… *232*

    8.8.10 ソロベイ・ストラッセンの素数判定法 ……………………… *238*

章 末 問 題 ………………………………………………………… *240*

引用・参考文献 …………………………………………………… *241*

索　　　　引 ……………………………………………………… *246*

1 通信理論の概要

1.1 通信の目的とモデル

〔1.1.1〕通信の目的は，距離的あるいは時間的な隔たりを越えて情報を交換することにある．距離的な隔たりを越えた通信の具体例としては，東京から大阪へ電話を掛けたり，アメリカからテレビ中継したりすることが挙げられる．このような距離を越えた通信においては，即時 (リアルタイム) 性が要求されることが多い．一方，CD (Compact Disc) に録音された音楽を鑑賞したり，DVD (Digital Versatile Disc) や BD (Blu-ray Disc) に記録された映画やテレビ番組を見たりするのは，時間を超えた通信の例である[†1]．

　最も基本的な音声による通信を考えてみよう．大昔から人間が行ってきた通信のやり方は対面して話をすることである．しかし，この方法では遠く離れた相手と話をすることはできない．音は距離が隔たるにつれて大きく減衰するため，遠くまで到達しないからである．したがって，距離を克服して通信を行うには，人間の発する情報を即時に遠くまで伝達可能な物理量に変換して伝達する必要がある．この条件を満たしてくれたのがいわゆる**電気通信**である．

〔1.1.2〕電気通信においては人やコンピュータなどが発する情報を距離的あるいは時間的に隔たった宛先 (相手) へ届けるため，**送信機**あるいは**符号器**と呼ばれる装置によって情報を加工した後，光 (電磁波) や電気信号に変換し，**通信**

[†1] 時間を超えた通信 (記録) では，情報の誤りが心配されても問い合わせできないことが多い．したがって，特に正確性に対する要求の強いことが考えられる．

路 (自由空間や光ファイバケーブルや記録媒体など) を通して，受信側へ伝達する．受信側では，**受信機**あるいは**復号器**と呼ばれる装置によって，受信信号を人やコンピュータが発したもとの情報に戻すことになる．これを図示すると図 1.1 のように書くことができる．通信は双方向が基本であるが，図 1.1 はその片方を記述していることになる．また，多数が会議を行うような通信も考えられるが，その場合も図 1.1 が基本の構成要素である．

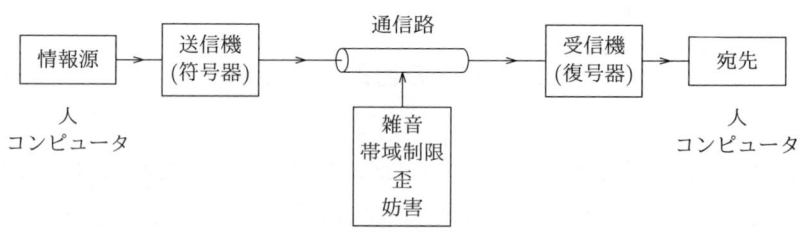

図 1.1　電気通信のモデル

さて，図 1.1 において通信路と記した部分は，空間伝搬路であったり，光ファイバやメタリックケーブルであったり，CD，DVD，BD などの記録媒体であったりする．いずれの通信路においても幸か不幸か送信された情報がそのままの形で受信されることはない．通信路には，

(1) 物理的な障害 (雑音，帯域制限，歪など)，(2) 人為的な妨害

が存在する．したがって，これらの障害や妨害を克服して，情報をいかに，

(1)「正確」，かつ (2) 速く (大量に)，そして (3) 安全に

伝えるか，が通信工学の課題となる[†1]．

[†1] 情報は「正確」であることが大前提である．不正確 (デタラメ) な情報をいくら (速く，安全に) 送っても意味がない．

1.2 通信理論の概要と本書の構成

前節最後に述べた通信工学の課題は，現在どのように解決されているのであろうか？その概要は次のようにまとめられる．(この結果のすべてが本質的にシャノン (C.E. Shannon) の貢献 [1],[2] によっている．また巻末に示すように多くの優れたテキストが存在する [3]~[9],[11]~[19])．

〔1.2.1〕まず情報を「速く」あるいは「大量に」という要請であるが，それにはそもそも情報はどう測られるべきかが問題になる．情報の測り方が決まらなければ，「速く」も「大量に」も議論できない．

情報の例として，人の話や文章を考えてみよう．人の話や文章は，文字 (シンボル) の集合 $A := \{a_1, a_2, \ldots, a_M\}$ [†1] から発せられる文字 (シンボル) の系列 $x_1 x_2 \cdots$ $(x_i \in A)$ と捉えることができる．このとき，情報の測り方に関する検討を行うと，**2章**に述べるように，各文字の情報は $-\log_2 p(a_i)$ [ビット] のように測るのが妥当であることが導かれる．ただし，$p(a_i)$ は文字 (シンボル) a_i が発生する確率である．

〔1.2.2〕次に，与えられた情報の表現に無駄がないかどうかが問題になる．例えば人の言葉 (自然言語) は多分に「冗長」である[†2]．逆にいうと，話の本質的な内容 (情報の量) は変えることなく，もっと簡潔に表現できるのである．では，情報はどこまで簡潔に表現できるのであろうか？

表現の簡潔さを，情報表現に必要な「文字列の (平均的) 長さ」で測ることにすると，その下限は**平均情報量** (あるいは**エントロピー**)

$$H(A) := \sum_{i=1}^{M} -p(a_i) \log p(a_i) \tag{1.1}$$

[†1] A は，英語ならば $A := \{a, b, \ldots, z, \sqcup\}$，日本語ならば $A := \{あ, い, う, \ldots, ん\}$ で与えられるアルファベットである．

[†2] この冗長さのために，多少「話」を聞き漏らしても，意味を取り違えることを少なくできている．人間同士の会話では，この冗長さは有効に機能していると考えられる．

で与えられることが示される[†1]．逆に $H(A)$ に限りなく近い長さの簡潔な表現が可能なことも導かれる．表現を簡潔にする操作は**情報源符号化**または**情報圧縮，データ圧縮**などと呼ばれ，情報を記録したり，伝達したりするときに，事前になすべき重要な操作となる．情報圧縮の限界が式 (1.1) によって与えられることは **3 章**で，またその限界を達成すべく考案された圧縮アルゴリズムについては **4 章**に述べる．

〔**1.2.3**〕その次には，(簡潔に表現された) 情報を，(1) 遠く離れた場所へ送信してそれを受信したり，(2) 記録してそれを再生したり，することが行われる．このとき，受信したり再生したりした情報は，一般にもとの情報とは異なる．この原因の第一に挙げられるのが，**雑音**と呼ばれる物理的障害である．

〔**5.1.1**〕で見るように，実際に広く用いられている通信方式として，情報を 2 値 (正，負のパルスや $\{0, 1\}$) の系列によって表現し，それを伝送したり，記録したりする方式がある．このとき，上に述べた雑音の影響は，**図 1.2** に示すような通信路モデル (遷移図) によって表すことができる[†2]．この通信路モデルは **2 元対称通信路 (BSC)** と呼ばれ，ε はビット誤り率と呼ばれる．

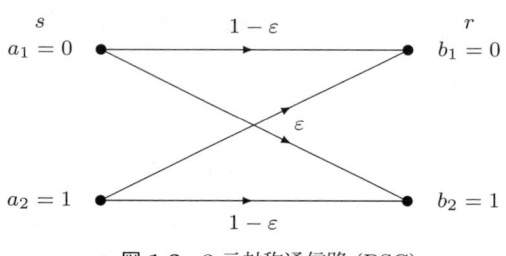

図 **1.2** 2 元対称通信路 (BSC)

[†1] 記号「:=」は定義を表す．$A := B$ は「A は B で定義される」ことを表す．
[†2] 図 **1.2** において，送信シンボル s ならびに受信シンボル r は，共に 2 値のシンボル $a_1 = 0$, $a_2 = 1$ ならびに $b_1 = 0$, $b_2 = 1$ をとるとしている．

〔**1.2.4**〕さて，図**1.2**に示したような通信路を通して，送信シンボル一つ (a_i とする) を送信して，受信シンボル一つ (b_j とする) が受信されたとしよう．(これが通信の基本機能である)．このとき，この通信によって，どれだけの情報が伝えられたのであろうか？

通信が行われる前，送信シンボル a_i の持っていた情報量は，$-\log_2 p_s(a_i)$ 〔ビット〕であった．通信が行われた後を考えると，受信側ではシンボル b_j が受信されている．したがって，送信シンボル a_i の情報量は，$-\log_2 p_s(a_i)$ 〔ビット〕から，$-\log_2 p_{s|r}(a_i|b_j)$ 〔ビット〕に変化していることになる．($p_{s|r}(a_i|b_j)$ は条件付き確率．〔1.3.6〕参照)．送信シンボル a_i に関するこの情報量の変化分

$$I(a_i;b_j) := -\log_2 p_s(a_i) - [-\log_2 p_{s|r}(a_i|b_j)] \tag{1.2}$$

が，a_i が送信されて b_j が受信されたという「通信」によって，送信側から受信側へ伝達された情報量 (**伝達情報量**と呼ぶ) と解釈することができる．

〔**1.2.5**〕情報源の平均情報量 (エントロピー) を考えたのと同様に，(1 シンボル当たりの) 伝達情報量 $I(a_i;b_j)$ を，(図 **1.2** の) 通信システム全体にわたって平均した量

$$I(A;B) := E\left[I(a_i;b_j)\right] = \sum_i \sum_j p_{s,r}(a_i,b_j) I(a_i;b_j) \tag{1.3}$$

を考える (**平均伝達情報量**と呼ぶ)．そして，この平均伝達情報量 $I(A,B)$ を，送信シンボルの出現確率 $\{p(a_i)\}_i$ に関して最大化した値を

$$C := \max_{\{p(a_i)\}_i} I(A;B) \tag{1.4}$$

とおく．C は，通信路 $\{p_{r|s}(b_j|a_i)\}_{i,j}$ だけで決まる，通信路固有の量で，**通信路容量**と呼ばれる．図 **1.2** の BSC の通信路容量は

$$C = 1 - \mathcal{H}_2(\varepsilon), \quad \mathcal{H}_2(x) := -x\log_2 x - (1-x)\log_2(1-x) \tag{1.5}$$

で与えられることが示される．通信路容量については，**5** 章，**7** 章で述べる．(**5** 章では，いわゆる離散無記憶通信路について，また **7** 章では，物理的実体である連続通信路について述べている)．

〔**1.2.6**〕 与えられた (図 **1.2** の) 2元通信路を通して，情報を (できるだけ) 誤りなく伝達するために，k シンボルで表される情報 $(c_1, c_2, \ldots, c_k)$ に $n-k$ 個の冗長シンボル $(c_{k+1}, \ldots, c_n)$ を付け加え，長さ n の2元符号語

$$\boldsymbol{c} = (c_1, c_2, \ldots, c_k, c_{k+1}, \ldots, c_n), \quad c_i \in \{0, 1\} \tag{1.6}$$

に変換して通信路に送出するものとする．(この操作を**通信路符号化**と呼ぶ)．

このとき，通信路容量 C は，その通信路を使って誤りなく伝達できる情報伝達速度の最大値を与える．すなわち，概ね次の関係が成り立つ：

定理：誤りのない情報伝達を実現する式 (1.6) の形式の符号が存在するための必要十分条件は，「**情報伝達速度** $R := k/n$ が $R < C$ を満たす」ことである．

この定理は**通信路符号化定理**と呼ばれ，通信理論の最も重要な結果の一つである．これに関する，より一般的な議論は，**6章**に述べられる．

〔**1.2.7**〕 最後に，人為的な妨害などを排して情報を安全に通信する技術が残されている．残念ながら，世の中には悪事を企む不逞の輩もおり，情報の盗聴や改竄などに備えなければならない．また，現代のネットワーク社会では，悪意のない単なる「ミス」によっても情報が変化し，結果において，悪意による情報操作と変わらない影響を及ぼす可能性もある．このような，情報に対する人為的妨害から情報を保護する技術が「セキュリティ技術」であり，その中心に「暗号技術」がある．これに関する入門的解説を述べたのが **8章** である．

1.3　付録：確率の初歩

ここでは，本書の内容を理解する上で基本的である，確率の初歩と (ガウス雑音の根拠を与える) 中心極限定理などについて簡単にまとめている．

1.3.1 テイラー展開とロピタルの定理

補題〔1.3.1〕テイラー展開[†1]：$f(x)$ を，一つの区間 $I \subseteq \mathbb{R}$ (実数全体の集合) で m 回連続微分可能な関数とする．すると，$a < b$ $(a, b \in I)$ を固定したとき，

$$f(b) = \sum_{k=0}^{m-1} \frac{f^{(k)}(a)}{k!}(b-a)^k + \frac{f^{(m)}(c)}{m!}(b-a)^m \tag{1.7}$$

を満たす実数 $c \in (a, b)$ が存在する．ただし，$f^{(k)}(x)$ は $f(x)$ の k 階微分を表す．($a > b$ の場合もまったく同様に式 (1.7) が成立する)．

(証明) 与えられた $f(x)$ ならびに a, b に対して，K_m を

$$f(b) = \sum_{k=0}^{m-1} \frac{f^{(k)}(a)}{k!}(b-a)^k + K_m(b-a)^m$$

が成り立つように定める (常に可能)．そして，$a \leqq t \leqq b$ として，

$$F(t) := f(b) - \sum_{k=0}^{m-1} \frac{f^{(k)}(t)}{k!}(b-t)^k - K_m(b-t)^m$$

とおく．すると，$F(b) = 0$, $F(a) = f(b) - f(b) = 0$ が成り立つ．したがって，**ロールの定理**[45] [†2] により，$c \in (a, b)$ が存在して，$F'(c) = 0$ が成立する．ここで，実際に $F'(t)$ を計算すれば，

$$F'(c) = -\frac{f^{(m)}(c)}{(m-1)!}(b-c)^{m-1} + mK_m(b-c)^{m-1}$$

が得られ，$K_m = \dfrac{f^{(m)}(c)}{m!}$ となって，式 (1.7) が成立する．

補題〔1.3.2〕ロピタルの定理：m 回連続微分可能な関数 $f(x)$, $g(x)$ があり，$f(a) = \cdots = f^{(m-1)}(a) = 0$, $g(a) = \cdots = g^{(m-1)}(a) = 0$, $g^{(m)}(a) \neq 0$ であるとする．すると，下記が成立する[†3]：

$$\lim_{b \to a} \frac{f(b)}{g(b)} = \frac{f^{(m)}(a)}{g^{(m)}(a)}. \tag{1.8}$$

(証明) 式 (1.7) より直ちに得られる．

[†1] テイラーの定理とも呼ばれる．また，$a = 0$ のときには，マクローリン展開と呼ばれる．
[†2] 片かっこ")"で示した番号は，巻末の引用・参考文献の番号を表す．
[†3] ロピタルの定理は，$f(a) = g(a) = 0$ である関数の比 $\lim\limits_{b \to a} f(b)/g(b)$ の簡便な計算法を与える．$f(a) = g(a) = \pm\infty$ の場合にも同様の結果が成立する．

1.3.2 確率空間 [†1]

〔**1.3.3**〕**確率の公理**：集合 Θ (**全事象**と呼ぶ) が与えられ，その任意の部分集合 A (**事象**と呼ぶ) に対して実数を対応させる関数 $P(A)$ (A の**確率**と呼ぶ) が定義され，

(1) 任意の $A \subseteq \Theta$ に対して，$P(A) \geq 0$,

(2) $A, B \subseteq \Theta$ が互いに素 ($A \cap B = \emptyset$) ならば，
$$P(A \cup B) = P(A) + P(B),$$

(3) $P(\Theta) = 1$

を満たすとき，(Θ, P) を**確率空間**という [†2]。

〔**1.3.4**〕$A \cap B$ を A と B の**結合事象**，$A \cup B$ を A と B の**和事象**，$A^{\mathrm{C}} := \{\theta \in \Theta \mid \theta \notin A\}$ を A の**余事象**という．また，空集合 $\emptyset$ を**空事象**と呼ぶ．なお，結合事象 $A \cap B$ の確率 $P(A \cap B)$ を通常 $P(A, B)$ と表す．

〔**1.3.5**〕確率 $P(\cdot)$ に関して，下記が成立する (章末問題 **1.1**)：

(1) $0 \leq P(A) = 1 - P(A^{\mathrm{C}}) \leq 1$, $\quad P(\emptyset) = 0$,

(2) $P(A \cap B) \leq P(A)$, $P(A \cap B) \leq P(B)$,

(3) $P(A \cup B) + P(A \cap B) = P(A) + P(B)$,

(4) $P(A \cup B) \leq P(A) + P(B)$.

〔**1.3.6**〕**条件付き確率**：$C, D \subseteq \Theta$, $P(D) \neq 0$ に対して，

$$P(C|D) := \frac{P(C, D)}{P(D)} \tag{1.9}$$

を "D が起こったという条件の下で事象 C が起こる**条件付き確率**" という．

同様に，$P(C) \neq 0$ ならば $P(D|C) = P(C, D)/P(C)$ であるから，式 (1.9) と併せて，$P(C, D)$ は次のように表現できる：

$$P(C, D) = P(C|D)P(D) = P(D|C)P(C). \tag{1.10}$$

〔**1.3.7**〕**統計的独立性 (1)**：$A, B \subseteq \Theta$ に対して，

$$P(A, B) = P(A)P(B)$$

が成立するとき，事象 A と事象 B は (統計的に) **独立**であるという．式 (1.10) から明らかなように，この条件は次の条件に等しい：

$$P(A|B) = P(A) \quad \text{または} \quad P(B|A) = P(B).$$

[†1] これ以降の議論については，例えば文献41)～44) などを参照されたい．

[†2] 条件 (2) より直ちに，「$A_i \subseteq \Theta$ ($i = 1, 2 \ldots$) が互いに素 ($A_i \cap A_j = \emptyset$, for $i \neq j$) ならば，$P(\bigcup_i A_i) = \sum_i P(A_i)$，」が成立する．

〔**1.3.8**〕 $B_i \subseteq \Theta$ を，$\bigcup_i B_i = \Theta$ を満たす互いに素な事象とする．すると，

(1) $\quad P(A) = \sum_i P(A, B_i) = \sum_i P(A|B_i)P(B_i),$

(2) $\quad P(B_i|A) = \dfrac{P(A|B_i)P(B_i)}{\sum_j P(A|B_j)P(B_j)}$

が成立する．(1) において，$P(A)$ を $P(A, B_i)$ の**周辺確率**という．また，(2) を**ベイズの定理**という．(章末問題 **1.2** 参照)．

1.3.3 確率変数と平均

〔**1.3.9**〕 確率空間 (Θ, P) の上で定義された実数値関数 $X(\theta)$ $(\theta \in \Theta)$ を**確率変数**あるいは**不規則変数**といい，普通 θ を省略して単に X などと書く．また，n 個の確率変数 $X_1, X_2, \ldots, X_n$ のベクトル $\boldsymbol{X} := (X_1, X_2, \ldots, X_n)$ を $X_1, X_2, \ldots, X_n$ の**結合確率変数**という．(ベクトルは"横ベクトル"とする)．

〔**1.3.10**〕 **分布関数**：確率変数 X に対し，

$$F_X(x) := P(\{\theta \in \Theta \mid X(\theta) \le x\})$$

を X の **(確率) 分布関数**という．$F_X(x)$ は，確率変数 X の値が x 以下となる確率を表している．($F_X(-\infty) = 0$, $F_X(\infty) = 1$ が成り立つ)．

同様に，$\boldsymbol{X} := (X_1, X_2, \ldots, X_n)$ に対して，

$$F_{\boldsymbol{X}}(\boldsymbol{x}) := P(\{\theta \in \Theta \mid X_1(\theta) \le x_1, X_2(\theta) \le x_2, \ldots, X_n(\theta) \le x_n\})$$

を $\boldsymbol{X}$ の**結合確率分布関数**という．ただし，$\boldsymbol{x} := (x_1, x_2, \ldots, x_n)$ である．

〔**1.3.11**〕 **確率密度関数**[†1]：X の (確率) 分布関数 $F_X(x)$ に対し，その微分

[†1] 必要に応じて，下記により定義される δ 関数などの**超関数**[49),50)] を含めて考える：

$$\delta(x) := \lim_{\Delta \to 0} u_\Delta(x), \ u_\Delta(x) := \begin{cases} \dfrac{1}{\Delta}, & |x| < \dfrac{\Delta}{2}, \\ 0, & \text{otherwise.} \end{cases}$$

例えば，確率変数 X としてサイコロの目 (1~6) を考えると，分布関数は，

$$F_X(x) = \begin{cases} 0, & x < 1 \\ \dfrac{k}{6}, & k \le x < k+1 \ (k = 1, 2, \ldots, 5) \\ 1, & 6 \le x \end{cases}$$

であり，密度関数は，$f_X(x) := \dfrac{dF_X(x)}{dx} = \sum_{k=1}^{6} \dfrac{1}{6}\delta(x - k)$ となる．

$$f_X(x) := \frac{dF_X(x)}{dx}, \quad \left(F_X(x) = \int_{-\infty}^{x} f_X(u)du\right)$$

を X の確率密度関数という．同様に，$F_{\boldsymbol{X}}(x_1, x_2, \ldots, x_n)$ に対して，

$$f_{\boldsymbol{X}}(\boldsymbol{x}) := \frac{\partial^n F_{\boldsymbol{X}}(x_1, x_2, \ldots, x_n)}{\partial x_1 \partial x_2 \cdots \partial x_n},$$
$$\left(F_{\boldsymbol{X}}(x_1, \ldots, x_n) = \int_{-\infty}^{x_n} \cdots \int_{-\infty}^{x_1} f_{\boldsymbol{X}}(u_1, \ldots, u_n) du_1 \cdots du_n\right)$$

を $\boldsymbol{X}$ の結合確率密度関数という．

〔1.3.12〕統計的独立性 (2)： $\boldsymbol{X} := (X_1, X_2, \ldots, X_n)$ の分布関数に関して，

$$F_{\boldsymbol{X}}(x_1, x_2, \ldots, x_n) = \prod_{i=1}^{n} F_{X_i}(x_i)$$

が成立するとき，確率変数 $X_1, X_2, \ldots, X_n$ は (統計的に) 独立であるという．

このとき，分布関数と密度関数が〔1.3.11〕に述べた関係で結ばれていることから，独立性の条件に関して，次の関係が成立する：

$$F_{\boldsymbol{X}}(x_1, \ldots, x_n) = \prod_{i=1}^{n} F_{X_i}(x_i) \Leftrightarrow f_{\boldsymbol{X}}(x_1, \ldots, x_n) = \prod_{i=1}^{n} f_{X_i}(x_i).$$

命題〔1.3.13〕確率変数 $X_1, X_2, \ldots, X_n$ が (統計的に) 独立であれば，それらの関数 $g_1(X_1), g_2(X_2), \ldots, g_n(X_n)$ も独立である．また，

$$\left.\begin{array}{l} Y := g(\boldsymbol{X}_1), \quad \boldsymbol{X}_1 := (X_1, X_2, \ldots, X_k), \\ Z := h(\boldsymbol{X}_2), \quad \boldsymbol{X}_2 := (X_{k+1}, X_{k+2}, \ldots, X_n) \end{array}\right\}$$

で与えられる Y, Z もまた独立である．

(証明) 後半を示す (前半はより簡単)．確率変数 $\boldsymbol{X} = (\boldsymbol{X}_1, \boldsymbol{X}_2)$ の領域を

$$\left.\begin{array}{l} D_Y(y) := \{\boldsymbol{x}_1 \in \mathbb{R}^k \mid g(\boldsymbol{x}_1) \leq y\}, \\ D_Z(z) := \{\boldsymbol{x}_2 \in \mathbb{R}^{n-k} \mid h(\boldsymbol{x}_2) \leq z\}, \\ D_{Y,Z}(y, z) := \{\boldsymbol{x} = (\boldsymbol{x}_1, \boldsymbol{x}_2) \in \mathbb{R}^n \mid g(\boldsymbol{x}_1) \leq y, \ h(\boldsymbol{x}_2) \leq z\} \end{array}\right\}$$

とおく．すると，$D_{Y,Z}(y, z) = D_Y(y) \cap D_Z(z)$ である．また，$X_1, X_2, \ldots, X_n$ が独立であることから，〔1.3.12〕より，

$$f_{\boldsymbol{X}}(\boldsymbol{x}) = f_{\boldsymbol{X}_1 \boldsymbol{X}_2}(\boldsymbol{x}_1, \boldsymbol{x}_2) = f_{\boldsymbol{X}_1}(\boldsymbol{x}_1) \cdot f_{\boldsymbol{X}_2}(\boldsymbol{x}_2)$$

が成り立つ．よって，次の関係が成立する：

$$F_{Y,Z}(y,z) = \int_{D_{Y,Z}(y,z)} f_{\boldsymbol{X}}(\boldsymbol{x})d\boldsymbol{x}$$
$$= \int_{D_Y(y)\cap D_Z(z)} f_{\boldsymbol{X}_1}(\boldsymbol{x}_1) \cdot f_{\boldsymbol{X}_2}(\boldsymbol{x}_2)d\boldsymbol{x}_1 d\boldsymbol{x}_2$$
$$= \int_{D_Y(y)\cap D_Z(z)} f_{\boldsymbol{X}_1}(\boldsymbol{x}_1)d\boldsymbol{x}_1 \int_{D_Y(y)\cap D_Z(z)} f_{\boldsymbol{X}_2}(\boldsymbol{x}_2)d\boldsymbol{x}_2$$
$$= \int_{D_Y(y)} f_{\boldsymbol{X}_1}(\boldsymbol{x}_1)d\boldsymbol{x}_1 \int_{D_Z(z)} f_{\boldsymbol{X}_2}(\boldsymbol{x}_2)d\boldsymbol{x}_2 = F_Y(y)F_Z(z).$$

[**1.3.14**] **平均に関する基本定理**: 確率変数 X に対し,

$$E[X] := \int_{-\infty}^{\infty} x f_X(x) dx \tag{1.11}$$

を X の平均あるいは**期待値**という[†1]. 一般に, 確率変数 $\boldsymbol{X} := (X_1, X_2, \ldots, X_n)$ の関数 $g(\boldsymbol{X})$ はまた一つの確率変数となる. このとき, $Y := g(\boldsymbol{X})$ の平均 $E[Y]$ は, $\boldsymbol{X}$ の密度関数 $f_{\boldsymbol{X}}(\boldsymbol{x})$ を用いて次式で計算される (Y の密度関数 $f_Y(y)$ を求めなくてよい):

$$E[Y = g(\boldsymbol{X})] := \int_{y \in \mathbb{R}} y f_Y(y) dy = \int_{\boldsymbol{x} \in \mathbb{R}^n} g(\boldsymbol{x}) f_{\boldsymbol{X}}(\boldsymbol{x}) d\boldsymbol{x}. \tag{1.12}$$

(**証明**) 直感的証明[43, p.85]を紹介しておく. 確率変数 Y が定義される実数全体 $\mathbb{R} = (-\infty, \infty)$ を, 幅 Δ の半開区間

$$I_k := [a_k - \Delta/2, a_k + \Delta/2), \quad a_k := k\Delta, \quad k \in \mathbb{Z}$$

に分割する. すると, Y が I_k に入る確率 $P[Y \in I_k]$ は,

$$P[Y \in I_k] = \int_{a_k - \Delta/2}^{a_k + \Delta/2} f_Y(y) dy$$

と書かれる. 一方このとき, $Y = g(\boldsymbol{X})$ より

$$A_k := \{\boldsymbol{x} \in \mathbb{R}^n \mid a_k - \Delta/2 \leqq g(\boldsymbol{x}) < a_k + \Delta/2\}$$

とおけば, $P[Y \in I_k]$ は,

$$P[Y \in I_k] = \int_{A_k} f_{\boldsymbol{X}}(\boldsymbol{x}) d\boldsymbol{x}$$

[†1] サイコロの目のような離散的な確率変数 X の場合には, $f_X(x) = \sum_k p_k \delta(x - a_k)$ で, 式 (1.11) は $E[X] = \int x \sum_k p_k \delta(x - a_k) dx = \sum_k a_k p_k$ ように表される.

とも書かれる．よって，Δ を十分小さくとれば，

$$\int_{a_k-\Delta/2}^{a_k+\Delta/2} y f_Y(y) dy \simeq a_k \int_{a_k-\Delta/2}^{a_k+\Delta/2} f_Y(y) dy$$
$$= a_k \int_{A_k} f_{\boldsymbol{X}}(\boldsymbol{x}) d\boldsymbol{x} \simeq \int_{A_k} g(\boldsymbol{x}) f_{\boldsymbol{X}}(\boldsymbol{x}) d\boldsymbol{x}$$

が成り立つ．したがって，k に関して総和をとり，$\Delta \to 0$ の極限を考えれば，

$$E[Y] = \int_{\mathbb{R}} y f_Y(y) dy = \sum_k \int_{a_k-\Delta/2}^{a_k+\Delta/2} y f_Y(y) dy$$
$$\simeq \sum_k \int_{A_k} g(\boldsymbol{x}) f_{\boldsymbol{X}}(\boldsymbol{x}) d\boldsymbol{x} = \int_{\mathbb{R}^n} g(\boldsymbol{x}) f_{\boldsymbol{X}}(\boldsymbol{x}) d\boldsymbol{x}$$

となり，式 (1.12) が得られる．ここで，最後の等号は，A_k が互いに交わりがなく，$\bigcup_k A_k$ が $\mathbb{R}^n$ 全体を覆う（なぜなら，$g(\boldsymbol{x}) \in \mathbb{R}$ は，すべての $\boldsymbol{x} \in \mathbb{R}^n$ について定義されている）ことから得られることに注意しておく．

〔**1.3.15**〕確率変数 X に対し，$E\left[(X-E[X])^2\right]$ を X の**分散**といい，$\sigma^2(X)$ または単に σ^2 で表す．また，$\sigma(X) := \sqrt{\sigma^2(X)}$ を X の**標準偏差**という．さらに，X^k の平均 $E\left[X^k\right]$ を X の k 次モーメントと呼ぶ．

平均[†1]に関する基本的性質として下記が成立する (章末問題 **1.3** 参照)：

(1) X_1, X_2 を確率変数，a_1, a_2 を定数とすると，

$$E[a_1 X_1 + a_2 X_2] = a_1 E[X_1] + a_2 E[X_2]. \tag{1.13}$$

(2) 確率変数 X, Y が独立のとき，次が成立する．

$$E[XY] = E[X] E[Y], \quad \sigma^2(X+Y) = \sigma^2(X) + \sigma^2(Y). \tag{1.14}$$

補題〔**1.3.16**〕（チェビシェフの不等式）：確率変数 X の平均を μ，分散を σ^2 とすると，X が μ から $\epsilon > 0$ 以上離れている確率は，σ^2/ϵ^2 を超えることはない．すなわち，下記が成立する：

$$P\left[|X-\mu| \geqq \epsilon\right] \leqq \frac{\sigma^2}{\epsilon^2}. \tag{1.15}$$

(証明) 確率変数 X の確率密度関数を $f_X(x)$ とすれば，分散の定義から直ちに

$$\sigma^2 = \int_{-\infty}^{\infty} (x-\mu)^2 f_X(x) dx$$

[†1] 分散やモーメントも一種の平均である．

$$= \int_{|x-\mu|<\epsilon} (x-\mu)^2 f_X(x)dx + \int_{|x-\mu|\geqq\epsilon} (x-\mu)^2 f_X(x)dx$$
$$\geqq \int_{|x-\mu|\geqq\epsilon} (x-\mu)^2 f_X(x)dx \geqq \epsilon^2 \int_{|x-\mu|\geqq\epsilon} f_X(x)dx = \epsilon^2 \cdot P\Big[|X-\mu|\geqq\epsilon\Big].$$

1.3.4 特 性 関 数

〔**1.3.17**〕確率変数 X の密度関数を $f_X(x)$ とするとき,

$$\varphi_X(t) := E\left[e^{jXt}\right] = \int_{-\infty}^{\infty} e^{jxt} f_X(x)dx, \quad j := \sqrt{-1} \tag{1.16}$$

を X の**特性関数**という[†1]. このとき, 下記が成立する (章末問題 **1.4** 参照):

(1) 次の関係は, 定義よりほとんど自明である ($\overline{x}$ は x の複素共役):

$$\varphi_X(0) = 1, \quad |\varphi_X(t)| \leqq 1, \quad \varphi_X(-t) = \overline{\varphi_X(t)} \tag{1.17}$$

$$\varphi_{aX+b}(t) = e^{jbt}\varphi_X(at). \tag{1.18}$$

(2) X, Y が独立とすると, $f_{XY}(x,y) = f_X(x)f_Y(y)$ が成立することより,

$$\varphi_{X+Y}(t) := \int_{-\infty}^{\infty}\int_{-\infty}^{\infty} e^{j(x+y)t} f_{XY}(x,y)dxdy$$
$$= \int_{-\infty}^{\infty}\int_{-\infty}^{\infty} e^{jxt}e^{jyt} f_X(x)f_Y(y)dxdy = \varphi_X(t)\cdot\varphi_Y(t) \tag{1.19}$$

が成り立つ. そして, 式 (1.19) の帰結として, 独立な確率変数 X, Y の和 $Z = X+Y$ の確率密度関数 $f_Z(z)$ が, $f_X(x)$ と $f_Y(y)$ の畳み込み

$$f_Z(z) = \int_{-\infty}^{\infty} f_X(z-y)f_Y(y)dy = \int_{-\infty}^{\infty} f_X(x)f_Y(z-x)dx \tag{1.20}$$

によって与えられることがフーリエ変換の性質から直ちに導かれる. (式 (1.20) だけを直接証明することも可能である).

[†1] 特性関数 $\varphi_X(t)$ の定義は, (複素確率変数) $e^{jXt} := \cos Xt + j\sin Xt$ の平均であり, それが式 (1.16) の積分で表されるのは 〔1.3.14〕式 (1.12) による. また, $\varphi_X(-t)$ は密度関数 $f_X(x)$ の**フーリエ変換**に他ならない. したがって, フーリエ逆変換の公式により,

$$f_X(x) = \frac{1}{2\pi}\int_{-\infty}^{\infty} e^{jxt}\varphi_X(-t)dt = \frac{1}{2\pi}\int_{-\infty}^{\infty} e^{-jxt}\varphi_X(t)dt$$

が成立する. フーリエ変換の理論については, 文献47)〜49) などを参照されたい.

(3) $E\bigl[|X|^k\bigr] < +\infty$ ならば，$\varphi_X(t)$ は t に関して k 回微分可能で，

$$\left|\varphi_X^{(k)}(t)\right| = \left|\int_{-\infty}^{\infty} e^{jxt} x^k f_X(x) dx\right| \leq E\bigl[|X|^k\bigr]. \tag{1.21}$$

1.3.5 中心極限定理

〔**1.3.18**〕(1 次元) 正規分布：(1 次元) ガウス分布とも呼ばれ，平均 μ と分散 σ^2 だけで定まる分布関数 $G(x)$ ならびに密度関数 $g(x)$ を持つ：

$$G(x) = \int_{-\infty}^{x} g(u) du, \quad g(x) := \frac{1}{\sqrt{2\pi\sigma^2}} e^{-\frac{(x-\mu)^2}{2\sigma^2}}. \tag{1.22}$$

平均 μ，分散 σ^2 の正規分布を $N(\mu, \sigma^2)$ で表す．

補題〔**1.3.19**〕 式 (1.22) で与えられる密度関数 $g(x)$ で定まる正規分布 $N(\mu, \sigma^2)$ に従う確率変数を X とする．すると，その特性関数 $\varphi_X(t)$ は次式で与えられる：

$$\varphi_X(t) := E\bigl[e^{jXt}\bigr] = \int_{-\infty}^{\infty} e^{jxt} g(x) dx = e^{-\frac{\sigma^2 t^2}{2} + j\mu t}. \tag{1.23}$$

(証明) (1) 最初に，密度関数が $g_0(y) := \frac{1}{\sqrt{2\pi}} e^{-\frac{y^2}{2}}$ で与えられる，$N(0,1)$ に従う確率変数 Y の特性関数が $\varphi_Y(t) = e^{-\frac{t^2}{2}}$ で与えられることを示す．

「$g_0'(y) = -y g_0(y)$」が成立することより，$\varphi_Y'(t)$ は次のように書かれる：

$$\varphi_Y'(t) = \int_{-\infty}^{\infty} jy e^{jyt} g_0(y) dy = -j \int_{-\infty}^{\infty} e^{jyt} g_0'(y) dy.$$

ここで，部分積分を適用すれば，

$$j\varphi_Y'(t) = \int_{-\infty}^{\infty} g_0'(y) e^{jyt} dy = g_0(y) e^{jyt}\Big|_{-\infty}^{\infty} - \int_{-\infty}^{\infty} g_0(y) \frac{de^{jyt}}{dy} dy$$
$$= -\int_{-\infty}^{\infty} g_0(y)(jt) e^{jyt} dy = -jt\varphi_Y(t).$$

すなわち，$\varphi_Y(t)$ は，$g_0(y)$ が満たしたのと同じ微分方程式を満たす：

$$\varphi_Y'(t) = -t\varphi_Y(t), \quad \therefore \; \frac{\varphi_Y'(t)}{\varphi_Y(t)} = -t.$$

ここで，両辺を積分すれば，

$$\ln \varphi_Y(t) = -\frac{t^2}{2} + C, \quad \therefore \; \varphi_Y(t) = A e^{-t^2/2}$$

が得られる．ただし，ln は自然対数 $\log_e$ を表す．このとき，積分定数 $A := e^C = \varphi_Y(0)$ は，$\varphi_Y(0) = \int_{-\infty}^{\infty} g_0(y)dy = 1$ で与えられ，$\varphi_Y(t) = e^{-t^2/2}$ が得られる．

(2) 式 (1.23) の成立を示す．まず，式 (1.23) の積分表示を次のように変形する：

$$\varphi_X(t) = e^{j\mu t} \int_{-\infty}^{\infty} e^{j(x-\mu)t} g(x)dx.$$

ここで，$z := (x-\mu)/\sigma$ なる変数変換を行い，**(1)** の結果 $\int_{-\infty}^{\infty} e^{jzt}g_0(z)dz = e^{-t^2/2}$ に注意すれば，直ちに所望の結果

$$\varphi_X(t) = e^{j\mu t} \int_{-\infty}^{\infty} e^{jz\sigma t} g_0(z)dz = e^{j\mu t} e^{-(\sigma t)^2/2}$$

が得られる．

定理〔1.3.20〕(中心極限定理)：確率変数 $X_1, X_2, \ldots, X_n$ の確率分布関数 $F(X_i)$ が独立同一分布 (**i.i.d.**) を有するものとする．またこの同一分布 $F(X_i)$ は，平均 $\mu_i = 0$，分散 σ_i^2 ならびに 3 次の絶対値モーメント $c_i := E\left[|X_i|^3\right]$ を持つとする．$(\mu_i = 0,\ \sigma_i^2 = \sigma^2,\ c_i = c;\ i = 1, 2, \ldots, n)$ [†1]．このとき

$$Z_n = \frac{X_1 + X_2 + \cdots + X_n}{\sqrt{n}\sigma} \tag{1.24}$$

とおくと，Z_n の分布は，$n \to \infty$ のとき**正規分布** $N(0, 1)$ に収束する [†2]．

(証明) **(1)** Z_n, X_i の特性関数を $\varphi_{Z_n}(t)$, $\varphi_{X_i}(t)$ とすると，式 (1.19), (1.18) より

$$\varphi_{Z_n}(t) = \prod_{i=1}^{n} \varphi_{X_i/\sqrt{n}\sigma}(t) = \prod_{i=1}^{n} \varphi_{X_i}\left(\frac{t}{\sqrt{n}\sigma}\right) = \varphi_{X_1}\left(\frac{t}{\sqrt{n}\sigma}\right)^n \tag{1.25}$$

[†1] 平均が $\mu_i \neq 0$ のときには，$Y_i := X_i - \mu_i$ を考えればよい．

[†2] $\sigma_i^2 = \sigma^2,\ c_i = c\ (i = 1, 2, \ldots, n)$ の条件を緩和した，(より強力な) 下記の形の中心極限定理が成立する．ただし，証明については少し長くなるので割愛する (下記論文 (*) を参照されたい)．

Berry-Esseén の定理：$X_i\ (i = 1, 2, \ldots, n)$ を，$E[X_i] = 0$, $E\left[X_i^2\right] = \sigma_i^2$, $E\left[|X_i|^3\right] = c_i$ を満たす独立な確率変数の組とする．ここで，確率変数 Z を

$$Z := \frac{1}{\sigma} \sum_i X_i, \quad \sigma^2 := \sum_i \sigma_i^2$$

と定義し，その分布関数を $F_Z(x)$ とする．すると，$\lambda := \max_i \{c_i/\sigma^2\}$ に対して，

$$|F_Z(x) - G(x)| < \frac{4\lambda}{\sigma} \quad (G(x)\ \text{は平均 0，分散 1 のガウス分布関数})$$

が成立する．($n \to \infty$ のとき，$\sigma \to \infty$ となることに注意)．

(*) A. Papoulis: "Narrow-Band Systems and Gaussianity," *IEEE Trans on Inform. Theory*, vol.IT-18, No.1, pp.20–27, Jan. 1972.

が成立する．一方，定理の仮定から，式 (1.21) が $k = 3$ まで成立する．よって，$\varphi_X(t)$ を 3 次のマクローリン展開 (補題〔1.3.1〕) によって表せば，$E[X_i] = 0$, $E[X_i^2] = \sigma^2$, $E[|X_i|^3] = c$ より，次式が成立する (式 (1.21) 参照)：

$$\varphi_{X_i}(t) = 1 - \frac{1}{2}\sigma^2 t^2 + K_3 t^3, \quad |K_3| \leq \frac{|c|}{3!}. \tag{1.26}$$

(2) 式 (1.25), (1.26) より，$\varphi_{Z_n}(t) = \left(1 - \dfrac{t^2}{2n} + K_3' \dfrac{t^3}{n^{3/2}}\right)^n$ $\left(K_3' := \dfrac{K_3}{\sigma^3}\right)$ と書けるから，$\ln(1+x) \simeq x$ (if $|x| \ll 1$) に注意すれば，

$$\begin{aligned}
\ln \varphi_{Z_n}(t) &= n \ln \left(1 - \frac{t^2}{2n} + K_3' \frac{t^3}{n^{3/2}}\right) \\
&\simeq -\frac{t^2}{2} + K_3' \frac{t^3}{\sqrt{n}}, \quad \text{for } \left|\frac{t^2}{2n} + K_3' \frac{t^3}{n^{3/2}}\right| \ll 1, \\
\therefore \varphi_{Z_n}(t) &\simeq e^{-t^2/2 + K_3' \frac{t^3}{\sqrt{n}}} \to e^{-t^2/2} \quad (n \to \infty)
\end{aligned} \tag{1.27}$$

が得られる．一方，$e^{-t^2/2}$ は正規分布 $N(0,1)$ の特性関数であった (式 (1.23)) から，式 (1.27) の成立は，Z_n の分布が $n \to \infty$ のとき，正規分布 $N(0,1)$ に収束することを表している．

章 末 問 題

1.1 〔1.3.5〕に挙げた関係を証明せよ．[(3) のヒント：A, $A \cup B$ は，排反事象の和事象として，$A = (A \cap B) \cup (A \cap B^C)$, $A \cup B = (A \cap B^C) \cup B$ と書ける].

1.2 〔1.3.8〕の (2) に挙げた関係を証明せよ．[ヒント：条件付き確率の定義と，$A \cap B_i$ ($i = 1, 2, \ldots$) が排反事象であることに注意].

1.3 〔1.3.15〕に挙げた性質を証明せよ．[ヒント：式 (1.12) は使ってよい].

1.4 〔1.3.17〕に挙げた，特性関数の性質を証明せよ．

1.5 $N(\mu_X, \sigma_X^2)$ ならびに $N(\mu_Y, \sigma_Y^2)$ に従う独立な正規変数を X, Y とする．このとき，$X + Y$ の分布が $N(\mu_X + \mu_Y, \sigma_X^2 + \sigma_Y^2)$ で与えられることを示せ．[ヒント：式 (1.19) と式 (1.23) に注目].

2 情報源のモデルと情報量

2.1 情報源のモデル

本節では，人の話や文章が，確率的な情報源モデルの出力として近似的に記述できることを述べ，情報源の確率的モデルの妥当性/有効性をみる．

〔**2.1.1**〕**情報源**は M 個の**シンボル**から成る**アルファベット** $A = \{a_1, a_2, \ldots, a_M\}$ を有し，一定の**確率モデル**に従ってシンボルを発生するものとする（図 2.1）．このとき，例えば，すべての長さ $n\,(=1,2,\ldots)$ に関して，文字列 $\boldsymbol{x}_n := x_n x_{n-1} \cdots x_1 \,(\in A^n)$ の発生確率 $\{p_{\boldsymbol{x}_n}(\boldsymbol{a}) \mid \boldsymbol{a} \in A^n\}$ がすべて与えられれば，確率論的には十分であるが，これでは記述量が膨大過ぎてモデルとして現実的でない．現実的に記述可能なモデルの例として，以下のような自然言語のモデルが考えられる．

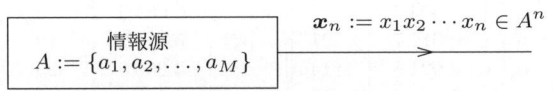

図 2.1 情報源モデル

例〔**2.1.2**〕自然言語 (英語) のシミュレーション[5),17)]：簡単のため，図 2.1 の情報源において，アルファベットは $A = \{a, b, c, \ldots, z, \sqcup\}$ で与えられる $M = 27$ 文字の英字シンボルから成るものとする．

18   2. 情報源のモデルと情報量

(1) 各シンボルが等確率 ($1/M = 1/27$) で独立に発生するとした場合: $A = \{a, b, c, \ldots, z, \sqcup\}$ の各文字を書いたカード各 1 枚を箱の中に入れ，よくかき回して 1 枚取り出し，カードに書かれた文字を記録する．次に，取り出したカードを箱に戻し，再びよくかき回してカード 1 枚を取り出し，書かれた文字を記録する．この操作を繰り返すと，例えば，**表 2.1** に示すような文字列 x_n が得られる．この情報源モデルは，$p(a_i) = 1/M = 1/27$ で，独立性

$$p(x_n x_{n-1} \cdots x_1) = p(x_n) p(x_{n-1}) \cdots p(x_1) = \prod_{i=1}^{n} p(x_i) \quad (2.1)$$

が成立するモデルである．式 (2.1) が成立する情報源を，**無記憶情報源** (あるいは**独立情報源**) という．

表 2.1 英語文字列の近似 (1) (等確率，独立生起)[5), 17]

xpoml␣rxkhrjffjuj␣zlpwcfwkcyj
ffjeyvkcqsghyd␣qpaamkbzaacibzlhjqd

(2) アルファベット各文字の生起確率を考慮した場合: 当然のことながら英語において，各文字の出現確率は同一ではない．一つの調査の結果を**表 2.2** に示す (例えば 1 冊の本に現れる，各文字の頻度を調べればこのような結果が得

表 2.2 英語のアルファベットの生起確率

文字	生起確率	順位	文字	生起確率	順位
␣	0.185 9	1	n	0.057 4	7
a	0.064 2	4	o	0.063 2	5
b	0.012 7	21	p	0.015 2	19
c	0.021 8	14	q	0.000 8	25
d	0.031 7	12	r	0.048 4	9
e	0.103 1	2	s	0.051 4	8
f	0.020 8	15	t	0.076 6	3
g	0.015 2	19	u	0.022 8	13
h	0.046 7	10	v	0.008 3	22
i	0.057 5	6	w	0.017 5	17
j	0.000 8	25	x	0.001 3	24
k	0.004 9	23	y	0.016 4	18
l	0.032 1	11	z	0.000 5	27
m	0.019 8	16			

られる).スペース (␣) の出現頻度が最も高く,1/5 に近い.これから,英語の単語は平均的に約 4 文字 (スペースを含めて 5 文字) から成ることがわかる.

シンボルの発生確率が**表 2.2** で,各文字は独立に生起するような情報源をシミュレートするには,$\{a, b, c, \ldots, z, ␣\}$ の各文字を書いたカードを**表 2.2** で与えられる頻度に比例した枚数 (例えば,スペースを 1 859 枚,a を 642 枚,...) 用意し,箱の中に入れてよくかき回し,1 枚取り出したカードの文字を記録するといった,**(1)** と同様の操作を繰り返せばよい.すると,例えば**表 2.3** に示すような文字列が得られる.まだ不十分であるが,**表 2.1** に比べれば単語の長さなど,実際の英語に近い文字列が得られているといえよう.

表 2.3　英語文字列の近似 (2) (独立,確率は**表 2.2**)[5],[17]

ocro␣hli␣rgwr␣nmielwis␣eu␣ll␣nbnesebya
th␣eei␣alhenhttpa␣oobttva␣nah␣brl

(3) さらに,実際の英語を考えると各文字の生起は独立ではない.一般に,各時点における文字の生起確率は,それまでの文字列が何であったかによって異なってくる.例えば,英語では,the, this, that, these, those などの単語は頻繁に現れる.したがって,$x_{n-1} =$ "t" のとき,$x_n =$ "h" である確率は**表 2.2** の値 (0.0467) より大きく,また,$x_{n-2}x_{n-1} =$ "th" のとき,$x_n =$ "e" である確率は**表 2.2** の値 (0.1031) より大きくなると考えられる.

一般に,x_n の生起確率が,それに先行する k 文字 $x_{n-1}x_{n-2}\cdots x_{n-k}$ だけに依存するとき,すなわち,x_n の条件付き確率に関して,

$$p(x_n|x_{n-1}x_{n-2}\cdots) = p(x_n|x_{n-1}x_{n-2}\cdots x_{n-k}), \quad x_i \in A$$

が成立するとき,この情報源を k 重マルコフ情報源という[†1].$k = 1$ のときが

[†1] $\boldsymbol{x}_m := x_m x_{m-1} \cdots x_1$ と表す.例えば,$k = 2$ の場合,文字列 $\boldsymbol{x}_n$ の同時確率は,
$$p(\boldsymbol{x}_n) = p(x_n|\boldsymbol{x}_{n-1})p(\boldsymbol{x}_{n-1}) = p(x_n|\boldsymbol{x}_{n-1})p(x_{n-1}|\boldsymbol{x}_{n-2})p(\boldsymbol{x}_{n-2})$$
$$= \cdots = p(x_n|\boldsymbol{x}_{n-1})p(x_{n-1}|\boldsymbol{x}_{n-2})\cdots p(x_3|\boldsymbol{x}_2)p(\boldsymbol{x}_2)$$
$$= p(x_n|x_{n-1}x_{n-2})p(x_{n-1}|x_{n-2}x_{n-3})\cdots p(x_3|x_2x_1)p(x_2x_1)$$
となり,$p(x_2x_1)$ と $p(x_j|x_{j-1}x_{j-2})$ $(j = 3, 4, \ldots, n)$ だけによって定まる.

最も簡単なマルコフ情報源になるが，これを**単純マルコフ情報源**という．

マルコフ情報源を考えることにより，無記憶情報源よりさらに精度よく英語をシミュレートできると予想される．マルコフ情報源をシミュレートするには，例えば，次のようにすればよい．仮に $k=2$ とする．まず，できるだけ分厚い (小説などの) 本を用意する．そして，でたらめに本を開いてそのページの最初の 2 文字をノートに書き写す．本を閉じ，再びでたらめにページを開いて，そのページの最初から読み進め，ノートに写した「最後の 2 文字」が現れたら，その次の 1 文字をノートに書き加える．以下，「本を閉じ，‥‥」を繰り返す．

表 **2.4** (a), (b) に $k=1$ および $k=2$ としたマルコフ情報源をシミュレートして得られる文字列の例を示している．徐々にではあるが，実際の英語に近い文字列になっているといえよう．

表 **2.4** 英語文字列の近似 (3) (マルコフ情報源)[5], [17]

(a) 単純マルコフ情報源

on ie antsoutinys are inctore st be s deamy achin d ilonasive tucoowe at teasonare fuso tizin andy tobe seace ctisbe

(b) 2 重マルコフ情報源

in no ist lat whey cratict froure birs grocid pondenome of demonstures of the reptagin is regoactiona of cre

(4) アルファベット A を単語の集合とした独立情報源の場合：代表的な英単語の頻度分布を仮定し，各単語は独立に生起するとした場合，例えば，表 **2.5** のような文字列 (単語列) が得られる．

表 **2.5** 英語文字列の近似 (4) (独立生起の単語列)[5], [17]

representing and speedily is an good apt or come can different natural here he the a in come the to of to expert gray come to fornishes the line message had be these

(5) アルファベット A を単語の集合としたマルコフ情報源の場合： 上記 (4) で，単語の生起が単純マルコフに従うとすると，例えば，**表 2.6** のような文字列 (単語列) が得られる． □

表 2.6　英語文字列の近似 (5) (マルコフ生起の単語列)[5),17)]

the head and in frontal attack on an english writer
that the character or this point is therefore
another method for the letters that the time of
who ever told the problem for an unexpected

以上により，近似的にではあるが，確率的情報源モデルによって自然言語が表現できることが理解できたであろう．以下本書では，情報源は確率的モデルによって表されるとする．なお，一般性の点からは，マルコフ情報源を考えるべきであるが，「独立情報源」(例〔2.1.2〕の (2)) としても，「マルコフ情報源」としても，この後の議論で重要となる「平均情報量 (エントロピー)」に関しては，得られる結果は変わらない[5),6)]．したがって，以下では簡単のため，「独立情報源」について考えていくものとする

2.2　情 報 の 尺 度

2.1 節では，情報源が確率的モデルによって (近似的に) 表現できることを見た．本節では，そのような情報源から発せられる情報をどのように測るべきかを論じる．情報の測り方 (尺度) が定まって初めて，情報を高速にとか大量にとかいった議論が可能になる[†1]．

[†1]　通信理論でより重要な量は，後述の「平均」情報量 $H(A)$ である．シャノンは，「平均」情報量 $H(A)$ を公理論的に導出している[1),2),4)]．本書では，文献 5),6) に倣って，まず，「平均」をとる前の情報源シンボル一つひとつが持つ情報量 $I(a_i)$ を論じる．これにより，より素朴なわかりやすい議論になると思われる．もちろん，その後で「平均」をとって得られる「平均」情報量は，シャノンによって導かれた「平均」情報量と同じになる．

2. 情報源のモデルと情報量

2.2.1 情報の大小と加法性

〔2.2.1〕 (a) ニュースの例[6]：情報源アルファベットが次の二つのニュース

   A：夏至の 6 月 21 日，東京は雨でした．
   B：夏至の 6 月 21 日，東京は雪でした．

から成る場合を考え，どちらのニュースの情報が大きいかを考察してみよう．梅雨の 6 月後半，東京が雨ということは，聞かなくても十分予想できる．一方，夏に入ったこの時期に東京に雪が降ったとすれば，これは驚きである．「情報量」という意味では，A の情報に比べて B の情報が大きい，といえると考えられる．すなわち，ニュースの情報源を確率モデルとして捉えれば，

　　「A の確率 > B の確率」 ⇒ 「A の情報 < B の情報」

が成立することになる．これは，情報量を確率 p の関数として，$I(p)$ で表すことにすれば，

$$p_1 < p_2 \Rightarrow I(p_1) > I(p_2) \tag{2.2}$$

が成立することを表している．

(b) もう一つの例として，カードの特定を考えよう．52 枚のトランプカードから 1 枚を引いたとき，それが「ハートである確率」は 1/4，「Queen である確率」は 1/13，「ハートの Queen である確率」は 1/52，と考えられる．

このとき，カードが「ハートの Queen」であることを知ったときに得られる情報量 $I(1/52)$ は，カードが「ハート」であることだけを知ったときに得られる情報量 $I(1/4)$，あるいはカードが「Queen」であることだけを知ったときに得られる情報量 $I(1/13)$ よりも明らかに大きいと考えられる．すなわち，このカードの例も式 (2.2) の関係の妥当性を支持するものである．

〔2.2.2〕 (a) 次に，同じ日の東京とニューヨークの天気を考えてみよう．その日，

　　　A：東京は雨，　**B**：ニューヨークは晴れ

であったとしよう．東京とニューヨークは遠く離れており，その天気は無関係 (独立) であると考えられる．すなわち，「A：東京が雨」の確率 $p(A)$，「B：ニューヨークが晴れ」の確率 $p(B)$ と，「東京が雨」かつ「ニューヨークが晴れ」の確率 $p(A\cap B)$ に関して，「$p(A\cap B) = p(A)p(B)$」が成立すると考えられる．このとき，「東京が雨」かつ「ニューヨークが晴れ」であるという情報は，「東京が雨」で「ニューヨークが晴れ」であるという情報を別々に得た場合と結局は何も変わらないと考えられる．このことを情報量 $I(p)$ によって表せば，

$$I(p(A)p(B)) = I(p(A)) + I(p(B)) \tag{2.3}$$

が成立すると表せる．

(b) 再びカードの例を考えよう．カードを 1 枚引いたとき，それが「ハートである」か「Queen である」かは独立と考えられる．すなわち，カードが「ハートの Queen」である確率は 1/52 で，カードが「ハート」である確率 1/4 と「Queen」である確率 1/13 の積に等しい (独立性の定義が成り立つ)．一方，カードが「ハートの Queen」であるという情報は，カードが「ハート」である情報と「Queen」であるという情報の和に他ならない．すなわち，この場合にも式 (2.3) の関係

$$I(1/52) = I((1/4)(1/13)) = I(1/4) + I(1/13)$$

の正当性が支持される．

2.2.2 情報の尺度

前項で，情報の尺度 $I(p)$ が満たすべき条件として，式 (2.2), (2.3) が得られた．さらに加えて，シンボルの確率 p がわずかに変化したとき，情報量 $I(p)$ の変化もわずかであることが合理的と考えられる．すなわち，情報量 $I(p)$ は p の「連続」関数と考えられる．情報の尺度 $I(p)$ は，これらの条件から一意に定まる．

定理〔2.2.3〕 $I(x)$ $(0 < x \leq 1)$ を

$$\text{(i)} \ I(xy) = I(x) + I(y), \quad \text{(ii)} \ I(x) < I(y) \ \text{if} \ x > y \tag{2.4}$$

を満たす「連続」な関数とする．すると，$I(x)$ は

$$I(x) = -K \log x, \quad K > 0 \tag{2.5}$$

で与えられる．

(証明) **(1)** $I(x)$ が「微分可能」であるとした場合の証明：**(a)** 式 (2.4) の第 1 式において $x = y = 1$ とおけば，

$$I(1) = I(1) + I(1) \quad \therefore \ I(1) = 0.$$

一方，$I(x)$ は微分可能であるから，式 (2.4) の第 1 式を y で微分すれば，$xI'(xy) = I'(y)$．ここで，$y = 1$ とすれば，$xI'(x) = I'(1)$，すなわち，

$$I'(x) = \frac{1}{x} I'(1)$$

が成立する．したがって，$k := I'(1)$ とおいて両辺を積分すれば，

$$I(x) = \int \frac{k}{x} dx = k \ln x + C \quad (\ln = \log_e)$$

が得られる．ただし，積分定数 C は，$I(1) = 0$ より，$C = 0$ と求まり，

$$I(x) = k \ln x. \tag{2.6}$$

(b) 最後に，式 (2.4) の第 2 式の条件より，式 (2.6) の定数 $k = -K$ は "負"($K > 0$) でなければならないことが導かれる．

(2) 「連続性」だけを仮定した証明：**(a)** m, n を自然数 $(n \neq 0)$ とすると，$0 < e^{-\frac{m}{n}} \leq 1$ である．ここで，$I(xy) = I(x) + I(y)$ を繰り返し用いれば，

$$I(e^{-\frac{m}{n}}) = I(e^{-\frac{m-1}{n}}) + I(e^{-\frac{1}{n}}) = \cdots = mI(e^{-\frac{1}{n}}) \tag{2.7}$$

が得られる．$m = n$ とすれば，

$$I(e^{-1}) = nI(e^{-\frac{1}{n}}) \iff I(e^{-\frac{1}{n}}) = \frac{1}{n} I(e^{-1}). \tag{2.8}$$

よって，式 (2.7), (2.8) より，

$$I(e^{-\frac{m}{n}}) = \frac{m}{n}I(e^{-1})$$

が成り立つ．ここで，$x := e^{-\frac{m}{n}}$ とおけば，$-\frac{m}{n} = \ln x$ で，

$$I(x) = -I(e^{-1})\ln x, \quad \ln x \in \mathbb{Q} \text{ (有理数体)} \tag{2.9}$$

が得られる．あとは $I(x)$ が連続であることに注意すれば，式 (2.9) は任意の実数 $x \in (0,1]$ に対して成立する[†1]．**(b)** の部分に関しては，**(1)** に同じ．

〔**2.2.4**〕 上記の定理により，情報の測り方は，本質的に式 (2.5) で与えられることが明らかとなった．あとは，式 (2.5) において，定数 K と対数の底をどう選ぶかである．これは，長さをメートルで測るのかヤードで測るのか，あるいは重さをキログラムで測るのかポンドで測るのか，という単位の定義の話である．

情報の単位としては，

(1) $K = 1$, 対数の底 $= 2 \Rightarrow I(p) = -\log_2 p$ 〔ビット (bit)〕,

(2) $K = 1$, 対数の底 $= e \Rightarrow I(p) = -\ln p$ 〔ナット (nat)〕

がよく使われる．いずれを用いても本質的な違いはなく，単位の換算は，

$$\log_a b = \frac{\log_c b}{\log_c a} = \frac{1}{\log_b a} \tag{2.10}$$

に注意すれば，容易に行える．

2.3 平均情報量 (エントロピー)

〔**2.3.1**〕 以上により，情報源 $A = \{a_1, a_2, \ldots, a_M\}$ から一つのシンボル a_i が出てきたとき，その情報量は，$I[p(a_i)] = -\log_2 p(a_i)$ 〔ビット/シンボル〕で与えられる，とすることの妥当性が示された．(以下，一般性を持たせるため，対数の底を $r \,(> 0)$ とする)．

[†1] $e^{-\frac{m}{n}}$ の代わりに $e^{\frac{m}{n}}$ を用いて同じ議論を行えば，任意の実数 $x \in [1, \infty)$ に対して $I(x) = I(e)\ln x$ が導かれる．

一方，情報源 A 全体を論じる必要がしばしば生じる．そのとき最もよく取り扱われる量は，各シンボルの情報量の情報源 A 全体に関する平均

$$H(A) := \sum_{a_i \in A} p(a_i) I[p(a_i)] = -\sum_{i=1}^{M} p(a_i) \log_r p(a_i) \tag{2.11}$$

である．式 (2.11) の $H(A)$ は，情報源 A の**平均情報量**あるいは**エントロピー**と呼ばれる．特に，$M=2$ のとき，$x := p(a_1)$, $1-x := p(a_2)$ とおいて，$H(A)$ を x の関数として，

$$\mathcal{H}_2(x) := -x \log_r x - (1-x) \log_r (1-x) \tag{2.12}$$

のように表す．$r=2$ のとき，$\mathcal{H}_2(x)$ の形状は図 **2.2** のように与えられる．

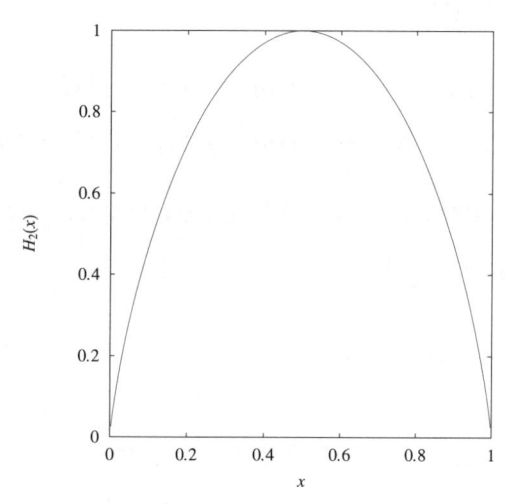

図 **2.2** エントロピー関数 $\mathcal{H}_2(x)$ $(r=2)$ の形状

補題〔2.3.2〕(シャノンの補題)： $0 \leqq p_i, q_i \leqq 1$, $\sum_i p_i = \sum_i q_i = 1$ のとき，

$$\sum_i -p_i \log_r p_i \leqq \sum_i -p_i \log_r q_i \quad \text{i.e.} \quad 0 \leqq \sum_i p_i \log_r \frac{p_i}{q_i} \tag{2.13}$$

が成立する．等号は $p_i = q_i$ (for all i) のときに限って成立する[†1]．

(証明) 自然対数 $\ln x := \log_e x$ に関して，図 **2.3** に示すように，

$$\ln x \leqq x - 1, \quad 0 < x \quad (\text{等号は } x = 1 \text{ のとき}) \tag{2.14}$$

が成立する (章末問題 **2.1**)．これより直ちに，

$$\sum_i p_i \log_r \frac{q_i}{p_i} = \frac{1}{\ln r} \sum_i p_i \ln \frac{q_i}{p_i}$$
$$\leqq \frac{1}{\ln r} \sum_i p_i \left(\frac{q_i}{p_i} - 1 \right) = \frac{1}{\ln r} \left(\sum_i q_i - \sum_i p_i \right) = 0$$

が得られる．等号の成立は $q_i/p_i = 1$ (for all i) のときである．

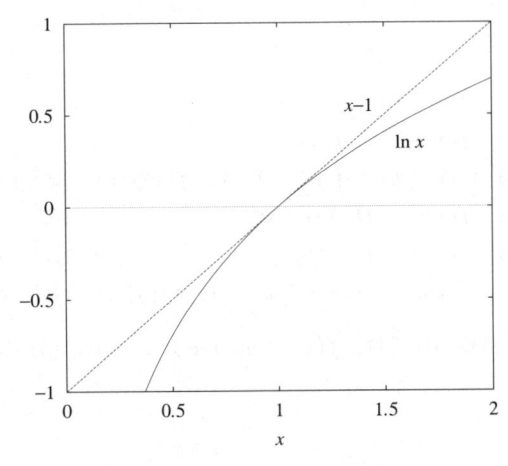

図 **2.3** $\ln x$ と $x - 1$ の関係

定理〔2.3.3〕(エントロピーの性質)：下記が成立する：

$$0 \leqq H(A) \leqq \log_r M. \tag{2.15}$$

(証明) 左の不等式は自明．一方，補題〔2.3.2〕より，任意の $0 \leqq q_i \leqq 1$, $\sum_i q_i = 1$ に対して

[†1] 式(2.13)の第2式(右辺)を $D(\{p_i\} \| \{q_i\}) := \sum_i p_i \log_r \dfrac{p_i}{q_i}$ とおいて，$\{p_i\}_i$ と $\{q_i\}_i$ の間のダイバージェンスあるいは **Kullback-Leibler 情報量**と呼ぶことがある．

$$H(A) = \sum_{i=1}^{M} -p_i \log_r p_i \leq \sum_{i=1}^{M} -p_i \log_r q_i$$

が成り立ち，$q_i = 1/M$ とおいて，式 (2.15) 右側の不等式が得られる．また，この $H(A)$ の上界 $\log_r M$ は，実際に $H(A)$ の最大値になっている $(p_i = 1/M)$． □

エントロピー $H(A)$ が情報圧縮の限界を与えることは，次章に述べる．

章 末 問 題

2.1 式 (2.14) に与えた不等式が成立することを証明せよ．

2.2 次の関数方程式を解け (条件を満足する関数 $f(x)$ を求めよ)．ただし関数 $f(x)$ は微分可能とし，$\mathbb{R} := (-\infty, +\infty)$，$\mathbb{R}^+ := (0, +\infty)$ である．

(1) $f(x+y) = f(x) + f(y)$ $\qquad$ ($\mathbb{R} \to \mathbb{R}$)
(2) $f(x+y) = f(x)f(y)$ $\qquad$ ($\mathbb{R} \to \mathbb{R}$)
(3) $f(x+y) = f(x) + f(y) + f(x)f(y)$ $\qquad$ ($\mathbb{R} \to \mathbb{R}$)
(4) $f(xy) = f(x) + f(y)$ $\qquad$ ($\mathbb{R}^+ \to \mathbb{R}$)
(5) $f(xy) = f(x)f(y)$ $\qquad$ ($\mathbb{R}^+ \to \mathbb{R}$)
(6) $f(xy) = f(x) + f(y) + f(x)f(y)$ $\qquad$ ($\mathbb{R}^+ \to \mathbb{R}$)

[ヒント : (3), (6) では，$f(x) = g(x) + 1$ を，(2), (5) に適用してみよ].

3 情報源符号化定理

3.1 情報源符号

3.1.1 符号化と復号化

〔3.1.1〕通常，人の話などには繰り返しや言い換えなどが含まれ，表現を長くしている．このような情報の表現は**冗長**であるといわれる．人の話が持つ冗長性は，多少話を聞き漏らしても内容はわかる，などの利点を持つが，無駄な表現を含むことも確かであり，数理工学的にはこの冗長性を取り除いて，情報をできるだけ簡潔 (コンパクト) に表現することが課題となる．

情報源 A から発せられるシンボル[†1] を，一定の規則に従ってアルファベット B のシンボル系列に変換することを**符号化**という．すなわち，符号化は，集合 A から，B のシンボル系列の集合への**写像**である．このとき，写像の結果である**符号語**の集合を**符号**と呼ぶ[†2]．逆に，符号化された系列からもとの情報源系列を復元する操作を**復号化**という．また，符号化/復号化を行う装置 (機能) を**符号器/復号器**と呼び，B を**符号器アルファベット**と呼ぶ．

最初に述べたように，本章では，情報源系列に含まれる冗長性の除去を目的とする**情報源符号化**を取り扱う．ただし，符号化された系列からもとの情報源系

[†1] あるいはその一定長のブロックでもよい．p.30 脚注 **2** 参照．
[†2] 広義には符号化 (写像) のアルゴリズムあるいは変換テーブルを符号と呼ぶこともある．

列が「完全に」復元できることを条件とする[†1].

3.1.2 符号の例

〔3.1.2〕簡単のため，四つのシンボルをもつ情報源アルファベット $A = \{a_1, a_2, a_3, a_4\}$ を考え，符号器アルファベットを $B = \{0, 1\}$ とする．さらに，ここでは最も簡単な場合として，情報源系列を 1 シンボルごとに符号化する場合を考える．そのような符号の例を表 **3.1** に示している[†2]．

表 3.1 符号の例

	$\mathcal{C}_1$	$\mathcal{C}_2$	$\mathcal{C}_3$	$\mathcal{C}_4$	$\mathcal{C}_5$
a_1	00	0	0	0	0
a_2	01	10	01	00	00
a_3	10	110	011	11	1
a_4	11	1110 (111)	0111	00	11

〔3.1.3〕符号 $\mathcal{C}_4$, $\mathcal{C}_5$ の特徴：まず，符号 $\mathcal{C}_4$ を見てみよう．$\mathcal{C}_4$ では，情報源シンボル a_2 と a_4 に対して同一の符号語 00 が割り振られている．明らかにこれでは符号語 00 をもとの情報源シンボルに戻そうとしたとき，a_2 に復号してよいのか，a_4 に復号してよいのか，決められない．一方，符号 $\mathcal{C}_5$ では異なる情報源シンボルに対して同一の符号語が割り振られているようなことはない．しかし，符号化された文字列 00 をもとの情報源シンボルに戻そうとしたとき，a_2 に復号してよいのか，$a_1 a_1$ に復号してよいのか，判定できない．

符号 $\mathcal{C}_4$, $\mathcal{C}_5$ では，いずれも符号化された文字列を一意にもとの情報源シンボルに復号することができない．このような符号 (写像) は実用上意味を持たな

[†1] これを無歪圧縮と呼ぶ．一方，歪を許す有歪圧縮の議論もある．特に，**7** 章に述べる，音声・映像などの「アナログ情報」を「ディジタル情報」に符号化する場合には，符号化歪は不可避である．このときには，歪の大きさと圧縮率のトレードオフが問題となる．これに関する理論は，**レート歪理論**として知られている (文献4), 23) などを参照)．

[†2] ここでは，情報源シンボルを一つずつ符号化する場合を例示しているが，〔3.3.1〕に述べる情報源の拡大を考えれば，ブロック長 n のブロック符号の議論とも捉えられる．

いので，普通，符号とは呼ばない．ただし，理論的解析などにおいて，**特異符号**と呼んで便宜上符号の一つと見なすこともある（〔6.3.6〕参照）．

〔**3.1.4**〕**符号 C_1, C_2, C_3 の特徴**：容易に確認できるように，これらの符号では，符号化された任意の文字列は一意にもとの情報源シンボルに復号することができる．このような符号は**一意に復号可能な符号**（正確な定義は〔3.2.2〕参照）と呼ばれる．本書では，ランダム符号化の項〔6.3.6〕を除いて，「符号」といったら，「一意に復号可能な符号」を指すものとする．

さらに，C_1 はすべての符号語が同じ長さを持っている．このような符号を**等長符号**という．逆に，符号語の長さがすべて同じではないとき，その符号は**不等長符号**と呼ばれる．C_1 以外は不等長符号である．

〔**3.1.5**〕**瞬時符号と非瞬時符号**：C_2 と C_3 は，符号語の長さは同じであるが，C_2 では各符号語の最後に 0 があるのに対して，C_3 では先頭に 0 がある．この単純な違いは，符号としては本質的な違いに通じている．

C_2 の 0 は各符号語の終わりを表しており，各符号語を読み終えた時点で，もとの情報源シンボルに復号できる．このように，各符号語を読み終えた時点で復号ができる符号を**瞬時符号**という．C_2 の 0 はコンマの役割をしており，C_2 を**コンマ符号**と呼ぶことがある[†1]．C_1 も同じく瞬時符号である．それはすべての符号語の長さが一定値 2 であるためである．符号化された系列を符号語の長さ 2 ごとに区切れば，各符号語を読み終えた時点で復号できる．

一方，C_3 はどうであろうか？例えば，符号化された系列 "0110..." があり，最初の "0" を読み込んだとしよう．この段階では，この "0" は a_1 が符号化された "0" かも知れないし，$a_2 \to 01$ の "0"，$a_4 \to 0111$ の "0" かも知れない．"011" まで読み込んでも，これが a_3 が符号化されたものなのか，$a_4 \to 0111$ の最初の 3 文字なのか，判定できない．次の符号語の最初の一文字 011"0" まで読み込んで，初めて "011" 部分を a_3 に復号することができる．すなわち，

[†1] 表 **3.1** にも示したように，C_2 は，a_4 に対する符号語 "1110" を "111" に変更しても，符号語長が 3 以下であることに注意すれば，依然として瞬時符号である．

C_3 は瞬時符号ではない．瞬時符号ではない符号を，**非瞬時符号**と呼ぶ．

〔3.1.6〕平均符号長：次に，符号 C_1 と C_2（あるいは C_3）の**平均符号長**について比較してみよう．符号の平均符号長 L は，その情報源符号器によって，「情報源の 1 シンボルが，平均的に符号器出力何シンボルに変換されるか」を表す．例えば，**表 3.1** に示した，情報源からの 1 シンボルを一つひとつの符号語に変換する符号では，情報源シンボル a_i に対する符号語の長さを ℓ_i とすると，情報源シンボル一つ当たりの平均符号長 L は，

$$L := \sum_{i=1}^{M} p(a_i)\ell_i \tag{3.1}$$

で与えられる．

(1)「等長符号」C_1 の平均符号長 $L^{(1)}$ は，当然のことながら，情報源シンボル a_i の出現確率 $p_i := p(a_i)$ によらない．常に「$L^{(1)} = \sum_{i=1}^{4} p_i \ell_i = 2 \sum_{i=1}^{4} p_i = 2$」である．

(2) 一方，「不等長符号」C_2（あるいは C_3）の平均符号長 $L^{(2)}$ は，$p_i := p(a_i)$ に依存する．例えば，$p_1 = p_2 = p_3 = p_4 = 1/4$ のときには

$$L^{(2)} = \sum_{i=1}^{4} p_i \ell_i = \frac{1}{4}(1+2+3+4) = \frac{10}{4} = 2.5$$

であるが，$p_1 = 1/2,\ p_2 = 1/4,\ p_3 = p_4 = 1/8$ のときには

$$L^{(2)} = \sum_{i=1}^{4} p_i \ell_i = 1 \times \frac{1}{2} + 2 \times \frac{1}{4} + 3 \times \frac{1}{8} + 4 \times \frac{1}{8} = \frac{15}{8} = 1.875$$

となり，C_1 の平均符号長 $L^{(1)} = 2$ より長いときも，短いときもある．

3.2 クラフト・マクミランの定理

クラフト・マクミランの定理は，情報源符号化に関して最も基本的な定理である．符号が，一意に復号可能あるいは瞬時符号であるための必要十分条件が，符号語の長さが一つの不等式を満たすことであることを述べている．

3.2.1 符号化 (情報表現の変換)

〔**3.2.1**〕情報源アルファベットを

$$A = \{a_1, a_2, \ldots, a_M\} = \{1, 2, \ldots, M\}$$

とし，情報源符号器のアルファベットを

$$B = \{b_1, b_2, \ldots, b_r\} = \{0, 1, \ldots, r-1\}$$

とおく．また，A および B の長さ p のシンボル系列全体の集合を，A^p および B^p で表し，さらに A^*, B^* を次のようにおく：

$$A^* := \bigcup_{p=0}^{\infty} A^p = \emptyset \cup A \cup A^2 \cup \cdots, \quad B^* := \bigcup_{p=0}^{\infty} B^p = \emptyset \cup B \cup B^2 \cup \cdots.$$

情報源符号器は不等長符号器で，一つの情報源シンボル $i\ (\in A)$ に対して $\boldsymbol{c}_i\ (\in B^*)$ を出力する．いま，この符号 (符号語の集合) を

$$\mathcal{C} = \{\boldsymbol{c}_1, \boldsymbol{c}_2, \ldots, \boldsymbol{c}_M\}$$

とし，符号語 $\boldsymbol{c}_i$ の符号語長を $N(i)$ で表す．また，$\boldsymbol{i} = (i_1, i_2, \ldots, i_p) \in A^p$ に対する情報源符号器 $\mathcal{C}$ の出力を，次のように表すものとする：

$$\boldsymbol{c}(\boldsymbol{i}) = (\boldsymbol{c}_{i_1}, \boldsymbol{c}_{i_2}, \ldots, \boldsymbol{c}_{i_p}).$$

〔**3.2.2**〕**一意復号可能** (uniquely decodable) **符号**： 符号 $\mathcal{C}$ を用いる情報源符号器において，

$$\boldsymbol{c}(\boldsymbol{i}) \neq \boldsymbol{c}(\boldsymbol{j}), \quad \text{for } \boldsymbol{i} \neq \boldsymbol{j}; \quad \boldsymbol{i}, \boldsymbol{j} \in A^* \tag{3.2}$$

が成立するとき，符号 $\mathcal{C}$ は**一意に復号可能**であるという．(すべて写像先が異なるので，明らかにもとの系列が同定できる)．

〔**3.2.3**〕**語頭符号** (prefix code)： 符号 $\mathcal{C}$ の符号語

$$\boldsymbol{c} = (c_1, c_2, \ldots, c_n)$$

に対して，その c_1 から始まる任意の部分列

$$[\boldsymbol{c}]_k := (c_1, c_2, \ldots, c_k), \quad k = 1, 2, \ldots, n$$

を符号語 $\boldsymbol{c}$ の **語頭** (prefix) という．

符号 $\mathcal{C}$ の符号語 $\boldsymbol{c}_i$ に対し，その語頭の集合を $pref(\boldsymbol{c}_i)$ で表す．このとき，

$$\boldsymbol{c}_i \notin \bigcup_{k \neq i} pref(\boldsymbol{c}_k), \quad \text{for all } \boldsymbol{c}_i \in \mathcal{C}$$

が成立する符号 $\mathcal{C}$ を **語頭符号** という．（〔3.1.5〕に例示した）**瞬時符号** は，語頭符号のことに他ならない．明らかに，次の関係が成立する：

$$\{ \text{瞬時符号} \} = \{ \text{語頭符号} \} \subset \{ \text{一意復号可能符号} \}.$$

〔**3.2.4**〕 **グラフ** (graph)[80]〜[82]：グラフ G は，**節点**，**頂点**，**ノード** (vertex, node) などと呼ばれる要素の集合 V と，V の要素 $v_i, v_j \in V$ を結ぶ辺あるいは **枝** (edge) と呼ばれる要素 $e = (v_i, v_j)$ の集合 E の組として $G = (V, E)$ のように定義される[†1]．例えば，節点の集合を $V_1 = \{v_1, v_2, v_3, v_4, v_5\}$，有向枝の集合を $E_1 = \{(v_1, v_1), (v_1, v_2), (v_2, v_3), (v_3, v_4), (v_4, v_3), (v_4, v_2)\}$ とおけば，一つの (有向) グラフ $G_1 = (V_1, E_1)$ が定義される．グラフは，節点を枝で結ぶ結線図として表現することができ，例えば上の (有向) グラフ G_1 は，図 **3.1** のように表すことができる．

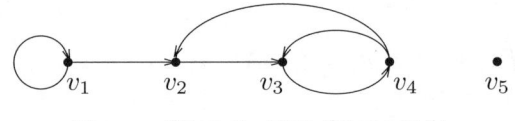

図 **3.1** グラフ G_1 (有向グラフの場合)

[†1] 枝に「方向」がある場合 (有向枝，有向グラフ) と，ない場合 (無向枝，無向グラフ) とが考えられる．枝に方向がある「有向グラフ」の場合，有向枝 $e = (v_i, v_j)$ などといい，枝 (v_i, v_j) と枝 (v_j, v_i) は「向き」が反対の，異なる枝を表す．

3.2 クラフト・マクミランの定理

簡単のため，以下では無向グラフについて述べるが，枝を有向枝とすれば，有向グラフの議論になることに注意しておく．グラフにおいて，一つの節点 (v_1 とする) からもう一つの節点 (v_n とする) へ至る枝の系列，例えば $\mathrm{path}(v_1, v_n) := (v_1, v_2)(v_2, v_3) \cdots (v_{n-1}, v_n)$，が存在するならば，$v_1$ と v_n は **連結** しているといい，$\mathrm{path}(v_1, v_n)$ を v_1 と v_n を結ぶ道または**パス** (path) という．$\mathrm{path}(v_1, v_n)$ において $v_1 = v_n$ であるとき，これを **閉路** (loop, cycle, circuit) という．一つの閉路が，それを構成する枝の**真部分集合**[†1] から成る閉路を含まないとき，**単純閉路** (simple loop) という．また，グラフのすべての節点が連結しているグラフを**単連結** (simply connected) であるという．単連結で閉路を含まないグラフを**木** (tree) という．

〔3.2.5〕**符号の木**：符号は，木グラフによって表現することができる．符号の議論においては，これを**符号の木**と呼ぶ．符号の木と符号の対応は次のように与えられる．符号器アルファベットを $B = \{b_1, b_2, \ldots, b_r\}$ とする．まず，**根**あるいは**ルート** (root) と呼ばれる一つの節点から r 本の枝が出ている扇形のグラフを考え，これを構成要素 S_G と呼ぶ．そして，一つの構成要素 S_G から出発して，r 本の枝の先端 (根でない節点) の一つひとつに S_G の根を重ねて接続する．続いて 2 段になった扇形グラフの r^2 本ある枝の各先端に再び構成要素 S_G の根を重ねて接続する．この操作を n 回繰り返せば，**図 3.2** が得られる (v_0 が全体の根)．

このとき，長さ ℓ ($\leq n$) の符号語 $\boldsymbol{c} = (c_1, c_2, \ldots, c_\ell) \in B^\ell$ はこの「木」の中の，根 (v_0) から右へ延びる長さ ℓ の道 (パス) として一意に表現できる．したがって，一つの符号 $\mathcal{C} = \{\boldsymbol{c}_1, \boldsymbol{c}_2, \ldots, \boldsymbol{c}_M\}$ 全体は，長さが $\ell_i := |\boldsymbol{c}_i|$ ($\leq n$) ($i = 1, 2, \ldots, M$) である M 本のパスの集合 (**図 3.2** の木の部分木) として表現されることになる．特に，符号語の「語頭」は，その符号語を表すパスの，すべての途中段階のパスの集まりである．このことから明らかなように，符号の木において各符号語がすべて**端点 (葉)** に割り当てられている符号が語頭符号 (=

[†1] A 以外の A の部分集合．すなわち，$B \subset A$ かつ $B \neq A$ である集合 B を A の "真" 部分集合という．

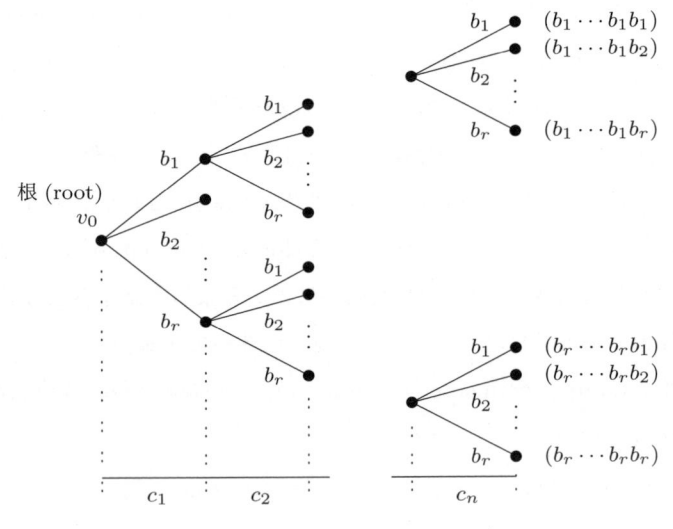

図 3.2 高さ (深さ) n の木グラフ

瞬時符号) に他ならない．表 **3.1** に取り上げた 2 元符号 $\mathcal{C}_1$, $\mathcal{C}_2$, $\mathcal{C}_3$ の符号の木を図 **3.3** に示している (v_0 が根)．瞬時符号 $\mathcal{C}_1$, $\mathcal{C}_2$ では，各符号語がすべて端点 (葉) に割り当てられている．これに対し，符号 $\mathcal{C}_3$ は，すべての符号語が符号語 (0111) の語頭から成っている，非瞬時符号である．

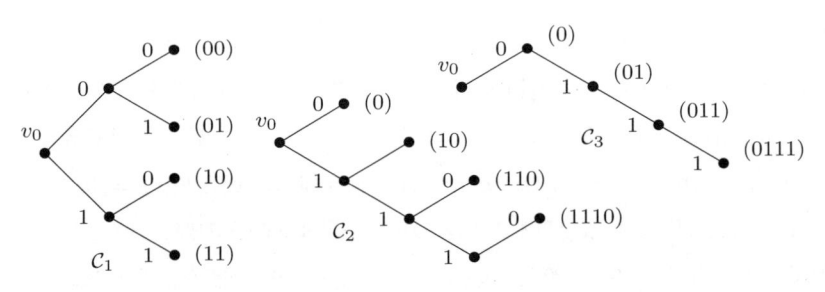

図 3.3 符号 $\mathcal{C}_1$, $\mathcal{C}_2$, $\mathcal{C}_3$ の木 (v_0：根)

3.2.2 クラフト・マクミランの定理

定理〔3.2.6〕(クラフト・マクミラン (Kraft-McMillan) の定理)[†1]

(1) r 元符号 $\mathcal{C} = \{c_1, c_2, \ldots, c_M\}$ が「一意復号可能」であるならば，各符号語 c_i の長さ $N(i)$ は，次のクラフトの不等式を満たす：

$$\sum_{i=1}^{M} r^{-N(i)} \leq 1. \tag{3.3}$$

(2) 逆に，自然数 $N(i)$ $(i = 1, 2, \ldots, M)$ が与えられて，クラフトの不等式 (3.3) を満たすならば，符号語 c_i の長さが $N(i)$ である「瞬時符号 (語頭符号)」 $\mathcal{C} = \{c_1, c_2, \ldots, c_M\}$ を構成することができる．

(証明) **(1) (a)** 情報源から出される長さ p のシンボル系列 $\boldsymbol{i} = (i_1, i_2, \ldots, i_p) \in A^p (\subset A^*)$ に対する符号器出力は，

$$\boldsymbol{c}(\boldsymbol{i}) = (c_{i_1}, c_{i_2}, \ldots, c_{i_p}), \quad c_{i_j} \in \mathcal{C}$$

であり，その長さを $L(\boldsymbol{i})$ とすれば，次式が成り立つ：

$$L(\boldsymbol{i}) := N(i_1) + N(i_2) + \cdots + N(i_p) = \sum_{j=1}^{p} N(i_j) \tag{3.4}$$

(b) 一方，符号化したとき，長さが K となる情報源シンボルの系列全体を

$$A_K := \{\boldsymbol{i} \mid \boldsymbol{i} \in A^*, L(\boldsymbol{i}) = K\}$$

とおき，対応する符号器出力の集合を

$$B_K := \{\boldsymbol{c}(\boldsymbol{i}) \mid \boldsymbol{i} \in A_K\}$$

とすれば，$\mathcal{C} = \{c_1, c_2, \ldots, c_M\}$ が「一意復号可能」であることより，A_K から B_K への写像 $\boldsymbol{i}(\in A_K) \mapsto \boldsymbol{c}(\boldsymbol{i})(\in B_K)$ は一対一 (全単射) であり，

$$|A_K| = |B_K| \leq r^K$$

[†1] クラフトは「瞬時符号」に対してこの定理を示した．マクミランは，それを「一意復号可能な符号」に拡張した．「瞬時符号」ならば「一意復号可能な符号」であるから，定理〔3.2.6〕の **(1)**, **(2)** は，「瞬時符号」あるいは「一意復号可能な符号」のどちらに対しても成立することに注意しておく．

が成立する．したがって，

$$A_K^p := A_K \cap A^p = \{\boldsymbol{i} \mid \boldsymbol{i} \in A^p, L(\boldsymbol{i}) = K\}$$

とすれば，明らかに次式が成立する：

$$|A_K^p| \leq |A_K| \leq r^K. \tag{3.5}$$

(c) ここで，符号語の長さ $N(i)$ に関する式 $\left\{\sum_{i=1}^M r^{-N(i)}\right\}^p$ を展開すれば，

$$\left\{\sum_{i=1}^M r^{-N(i)}\right\}^p = \sum_{i_1=1}^M \cdots \sum_{i_p=1}^M r^{-\{N(i_1)+\cdots+N(i_p)\}} = \sum_{\boldsymbol{i} \in A^p} r^{-L(\boldsymbol{i})}$$

が得られる (式 (3.4) を用いた)．この式で，A^p に関する総和を A_K^p $(K=1,2,\ldots)$ に分割する．すると，$N_{\max} := \max_{1 \leq i \leq M}\{N(i)\}$ とするとき，

$$A^p = \bigcup_{K=1}^{p \cdot N_{\max}} A_K^p, \quad A_J^p \cap A_K^p = \emptyset \; (J \neq K)$$

が成立することに注意すれば，不等式 (3.5) を用いて，

$$\left\{\sum_{i=1}^M r^{-N(i)}\right\}^p = \sum_{K=1}^{p \cdot N_{\max}} \left\{\sum_{\boldsymbol{i} \in A_K^p} r^{-K}\right\} = \sum_{K=1}^{p \cdot N_{\max}} |A_K^p| \cdot r^{-K}$$

$$\leq \sum_{K=1}^{p \cdot N_{\max}} r^K \cdot r^{-K} = p \cdot N_{\max}$$

が成立する．すなわち，

$$\sum_{i=1}^M r^{-N(i)} \leq \left(p \cdot N_{\max}\right)^{1/p} =: f(p) \tag{3.6}$$

が得られる．しかるに，この式は任意の p に対して成立しなければならない．特に，$p \to \infty$ とすれば，ロピタルの定理 (補題〔1.3.2〕) より，

$$\lim_{p \to \infty} \ln f(p) = \lim_{p \to \infty} \frac{\ln p + \ln N_{\max}}{p} = \lim_{p \to \infty} \frac{1/p}{1} = 0,$$

$$\therefore f(p) \to 1 \; (p \to \infty)$$

が得られる．すなわち，クラフトの不等式「$\sum_{i=1}^M r^{-N(i)} \leq 1$」が成立する．

(2) 一般性を失うことなく，

3.2 クラフト・マクミランの定理

$$\sum_{i=1}^{M} r^{-N(i)} \leqq 1, \quad 1 \leqq N(1) \leqq N(2) \leqq \cdots \leqq N(M)$$

を満たす自然数 $N(i)$ が与えられたとする．このとき，実際に語頭条件を満たす符号語長 $N(i)$ $(i=1,2,\ldots,M)$ の r 元符号が構成できることを示す[†1]：

(a) $s_1, s_2, \ldots, s_M$ を

$$s_1 := 0, \quad s_{i+1} := s_i + r^{-N(i)} = \sum_{j=1}^{i} r^{-N(j)}, \; i = 1, 2, \ldots, M-1$$

で定義する．すると，$s_M = \sum_{j=1}^{M-1} r^{-N(j)} \leqq 1 - r^{-N(M)} < 1$ より，

$$0 = s_1 < s_2 < s_3 < \cdots < s_M < 1$$

が成り立っている．ここで，s_i はその定義より，有限の r 進小数として

$$s_i = \sum_{j=1}^{i-1} r^{-N(j)} = \sum_{k=1}^{N(i-1)} b_k^{(i)} r^{-k}, \quad b_k^{(i)} \in \{0, 1, \ldots, r-1\} \tag{3.7}$$

のように表される．このとき，s_i の定義より，小数 $N(i-1)+1$ 桁(けた)以降は零である (ただし，$N(0) := 0$ と約束する)．これより，小数以下 $N(i)$ 桁をとって，「$c_i = (b_1^{(i)}, b_2^{(i)}, \ldots, b_{N(i)}^{(i)})$」とおくと，$\{c_1, c_2, \ldots, c_M\}$ は，語頭符号となることが，次のように示される．

(b) 符号語 c_j の，長さ $N(i)$ の語頭を $[c_j]_i$ で表すものとする．このとき，すべての符号語 c_i と c_j に対して，

$$c_i \neq [c_j]_i := (b_1^{(j)}, b_2^{(j)}, \ldots, b_{N(i)}^{(j)}), \quad \text{for } i < j$$

が成立すれば，語頭条件が満たされる．

$[c_j]_i$ $(i < j)$ の表す数を $s_j^{(i)}$ とすると，$s_j^{(i)} = \sum_{k=1}^{N(i)} b_k^{(j)} r^{-k}$ であるから，$s_j^{(i)} = s_j - \sum_{k=N(i)+1}^{N(j-1)} b_k^{(j)} r^{-k}$ と書け[†2]，

$$s_j^{(i)} - s_i = s_j - s_i - \sum_{k=N(i)+1}^{N(j-1)} b_k^{(j)} r^{-k} \tag{3.8}$$

である．ここで，

[†1] この符号はシャノン・ファノ (Shannon-Fano) 符号として知られる．
[†2] $i = j - 1$ のときには，$\sum_{k=N(i)+1}^{N(j-1)} b_k^{(j)} r^{-k} = 0$ である．

$$s_j - s_i = \sum_{k=1}^{j-1} r^{-N(k)} - \sum_{k=1}^{i-1} r^{-N(k)} = \sum_{k=i}^{j-1} r^{-N(k)} \geqq r^{-N(i)}$$

であるから，式 (3.8) より，

$$s_j^{(i)} - s_i \geqq r^{-N(i)} - \sum_{k=N(i)+1}^{N(j-1)} b_k^{(j)} r^{-k} > 0.$$

すなわち，$s_j^{(i)} \neq s_i \, (i < j)$ であり，$[\boldsymbol{c}_j]_i \neq \boldsymbol{c}_i$ が成立する．

例〔3.2.7〕 八つのシンボルを有する情報源に対する符号で，符号語の長さが

(1) $\{2,3,3,3,3,3,3,4\}$ および (2) $\{2,3,3,3,3,3,4,4\}$

である "2元" の「瞬時符号」[†1] は構成可能か？

(解) クラフト・マクミランの不等式より

(1) $2^{-2} + 2^{-3} + 2^{-3} + 2^{-3} + 2^{-3} + 2^{-3} + 2^{-3} + 2^{-4} = \dfrac{17}{16} > 1$

$\implies$ 構成不可能

(2) $2^{-2} + 2^{-3} + 2^{-3} + 2^{-3} + 2^{-3} + 2^{-3} + 2^{-4} + 2^{-4} = \dfrac{16}{16} \leqq 1$

$\implies$ 構成可能 (章末問題 **3.1** 参照).

3.3 情報源符号化定理

本節では，情報源シンボルを一つずつ符号化する情報源符号器によって，符号器出力における平均符号長がどこまで短くできるのか，その限界について述べる．定理〔3.3.4〕に示されるように，r 元符号器出力の平均符号長の下限は，情報源の (対数の底を r とした)「エントロピー」で与えられる．この結果を**情報源符号化定理**と呼ぶ．

[†1] 定理〔3.2.6〕について p. **37** 脚注 **1** に述べた注意からわかるように，「瞬時符号」の代わりに「一意復号可能な符号」としても，答えは変わらない．

3.3.1 情報源の拡大

〔3.3.1〕 無記憶情報源 $A = \{a_1, a_2, \ldots, a_M\}$ に対して，その出力系列を n シンボルごとに区切り，A の n シンボルを新しい一つのシンボルと見なした情報源を A の n 次の**拡大情報源**と呼び，A^n で表す．このとき，無記憶情報源であることより，次の関係が成立する：

$$p(\boldsymbol{x} := x_1 x_2 \ldots x_n) = \prod_{i=1}^{n} p(x_i). \tag{3.9}$$

補題〔3.3.2〕 無記憶情報源 A とその n 次拡大情報源 A^n の平均情報量 (エントロピー) に関して，下記が成立する (対数の底 r によらない)：

$$H(A^n) = nH(A). \tag{3.10}$$

(証明) 平均情報量 $H(A^n)$ の定義に式 (3.9) を適用して，式変形をすれば，

$$\begin{aligned}
H(A^n) &= -\sum_{\boldsymbol{x} \in A^n} p(\boldsymbol{x}) \log p(\boldsymbol{x}) \\
&= -\sum_{x_1 \in A} \sum_{x_2 \in A} \cdots \sum_{x_n \in A} [p(x_1)p(x_2) \cdots p(x_n)] \log[p(x_1)p(x_2) \cdots p(x_n)] \\
&= -\sum_{x_1 \in A} \sum_{x_2 \in A} \cdots \sum_{x_n \in A} [p(x_1)p(x_2) \cdots p(x_n)] \sum_{i=1}^{n} \log p(x_i) \\
&= -\sum_{i=1}^{n} \left[\sum_{x_i \in A} p(x_i) \log p(x_i) \sum_{\boldsymbol{x}_{\neg i} \in A^{n-1}} p(\boldsymbol{x}_{\neg i}) \right] \\
&= -\sum_{i=1}^{n} \sum_{x_i \in A} p(x_i) \log p(x_i) = nH(A).
\end{aligned}$$

のように所望の結果が得られる．ただし，途中で用いている記号 $\boldsymbol{x}_{\neg i}$ は，$\boldsymbol{x}_{\neg i} := (x_1 \cdots x_{i-1} x_{i+1} \cdots x_n)$ を表す．

3.3.2 情報源符号化定理

補題〔3.3.3〕 (1) 無記憶情報源 $A = \{a_1, a_2, \ldots, a_M\}$ の各シンボルを符号化する r 元符号において，情報源シンボル一つ当たりの平均符号長 L が

$$L < H(A) + 1, \quad H(A) := -\sum_{i=1}^{M} p(a_i) \log_r p(a_i) \tag{3.11}$$

を満たす「瞬時符号」が存在する．

(2) 逆に，「一意復号可能な符号」である限り，情報源シンボル一つ当たりの平均符号長 L は，$H(A)$ より小さくはできない，すなわち，下記が成立する：

$$H(A) \leq L. \tag{3.12}$$

(証明) 簡単のため，$p_i := p(a_i)$ と略す．**(1)** $0 < -\log_r p_i$ より

$$0 < -\log_r p_i \leq \ell_i < -\log_r p_i + 1 \tag{3.13}$$

を満たす正整数 ℓ_i が存在する．このとき，$\log_r p_i \geq -\ell_i$ より $p_i = r^{\log_r p_i} \geq r^{-\ell_i}$ が成立し，$\{\ell_i\}_{i=1}^{M}$ はクラフトの不等式「$1 = \sum_{i=1}^{M} p_i \geq \sum_{i=1}^{M} r^{-\ell_i}$」を満たす．したがって，定理〔3.2.6〕により，符号語の長さが $\{\ell_i\}_{i=1}^{M}$ である「瞬時符号」が構成できる．そして，この瞬時符号の平均符号長は，式 (3.13) より，

$$L := \sum_{i=1}^{M} p_i \ell_i < -\sum_{i=1}^{M} p_i \log_r p_i + \sum_{i=1}^{M} p_i = H(A) + 1$$

を満たす．すなわち，式 (3.11) が成り立つ．

(2) 一方，与えられた「一意復号可能な符号」の符号語長を $\{\ell_i\}_{i=1}^{M}$ とすると，定理〔3.2.6〕により，クラフトの不等式 $\sum_{i=1}^{M} r^{-\ell_i} \leq 1$ が成立する．この事実に注意して，式 (2.14) の関係 $\ln x \leq x - 1$ ($\ln := \log_e$) を用いて，$H(A) - L$ を計算すると，

$$H(A) - L = H(A) - \sum_{i=1}^{M} p_i \ell_i = -\sum_{i=1}^{M} p_i \log_r p_i + \sum_{i=1}^{M} p_i \log_r r^{-\ell_i}$$

$$= \sum_{i=1}^{M} p_i \log_r \frac{r^{-\ell_i}}{p_i} \leq \frac{1}{\ln r} \sum_{i=1}^{M} p_i \left(\frac{r^{-\ell_i}}{p_i} - 1 \right)$$

$$= \frac{1}{\ln r} \left(\sum_{i=1}^{M} r^{-\ell_i} - \sum_{i=1}^{M} p_i \right) \leq \frac{1}{\ln r} (1 - 1) = 0$$

のように，直ちに結果が得られる．

定理〔3.3.4〕(情報源符号化定理)：任意の正数 $\varepsilon\,(>0)$ に対して，無記憶情報源 $A = \{a_1, a_2, \ldots, a_M\}$ に対する r 元符号として，A の 1 シンボル当たりの平均符号長 L が次式を満たす r 元「瞬時符号」が構成できる[†1]：

[†1] 「$H(A) \leq L$」の部分は式 (3.12) であり，本定理の主張は「$L < H(A) + \varepsilon$」である．

$$H(A) \leqq L < H(A) + \varepsilon, \quad H(A) := -\sum_{i=1}^{M} p(a_i) \log_r p(a_i). \quad (3.14)$$

(証明) 補題〔3.3.3〕(1) を A の n 次の拡大情報源 A^n に対して適用すれば

$$L_n < H(A^n) + 1.$$

ただし，L_n は A^n の 1 シンボル当たりの平均符号長で，A の 1 シンボル当たりの平均符号長 L との間には，$L_n = nL$ なる関係が成立する．よって，補題〔3.3.2〕の式 (3.10)「$H(A^n) = nH(A)$」に注意すれば，直ちに

$$nL < nH(A) + 1 \Rightarrow L < H(A) + \frac{1}{n}$$

が得られ，n を十分大きくとれば，$1/n < \varepsilon$ とできて式 (3.14) が成立する．

〔3.3.5〕理想的な情報源符号器の性質：最後に，情報源符号化定理の式 (3.14) で，「$L = H(A)$」が成立する理想的な r 元符号器 B の性質を見ておく．

一般に情報源符号器は不等長符号器であるが，ここでは符号器はバッファを備え，入力シンボル $a\ (\in A)$ が一つ到着するごとに，L (平均符号長) 個の出力シンボル $b_1 b_2 \cdots b_L\ (\in B^L)$ を (等時間間隔で) 出力するものと仮定する．すると，情報源 A の 1 シンボルが有する平均情報量は $H(A) = -\sum_{i=1}^{M} p(a_i) \log p(a_i)$ である．同様に，符号器 B の出力 1 シンボルが有する平均情報量は $H(B) = -\sum_{i=1}^{r} p(b_i) \log p(b_i)$ である．さて，平均符号長 L の意味するところは，A の 1 シンボルが，平均として，B の L シンボルで表されることである ($L \cdot H(B) = H(A)$)．一方，理想的な符号器では「$L = H(A)$」が成立するので，

$$L \cdot H(B) = H(A), \ L = H(A) \Rightarrow \lceil H(B) = 1 \rfloor$$

が成り立つことになる．しかるに上式は，$H(B)\ (\leqq \log_r r = 1)$ の上限が達成されていることを表しており，これは「$p(b_1) = p(b_2) = \cdots = p(b_r) = 1/r$」のときに限って成立する (定理〔2.3.3〕)．すなわち，

「理想的な情報源符号器の出力では，各シンボルの出現確率はすべて等しい」

という性質が成立する．(〔4.2.9〕参照)．　　　□

次章では，本章で示した情報源符号化定理〔3.3.4〕を達成すべく考案された，いくつかの代表的情報源符号化法について見ていく．

章 末 問 題

3.1 例〔3.2.7〕の (2) に与えた符号語長 $\{2,3,3,3,3,3,4,4\}$ を有する 2 元符号を定理〔3.2.6〕の証明 (2) に示したシャノン・ファノ符号により構成せよ．

3.2 符号語の長さがそれぞれ

(1) $\{1,2,2,2,2,2,2,3\}$,　　(2) $\{1,2,2,2,2,2,3,3\}$

で与えられる "3 元" の "瞬時符号" は存在するか？

4 代表的な情報源符号

4.1 情報源符号の機能

　前章で述べたように，情報源符号化の目的は，冗長性を排除して，情報をなるべく短く (コンパクトに) 表現することにある．このため，情報源符号は，**データ圧縮符号**とも呼ばれる．定理〔3.3.4〕に述べたように，情報圧縮の限界は，情報源のエントロピーで与えられ，それを達成する符号を求めることが目標になる (p. 30 脚注 **1** も参照)．当然のことながら，符号化/復号化 (p. 29 脚注 **2** 参照) に必要な「手間」[†1] はできるだけ小さいことが望まれる．優れた解説やテキストが数多くある [20)~22)]．(**1.2** 節冒頭に挙げた文献も参照)．

　なお，前章では，情報源のモデルやシンボルの生起確率がわかっているとして議論してきたが，実際にはそれらは既知であるとは限らない．そのため，情報源モデルなどを既知とした符号化 (**静的符号化**) に加えて，情報源モデルなどを既知としない符号化 (**動的符号化**あるいは**適応符号化**) が重要であり，広く研究されてきている．本章では，この両者について，基本的な方式を見ていく．

[†1] この「手間」は，計算量と呼ばれる尺度で測られる．多項式 $f(x) := \sum_{i=0}^{n} f_i x^i$ の計算を例に考えると，$f(x)$ の値を求めるには，$f(x)$ の計算アルゴリズムを計算機 (メモリ) に格納し，入力 x に対して n に比例する程度の積和演算を行うことにより $f(x)$ を求めることができる．このように，計算に必要な積和などの基本演算の回数により，**時間計算量**を定義する．一方，$f(x)$ の値を知るには，すべての変数値 $x \in X$ に対する $f(x)$ の「表」を用意してもよい．そうすれば，計算に「時間」は掛からない．ただし，代わりに表を格納するための (大きな) メモリが必要となる．このメモリの大きさにより**空間計算量**を定義する．普通は，用いるアルゴリズムに応じて定まる，時間計算量と空間計算量の (重み付き) 和によって (総) 計算量を評価する [79)]．

4.2 2元ハフマン符号

〔4.2.1〕情報源符号化定理〔3.3.4〕を満たす符号の例は，すでに (補題〔3.3.3〕および) 定理〔3.2.6〕の証明 (2) に示したシャノン・ファノ (Shannon-Fano) 符号により与えられている[†1]．ただし，シャノン・ファノ符号は符号長有限のときに平均符号長が「最小」であるという性質までは満たしていない．有限の符号長において平均符号長が「最小」の符号の一つに，ハフマン (Huffman) 符号[25]がある[†2]．以下，簡単のため，2元符号 (符号器アルファベットが $B := \{0, 1\}$) の場合を中心に述べる．

4.2.1 2元ハフマン符号の例

例〔4.2.2〕ハフマン符号のフォーマルな構成法は後で述べることにし，まず構成法の基本を理解するために，2元ハフマン符号の簡単な例を示す．以下，シンボル数が M の無記憶情報源 A を，シンボル a_i とその出現確率 $p_i := p(a_i)$ のペアを並べて，$A^{(M)} = \begin{Bmatrix} a_1, a_2, \ldots, a_M \\ p_1, p_2, \ldots, p_M \end{Bmatrix}$ のように表すものとする．

(1) いま，$A = A^{(4)} = \begin{Bmatrix} a_1^{(4)}, a_2^{(4)}, a_3^{(4)}, a_4^{(4)} \\ 0.3, 0.25, 0.25, 0.2 \end{Bmatrix}$ で表される情報源が与えられたとする．ここで，シンボルが出現確率の大きい順に並んでいることに注意する．そうでなければ，出現確率の大きい順に並べ替える操作を行うものとする．

(2) 次に，$A^{(4)}$ に対して，出現確率が最も小さい "2" つのシンボルを一つに合併 (merge) して，シンボル数の一つ少ない情報源を作る．すなわち，$\widetilde{A}^{(3)} = \begin{Bmatrix} a_1^{(4)}, a_2^{(4)}, \widetilde{a}_3^{(4)} \\ 0.3, 0.25, 0.25 + 0.2 \end{Bmatrix}$ とし，合併したシンボル $\widetilde{a}_3^{(4)}$ の出現確率は，もとの $a_3^{(4)}$

[†1] 与えられた情報源に対して，補題〔3.3.3〕**(1)** により，クラフトの不等式を満たす符号語長の系列が得られ，それに対して，定理〔3.2.6〕の証明 **(2)** により語頭符号が構成できる．
[†2] 符号長を無限にした状態では，両者共に情報源符号化定理〔3.3.4〕を満足し，その点では差はない．

の確率 0.25 と $a_4^{(4)}$ の確率 0.2 の和 0.45 とする．そして，$\widetilde{A}^{(3)}$ のシンボルを出現確率の大きい順に並べ替えて，$A^{(3)} = \begin{Bmatrix} a_1^{(3)}, a_2^{(3)}, a_3^{(3)} \\ 0.45, 0.3, 0.25 \end{Bmatrix}$ とおく．

(3) 以下同様の操作を行って，シンボル数の一つずつ少ない情報源を次々に作っていき，シンボルが一つの情報源に到達したら終了する． □

このとき，上記の操作は，図 **4.1** のように表すことができる．図において，$A^{(4)}$ が最初の情報源，$A^{(3)}$ がシンボルが一つ少ない情報源，そして $A^{(1)}$ がシンボルが一つになった情報源である．また，「太線」と「黒丸」をグラフの「枝 (辺)」と「節点」と見なせば，図は一つの「木」になっている (右端が「根 (root)」)．(ただし，細線と白丸は接続関係を示すだけのもので，それらの左側に位置する「黒丸」に含めて考えるものと約束する)．したがって，この「木」において，枝分かれのところに，符号器アルファベットのシンボル '0'，'1' を割り当てれば[†1]，情報源 $A^{(4)}$ に対する，符号の木が得られる．これは，図 **3.3** に与えた，等長符号 $\mathcal{C}_1$ に他ならない．この符号の木によって得られる情報源シンボル $a_1^{(4)} \sim a_4^{(4)}$ に対する符号語を図 **4.1** の右下に示している．

次項では，上に例で説明した 2 元ハフマン符号の構成法を，ややフォーマルな形で述べる．

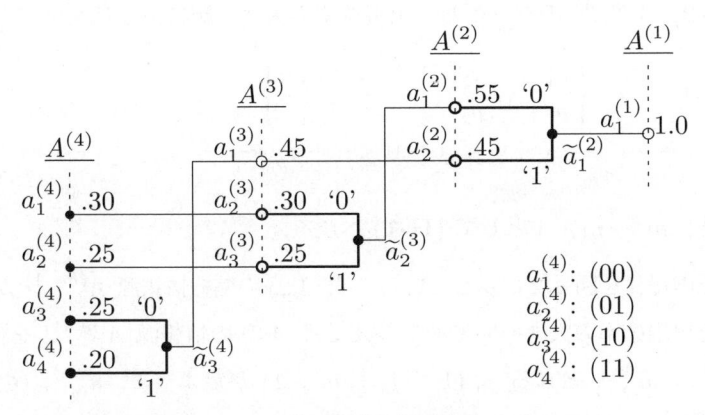

図 **4.1** ハフマン符号の構成例 (例〔4.2.2〕)

[†1] 各枝分かれごとに，どちらに '0' を割り当ててもよい．

4.2.2 2元ハフマン符号の構成法

〔4.2.3〕 与えられた無記憶情報源 $A = \begin{Bmatrix} a_1, a_2, \ldots, a_M \\ p_1, p_2, \ldots, p_M \end{Bmatrix}$, $p_i := p(a_i)$, $M \geq 2$ に対して, A のシンボルを出現確率の大きい順に並び替えて

$$A^{(M)} = \begin{Bmatrix} a_1^{(M)}, a_2^{(M)}, \ldots, a_M^{(M)} \\ p_1^{(M)}, p_2^{(M)}, \ldots, p_M^{(M)} \end{Bmatrix}, \quad p_1^{(M)} \geq p_2^{(M)} \geq \cdots \geq p_M^{(M)}$$

とおく. 次に, $A^{(M)}$ から出発して, シンボルの数が $m\ (= M, M-1, \ldots, 1)$ である (中間) 情報源 $A^{(m)}$ を次の手順 **(H-1)**, **(H-2)** により構成する:

(H-1) シンボル数が m で, $p_1^{(m)} \geq p_2^{(m)} \geq \cdots \geq p_m^{(m)}$ である (中間) 情報源

$$A^{(m)} = \begin{Bmatrix} a_1^{(m)}, a_2^{(m)}, \ldots, a_m^{(m)} \\ p_1^{(m)}, p_2^{(m)}, \ldots, p_m^{(m)} \end{Bmatrix}, \quad p_k^{(m)} := p(a_k^{(m)}) \tag{4.1}$$

に対し, 出現確率の最も小さな二つのシンボル $a_{m-1}^{(m)}$ と $a_m^{(m)}$ を合併 (merge) して, 出現確率が $\widetilde{p}_{m-1}^{(m)} := p_{m-1}^{(m)} + p_m^{(m)}$ で与えられるシンボル $\widetilde{a}_{m-1}^{(m)}$ に縮約し, シンボル数が $m-1$ の縮約情報源

$$\widetilde{A}^{(m-1)} = \begin{Bmatrix} a_1^{(m)}, a_2^{(m)}, \ldots, a_{m-2}^{(m)}, \widetilde{a}_{m-1}^{(m)} \\ p_1^{(m)}, p_2^{(m)}, \ldots, p_{m-2}^{(m)}, \widetilde{p}_{m-1}^{(m)} := p_{m-1}^{(m)} + p_m^{(m)} \end{Bmatrix} \tag{4.2}$$

を作る. $\widetilde{A}^{(m-1)}$ のシンボル数が 1 となったら終了する.

(H-2) $\widetilde{A}^{(m-1)}$ のシンボルを出現確率の大きい順に並び替えて

$$A^{(m-1)} = \begin{Bmatrix} a_1^{(m-1)}, a_2^{(m-1)}, \ldots, a_{m-1}^{(m-1)} \\ p_1^{(m-1)}, p_2^{(m-1)}, \ldots, p_{m-1}^{(m-1)} \end{Bmatrix}, \tag{4.3}$$

$$p_1^{(m-1)} \geq p_2^{(m-1)} \geq \cdots \geq p_{m-1}^{(m-1)}$$

とおき, $m \leftarrow m-1$ として **(H-1)** へ戻る. □

以上の操作を図 **4.2** に示している. 式 (4.2) の縮約情報源 $\widetilde{A}^{(m-1)}$ から, シンボルを出現確率の大きい順に並び替えて式 (4.3) の情報源 $A^{(m-1)}$ を作るとき, $p_{j_0}^{(m-1)} = \widetilde{p}_{m-1}^{(m)}$ となる $j_0\ (1 \leq j_0 \leq m-1)$ が定まって, $\widetilde{a}_{m-1}^{(m)}\ (\in \widetilde{A}^{(m-1)})$ が $a_{j_0}^{(m-1)}\ (\in A^{(m-1)})$ に移る.

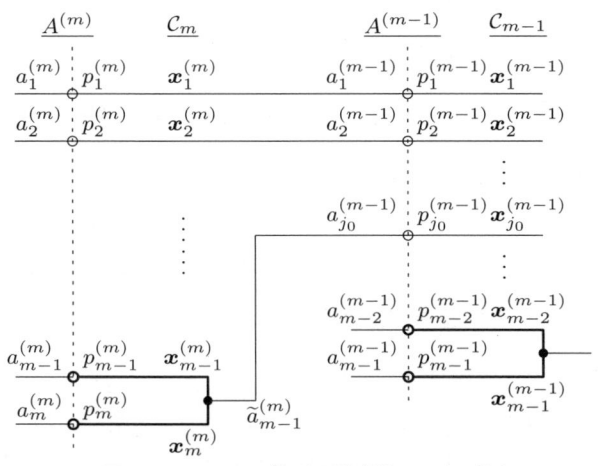

図 4.2 ハフマン符号の構成法 (2 元の場合)

〔**4.2.4**〕こうして $m = M, M-1, \ldots, 2$ の順に作られた (中間) 情報源 $A^{(m)}$ に対して,今度は $m = 2, 3, \ldots, M$ の順に,$A^{(m)}$ に対する符号 $\mathcal{C}_m = \{\boldsymbol{x}_1^{(m)}, \boldsymbol{x}_2^{(m)}, \ldots, \boldsymbol{x}_m^{(m)}\}$ を,以下により構成する.(図 **4.2** 参照).

(1) $m = 2$ のとき: 二つのシンボルから成る情報源 $A^{(2)} = \{a_1^{(2)}, a_2^{(2)}\}$ に対する符号を,$\mathcal{C}_2 = \{\boldsymbol{x}_1^{(2)} = (0), \boldsymbol{x}_2^{(2)} = (1)\}$ とする.($0, 1$ は逆でもよい).

(2) $3 \leqq m \leqq M$ のとき: (中間) 情報源 $A^{(m-1)}$ に対する符号 $\mathcal{C}_{m-1} = \{\boldsymbol{x}_k^{(m-1)}\}_{k=1}^{m-1}$ が与えられたとき,$A^{(m)}$ に対する符号 $\mathcal{C}_m = \{\boldsymbol{x}_k^{(m)}\}_{k=1}^{m}$ を

$$\left.\begin{aligned}
\boldsymbol{x}_k^{(m)} &:= \boldsymbol{x}_k^{(m-1)} \quad (1 \leqq k \leqq j_0 - 1), \\
\boldsymbol{x}_k^{(m)} &:= \boldsymbol{x}_{k+1}^{(m-1)} \quad (j_0 \leqq k \leqq m - 2), \\
\boldsymbol{x}_{m-1}^{(m)} &:= (\boldsymbol{x}_{j_0}^{(m-1)}, 0), \; \boldsymbol{x}_m^{(m)} := (\boldsymbol{x}_{j_0}^{(m-1)}, 1)
\end{aligned}\right\} \tag{4.4}$$

によって定める[†1].ただし,式 (4.4) の 3 行目で,付加する $0, 1$ は逆でもよいことに注意しておく. □

式 (4.1) で与えられる情報源 $A^{(m)}$ と式 (4.3) で与えられる縮約情報源 $A^{(m-1)}$ の関係が,一般に図 **4.2** のように表されることから,式 (4.4) によって帰納的

[†1] $j_0 = 1$ のときには,式 (4.4) の 1 行目のケースはなくなる.また,$j_0 = m - 1$ のときには,2 行目のケースはなくなる.

に定められるハフマン符号 $\mathcal{C}_m$ $(m = 2, 3, \ldots, M)$ は，すべての符号語が符号の木の先端（「葉」）に位置する瞬時符号（語頭符号）になっている．

なお，符号語 $\boldsymbol{x}_k^{(m)}$ の長さを $l_k^{(m)}$ で表すと，$\mathcal{C}_m$ の平均符号長 L_m は，

$$L_m = \sum_{k=1}^{m} p_k^{(m)} l_k^{(m)}, \quad l_k^{(m)} := |\boldsymbol{x}_k^{(m)}|$$

で与えられる．また，情報源 $A^{(m)}$ と $A^{(m-1)}$ のシンボル発生確率の関係，符号 $\mathcal{C}_m$ と $\mathcal{C}_{m-1}$ の符号語長の関係に関して，次式が成立することに注意する：

$$\left.\begin{array}{l} p_k^{(m-1)} = p_k^{(m)}, \quad l_k^{(m-1)} = l_k^{(m)} \quad (1 \leq k \leq j_0 - 1), \\ p_{j_0}^{(m-1)} = p_{m-1}^{(m)} + p_m^{(m)}, \quad l_{j_0}^{(m-1)} = l_{m-1}^{(m)} - 1 = l_m^{(m)} - 1, \\ p_k^{(m-1)} = p_{k-1}^{(m)}, \quad l_k^{(m-1)} = l_{k-1}^{(m)} \quad (j_0 + 1 \leq k \leq m - 1). \end{array}\right\} \quad (4.5)$$

4.2.3 ハフマン符号の性質

定義〔4.2.5〕「平均符号長が最小の瞬時符号」を**コンパクト符号**と呼ぶ[†1]．

補題〔4.2.6〕 情報源 $A = \{a_1, a_2, \ldots, a_m\}, p_1 \geq p_2 \geq \cdots \geq p_m$ $(p_i := p(a_i))$ に対する（2元の）コンパクト符号を $\mathcal{C}_m = \{\boldsymbol{x}_1, \boldsymbol{x}_2, \ldots, \boldsymbol{x}_m\}$ とし，符号語長を $l_i := |\boldsymbol{x}_i|$ で表す．すると，（2元の）コンパクト符号の中には，次の (1), (2) を満たす符号が存在する： **(1)** $l_1 \leq l_2 \leq \cdots \leq l_m$ が成立する．**(2)** $\boldsymbol{x}_m$ と最後の1ビットだけが異なる符号語 $\boldsymbol{x}_\nu$ が存在する．

(証明) (1) $l_i' > l_j'$ $(i < j)$ であるコンパクト符号 $\mathcal{C}_m' = \{\boldsymbol{x}_1', \boldsymbol{x}_2', \ldots, \boldsymbol{x}_m'\}$ があったとする．いま，$\mathcal{C}_m'$ の二つの符号語 $\boldsymbol{x}_i'$ と $\boldsymbol{x}_j'$ を入れ替えた符号を

$$\mathcal{C}_m = \{\boldsymbol{x}_1, \ldots, \boldsymbol{x}_i, \ldots, \boldsymbol{x}_j, \ldots, \boldsymbol{x}_m\} = \{\boldsymbol{x}_1', \ldots, \boldsymbol{x}_j', \ldots, \boldsymbol{x}_i', \ldots, \boldsymbol{x}_m'\}$$

とする[†2]．すると，$p_i \geq p_j$ であるから，$\mathcal{C}_m'$ と $\mathcal{C}_m$ の平均符号長 L', L の間には

$$L' - L = p_i l_i' + p_j l_j' - (p_i l_j' + p_j l_i') = (p_i - p_j)(l_i' - l_j') \geq 0 \Rightarrow L' \geq L$$

[†1] 平均符号長が最小の「一意復号可能な符号」がコンパクト符号の通常の定義であるが，定理〔3.2.6〕より，常に同じ符号語長の「瞬時符号」が構成できる．したがって，ここでは議論の簡単のため「瞬時符号」として定義する．

[†2] 上式の等号は要素の順番も含めて等しいことを表すとする．

が成立する $(l_i = l'_j, l_j = l'_i)$. よって, $\mathcal{C}'_m$ がコンパクト符号 $(L' \leqq L)$ ならば, $L' = L$ となり, $\mathcal{C}_m$ もコンパクト符号となる. そして $\mathcal{C}_m$ では $l_i = l'_j \leqq l'_i = l_j$ $(i < j)$ が成り立つ. この操作は $l_1 \leqq l_2 \leqq \cdots \leqq l_m$ が成立するまで繰り返すことができる.

(2) 条件を満たす $\boldsymbol{x}_\nu$ は存在しないとする. すなわち, $\boldsymbol{x}_i$ $(i < m)$ は, (i) $l_i < l_m$ であるか, (ii) $l_i = l_m$ ならば最後の 1 ビット以外に異なるビットが存在する, と仮定する. すると, $\boldsymbol{x}_m$ から最後の 1 ビットを取り除いた, $\boldsymbol{x}_m$ の語頭 $\boldsymbol{x}_{\neg m}$ は, $\boldsymbol{x}_i$ $(i < m)$ の長さ $l_m - 1$ の語頭のいずれとも一致しない [†1]. したがって, $\mathcal{C}''_m := \{\boldsymbol{x}_1, \boldsymbol{x}_2, \ldots, \boldsymbol{x}_{m-1}, \boldsymbol{x}_{\neg m}\}$ とおくと, $\mathcal{C}''_m$ は (A に対する) 語頭符号 (瞬時符号) になる. しかるに, $\mathcal{C}''_m$ の平均符号長は, $\mathcal{C}_m$ の平均符号長より明らかに短く, $\mathcal{C}_m$ のコンパクト性に反する.

命題〔4.2.7〕 **4.2.2 項**の構成法によって作られる (2 元) ハフマン符号は, コンパクト符号になる.

(証明) (2 元) ハフマン符号が "瞬時符号" となることは, **4.2.2 項**の最後ですでに見た (符号語がすべて木の先端にある). よって, 以下には「平均符号長が最小である」ことを, 中間情報源のシンボル数 m $(= 2, 3, \ldots)$ に関する帰納法によって証明する.

情報源 $A^{(m=2)}$ に対するハフマン符号 $\mathcal{C}_2 = \{\boldsymbol{x}_1^{(2)} = (0), \boldsymbol{x}_2^{(2)} = (1)\}$ がコンパクト符号であることは自明. よって, $\mathcal{C}_{m-1}$ $(m - 1 \geqq 2)$ がコンパクト符号ならば $\mathcal{C}_m$ もまたコンパクト符号であることを示せばよい. 式 (4.5) より, $\mathcal{C}_m$ の平均符号長 L_m に関して下記が成立することに注意しておく:

$$L_{m-1} := \sum_{k=1}^{m-1} p_k^{(m-1)} l_k^{(m-1)} = \sum_{k=1}^{m} p_k^{(m)} l_k^{(m)} - (p_{m-1}^{(m)} + p_m^{(m)})$$

$$\therefore \left(\sum_{k=1}^{m} p_k^{(m)} l_k^{(m)} = \right) L_m = L_{m-1} + p_{m-1}^{(m)} + p_m^{(m)}. \tag{4.6}$$

証明は背理法による. いま, ハフマン符号 $\mathcal{C}_{m-1}$ がコンパクト符号であるにもかかわらず, $\mathcal{C}_m$ がコンパクト符号でなかったとする. すなわち, 別にコンパクト符号 $\widetilde{\mathcal{C}}_m = \{\widetilde{\boldsymbol{x}}_1, \widetilde{\boldsymbol{x}}_2, \ldots, \widetilde{\boldsymbol{x}}_m\}$ が存在して, その平均符号長 $\widetilde{L}_m$ が下記を満たすとする:

[†1] 仮に一致したとしよう. すると, (i) $l_i < l_m$ の場合には, $\boldsymbol{x}_i = \boldsymbol{x}'_m$ であるが, これは $\mathcal{C}_m$ が語頭符号であることに反する. 一方, (ii) $l_i = l_m$ の場合には, $\boldsymbol{x}_i$ と $\boldsymbol{x}_m$ は最後の 1 ビット「だけ」しか異なっていないことになり, 仮定に反する.

$$L_m > \widetilde{L}_m = \sum_{k=1}^{m} p_k^{(m)} \widetilde{l}_k, \quad \widetilde{l}_k := |\widetilde{\boldsymbol{x}}_k|. \tag{4.7}$$

さて，補題〔4.2.6〕**(2)** より，情報源 $A^{(m)}$ に対するコンパクト符号 $\widetilde{\mathcal{C}}_m$ には，$\widetilde{l}_m = \widetilde{l}_\nu$ となる ν が存在する．すると，同じく **(1)** より $\widetilde{l}_\nu = \widetilde{l}_{\nu+1} = \cdots = \widetilde{l}_m$ が成立する．したがって，$\widetilde{\mathcal{C}}_m$ において，$\widetilde{\boldsymbol{x}}_\nu$ と $\widetilde{\boldsymbol{x}}_{m-1}$ を入れ替えた符号を

$$\widehat{\mathcal{C}}_m = \{\widetilde{\boldsymbol{x}}_1, \widetilde{\boldsymbol{x}}_2, \ldots, \widetilde{\boldsymbol{x}}_{\nu-1}, \underline{\widetilde{\boldsymbol{x}}_{m-1}}, \widetilde{\boldsymbol{x}}_{\nu+1}, \ldots, \widetilde{\boldsymbol{x}}_{m-2}, \underline{\widetilde{\boldsymbol{x}}_\nu}, \widetilde{\boldsymbol{x}}_m\} \tag{4.8}$$

とすれば，「$\widetilde{L}_m = \widehat{L}_m$」が成立し，$\widehat{\mathcal{C}}_m$ もまたコンパクト符号となる．

次に，式 (4.8) の語頭符号 $\widehat{\mathcal{C}}_m = \{\widetilde{\boldsymbol{x}}_1, \widetilde{\boldsymbol{x}}_2, \ldots, \widetilde{\boldsymbol{x}}_{m-2}, \widetilde{\boldsymbol{x}}_\nu, \widetilde{\boldsymbol{x}}_m\}$ において，$\widetilde{\boldsymbol{x}}_m$ から最後の 1 ビットを取り除いた語頭 $\widetilde{\boldsymbol{x}}_{\neg m}$ を用いて，

$$\widehat{\mathcal{C}}_{m-1} := \{\widetilde{\boldsymbol{x}}_1, \widetilde{\boldsymbol{x}}_2, \ldots, \widetilde{\boldsymbol{x}}_{m-2}, \widehat{\boldsymbol{x}}_{m-1}\}, \quad \widehat{\boldsymbol{x}}_{m-1} := \widetilde{\boldsymbol{x}}_{\neg m}$$

とおけば，$\widehat{\mathcal{C}}_{m-1}$ はその構成法 ($\widehat{\mathcal{C}}_m \to \widehat{\mathcal{C}}_{m-1}$) から明らかに語頭符号となる．

ここで，$\widehat{\mathcal{C}}_{m-1}$ を $A^{(m-1)}$ に対する符号とする．正確には，$A^{(m-1)}$ とシンボルの順序を除いて等しい式 (4.2) の情報源

$$\widetilde{A}^{(m-1)} = \begin{Bmatrix} a_1^{(m)}, a_2^{(m)}, \ldots, a_{m-2}^{(m)}, & \widetilde{a}_{m-1}^{(m)} \\ p_1^{(m)}, p_2^{(m)}, \ldots, p_{m-2}^{(m)}, & (p_{m-1}^{(m)} + p_m^{(m)}) \end{Bmatrix}$$

に対する符号とする．このとき，$\widehat{\mathcal{C}}_{m-1}$ の平均符号長を計算すると，

$$\begin{aligned}
\widehat{L}_{m-1} &= \sum_{k=1}^{m-2} \widetilde{l}_k p_k^{(m)} + (\widetilde{l}_m - 1)(p_{m-1}^{(m)} + p_m^{(m)}) \\
&= \sum_{k=1}^{m} \widetilde{l}_k p_k^{(m)} - (p_{m-1}^{(m)} + p_m^{(m)}) && (\because \widetilde{l}_{m-1} = \widetilde{l}_m) \\
&= \widetilde{L}_m - (p_{m-1}^{(m)} + p_m^{(m)}) \\
&< L_m - (p_{m-1}^{(m)} + p_m^{(m)}) = L_{m-1} && (\because \text{式 (4.7), (4.6)}) \\
\therefore \widehat{L}_{m-1} &< L_{m-1}
\end{aligned}$$

が得られる．しかるにこれは，$\mathcal{C}_{m-1}$ がコンパクト符号であったことに反する．したがって，$\mathcal{C}_{m-1}$ がコンパクト符号ならば，$\mathcal{C}_m$ もまたコンパクト符号である．

例〔**4.2.8**〕$A := \{a_1, a_2 \mid p(a_1) = 3/4, p(a_2) = 1/4\}$ で与えられる無記憶情報源を考える．A の n 次の拡大情報源 A^n に対する 2 元ハフマン符号を構成し，もとの情報源 A の 1 シンボル当たりの平均符号長を $L(n)$ とする．

(1) A^2 および A^3 に対する 2 元ハフマン符号を構成し，平均符号長 $L(2)$，$L(3)$ を求めよ．**(2)** $\lim_{n\to\infty} L(n)$ はいくらになるか．

(解答例) (1) A の場合：平均符号長は明らかに $L(1) = 1$ である．

$\underline{A^2\text{ の場合}}$：図 **4.3** にハフマン符号の構成例を示す．これより，A^2 の場合の平均符号長は，次式で与えられる．

$$\frac{9}{16} \times 1 + \frac{3}{16} \times 2 + \frac{3}{16} \times 3 + \frac{1}{16} \times 3 = \frac{27}{16} = 1.6875$$

$$\therefore\ L(2) = \frac{1.6875}{2} = 0.84375.$$

$\underline{A^3\text{ の場合}}$：図 **4.4** にハフマン符号の構成例を示す．これより，A^3 の場合の平均

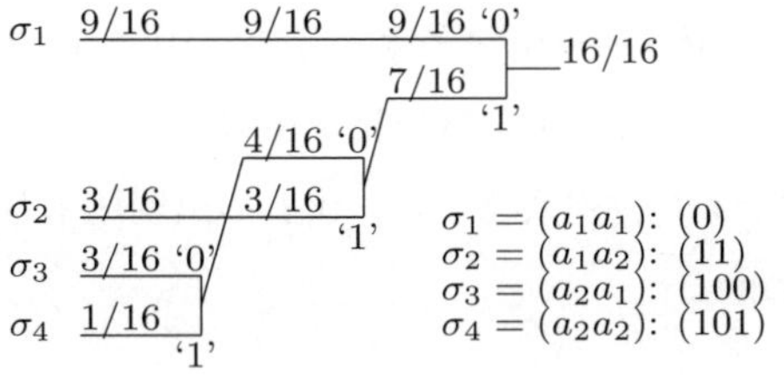

図 **4.3** A^2 に対するハフマン符号（例〔4.2.8〕）

$\sigma_1 = (a_1 a_1): (0)$
$\sigma_2 = (a_1 a_2): (11)$
$\sigma_3 = (a_2 a_1): (100)$
$\sigma_4 = (a_2 a_2): (101)$

$\sigma_1 = (a_1 a_1 a_1): (1)$
$\sigma_2 = (a_1 a_1 a_2): (001)$
$\sigma_3 = (a_1 a_2 a_1): (010)$
$\sigma_4 = (a_2 a_1 a_1): (011)$
$\sigma_5 = (a_1 a_2 a_2): (00000)$
$\sigma_6 = (a_2 a_1 a_2): (00001)$
$\sigma_7 = (a_2 a_2 a_1): (00010)$
$\sigma_8 = (a_2 a_2 a_2): (00011)$

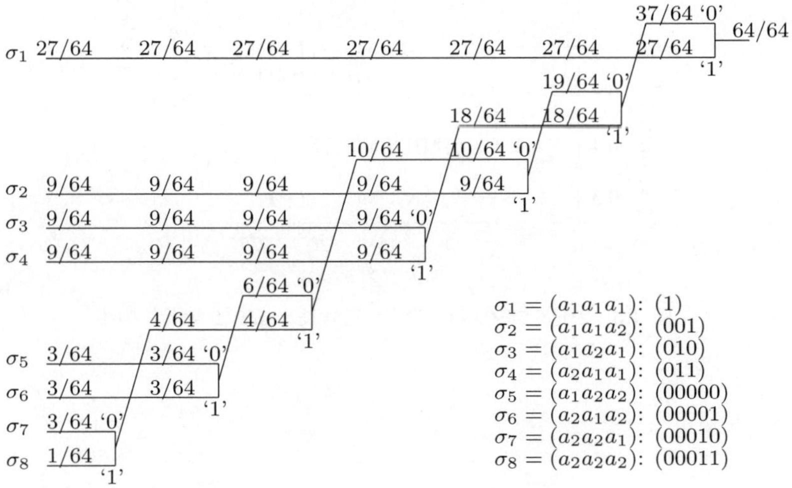

図 **4.4** A^3 に対するハフマン符号（例〔4.2.8〕）

符号長は，次式で与えられる．

$$\frac{27}{64} \times 1 \times 1 + \frac{9}{64} \times 3 \times 3 + \frac{3}{64} \times 5 \times 3 + \frac{1}{64} \times 5 \times 1 = \frac{158}{64} = 2.4688$$

$$\therefore L(3) = \frac{2.4688}{3} = 0.8229.$$

(2) ハフマン符号がコンパクト符号であることと，情報源符号化定理より

$$\lim_{n \to \infty} L(n) = H(A) = -\frac{1}{4}\log_2 \frac{1}{4} - \frac{3}{4}\log_2 \frac{3}{4} = 0.8113$$

となることが結論される．

〔**4.2.9**〕ここで〔3.3.5〕に述べた議論を検証してみよう．上の例において，A の n 次拡大情報源 A^n に対して2元ハフマン符号を構成し，n に対する平均符号長と $0, 1$ の出現比率の変化の様子を調べると，図 **4.5** が得られる．これから，拡大次数 n を大きくして，平均符号長が情報源エントロピー $H(A)$ に漸近するに従って，〔3.3.5〕に述べたように，$0, 1$ の出現比率も $1/2$（等確率）に漸近していくことがわかる．

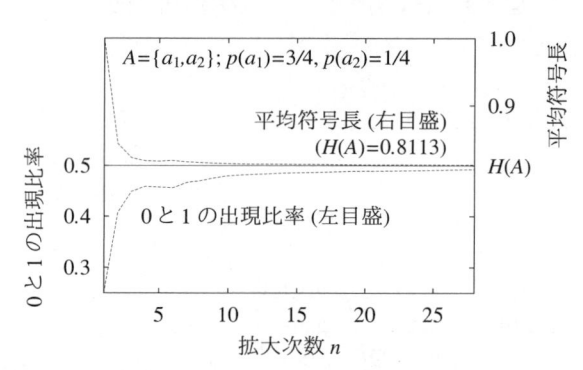

図 **4.5**　2元ハフマン符号の平均符号長と $0, 1$ 出現比率の例

4.2.4 多元ハフマン符号

〔**4.2.10**〕 多元ハフマン符号は，**4.2.2**項に示した 2 元ハフマン符号の構成法において，「操作 A：確率の最も小さい 2 個のシンボルを合併 (merge) して，シンボル数が "1" つ少ない縮約情報源を作る」というところを，「操作 B：確率の最も小さい r 個のシンボルを合併 (merge) して，シンボル数が "$r-1$" 個少ない縮約情報源を作る」と変更することにより，基本的に同様に構成される．ただし，「多少の工夫」が必要である．

例〔**4.2.11**〕 この事情を見るために，$r=3$ として，二つの情報源

$$A_1 = \left\{ \begin{array}{cccccc} a_1, & a_2, & a_3, & a_4, & a_5, & a_6 \\ 0.25, & 0.25, & 0.20, & 0.15, & 0.10, & 0.05 \end{array} \right\},$$

$$A_2 = \left\{ \begin{array}{ccccccc} a_1, & a_2, & a_3, & a_4, & a_5, & a_6, & a_7 \\ 0.25, & 0.25, & 0.20, & 0.15, & 0.10, & 0.05-\varepsilon, & \varepsilon \end{array} \right\}$$

に対して，上記の操作 B によって，3 元符号を構成してみよう．ただし，ε は $0 \leqq \varepsilon < 0.025$ を満たすとする．図 **4.6** (a), (b) に結果の例を示す．このとき，情報源 A_1, A_2 各々に対する 3 元符号の平均符号長 L_1, L_2 は，$L_1 = \underline{2.0}$，

$$L_2 = 1 \times (0.25 + 0.25) + 2 \times (0.20 + 0.15) + 3 \times (0.10 + 0.05 - \varepsilon + \varepsilon)$$
$$= 0.50 + 0.70 + 0.45 = \underline{1.65}$$

となり，明らかに L_2 が小さい．また，L_2 は ε によらない．

〔**4.2.12**〕 **多元ハフマン符号** 上記の例からわかるように，符号長最短の符号を得るためには，A_2 のように，シンボルの合併がちょうど r 個で終了することが必要である．r 元符号の場合，この条件を満足する情報源のシンボル数 M は，

$$\exists k \in \mathbb{N}, \quad M = k(r-1) + r \tag{4.9}$$

で与えられる．すなわち，式 (4.9) が満たされるようにダミー (生起確率 0) のシンボルを追加すればよい．この結果，2 元符号に対して与えたコンパクト性の証明などは，そのまま r 元符号の場合に拡張される．(各自確認されたい).

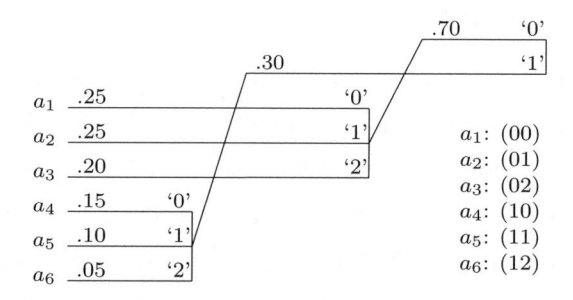

(a) A_1 に対する 3 元ハフマン符号 (モドキ) の構成例

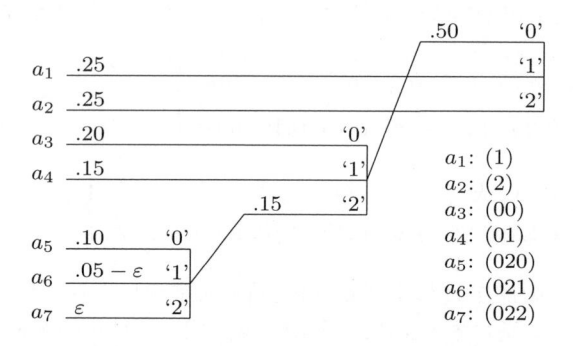

a_1:	(00)
a_2:	(01)
a_3:	(02)
a_4:	(10)
a_5:	(11)
a_6:	(12)

(b) A_2 に対する 3 元ハフマン符号の構成例

a_1:	(1)
a_2:	(2)
a_3:	(00)
a_4:	(01)
a_5:	(020)
a_6:	(021)
a_7:	(022)

図 **4.6** 3 元ハフマン符号 (例〔4.2.11〕)

4.3 イライアス符号

シャノン・ファノ符号やハフマン符号の構成には，情報源のアルファベットサイズを M，「符号化系列長」[†1] を n とすると，n 次の拡大情報源を扱うことになるため，M^n に比例する (実数) 計算が必要となる[†2]．したがって，平均符号長を理論限界に近づけるために符号化系列長 n を長くしていくと，符号構成の手間が指数関数的に増大してしまう．このため，符号化系列長 n の多項式

[†1] 符号化を行う情報源シンボルの系列長．
[†2] さらに，でき上がった符号のテーブルには，符号器シンボルに関して，符号語数×平均符号長 ($\simeq M^n \log_2 M^n$) 程度のメモリが必要となる．

オーダの計算量で構成可能な符号が望まれてきた．そのような符号として考案されたのが，**4.5** 節で紹介するジブ・レンペル符号や**算術符号** [†1] と呼ばれる符号である．

本節では，算術符号の基礎になっている，**イライアス** (Elias) **符号** [17, 3章末ノート 1)] について紹介する．イライアス符号の符号化/復号化の手間 (計算量) は，符号化系列長 n に比例する程度の実数演算により行うことができる (p. **59** 脚注 **1** 参照)．算術符号は，イライアス符号をベースに工夫された符号であり，符号化/復号化が，あらかじめ決められた桁数の整数演算を，符号化系列長 n の線形オーダ用いることにより実行可能であり，イライアス符号に対して計算量の本質的な削減が達成されている [21), 26)〜28)]．

さらに，シャノン・ファノ符号やハフマン符号では，符号化系列長 n を変えると符号をまったく新しく作り直す必要があるのに対し，イライアス符号 (および算術符号) やジブ・レンペル符号は，同じアルゴリズムで n を増しながら符号を構成できるという，大きな特長を有している (〔4.3.3〕参照)．

〔**4.3.1**〕イライアス符号は，離散無記憶情報源から発せられるシンボル系列を $[0, 1)$ に属す有理数に対応付けることによって実現される．したがって，符号化/復号化の操作は，ビット演算でなく，実数の積和演算によって行われる．また，後述 (定理〔4.3.9〕) のように漸近的最良性を有する．

いま，情報源アルファベットを $A = \{a_0, a_1, \ldots, a_{M-1}\}$ とし，各シンボルの出現確率を $p_s := P(a_s)$ で表す．また，A の文字の系列を，$x_k \in A$ として，

$$\boldsymbol{x}_i^j := \begin{cases} x_i x_{i+1} \cdots x_j, & \text{if } i \leq j, \\ \emptyset, & \text{if } i > j \end{cases} \tag{4.10}$$

のように表す．符号 (器) アルファベットは，一般性を失うことなく $B = \{0, 1, \ldots, r-1\}$ とする．イライアス符号は瞬時符号で，長さ n の情報源系列 $\boldsymbol{x}_1^n = x_1 x_2 \cdots x_n \in A^n$ を，下に述べるアルゴリズム〔4.3.3〕によって $\boldsymbol{c}_\ell = c_1 c_2 \cdots c_\ell \in B^\ell$ に符号化する (もちろん ℓ は一定ではない)．

[†1] 演算回路の誤り訂正を目的とした，算術 (誤り訂正) 符号 [6), 78)] とは別物である．

なお，以下では k 桁の r 進整数ならびに小数以下 m 桁の r 進小数を

$$\left.\begin{array}{l}[a_k \cdots a_2 a_1]_r = \sum_{i=1}^{k} a_i r^i, \\ [0.b_1 b_2 \cdots b_m]_r = \sum_{i=1}^{m} b_i r^{-i}\end{array}\right\}, \quad 0 \leqq a_i, b_j \leqq r-1$$

のように表す[†1]．また，$\lceil x \rceil$ で x 以上の最小整数 ($x \leqq \lceil x \rceil < x+1$) を表す．

〔**4.3.2**〕まずイライアス符号の基本的アイデアを述べよう．簡単のため，2元の情報源 $A = \{a_0 = 0, a_1 = 1\}$ を考え，$p_s := P(a_s)$ とおく．すると，情報源系列 $\boldsymbol{x}_1^n$ は，$n=1$ のときには $0, 1$ の二つ，$n=2$ のときには $00, 01, 10, 11$ の四つ，$n=3$ のときには $000, 001, \ldots, 111$ の八つ，などとなる．これらの情報源系列は，n 桁の 2 進整数と見なすができ[†2]，その発生確率は，0 なら $p_0 := P(0)$，1 なら $p_1 := P(1)$，000 なら p_0^3，111 なら p_1^3 などとなる．一般には，$\boldsymbol{x}_1^n\ (\in A^n)$ の発生確率は $P(\boldsymbol{x}_1^n) = \prod_{i=1}^{n} P(x_i)\ (x_i \in A)$ で与えられる．

ここで，長さ n の情報源系列を，それが表す整数の小さい順に並べ，その発生確率を高さとする積み木 (ブロック) にして下から上へ積み上げると，**図4.7** のような図が得られる．これから，長さ n の系列 $\boldsymbol{x}_1^n \in A^n$ は，$[0,1)$ を覆う交わりのない「小区間 (半開区間)」に一対一に対応付けられる．例えば，$\boldsymbol{x}_1^3 = 000$ に対応する小区間は $[0, p_0^3)$，$\boldsymbol{x}_1^3 = 111$ に対応する小区間は $[1 - p_1^3, 1)$ などである．イライアス符号は，系列 $\boldsymbol{x}_1^n$ によって定まるこの小区間を，その小区間に属す $\ell := \lceil -\log_r \prod_{i=1}^{n} P(x_i) \rceil + 1$ 桁の r 進小数によって代表させ，系列 $\boldsymbol{x}_1^n$ に対する符号語とするのである．正確には，次のように述べられる．

[†1] **(1)** 小数部分については，等価な無限長表現 ($[1]_{10} = [0.999\cdots]_{10}$ など) はしないものとする．また．**(2)** k 桁の整数といったときには，先頭部分に 0 がある整数も含める．例えば，3 桁の 2 進整数といったときには，$[000]_2, [001]_2, \ldots, [111]_2$ の八つを指す．小数以下 m 桁の小数についても同様とする．例えば，小数以下 2 桁の 2 進小数は，$[0.00]_2, [0.01]_2, [0.10]_2, [0.11]_2$ の四つである．

[†2] 一般に情報源アルファベットを $A = \{0, 1, \ldots, M-1\}$ とすると，長さ n の情報源系列 $\boldsymbol{x}_1^n\ (\in A^n, |A^n| = M^n)$ は，n 桁の M 進整数と見ることができる．

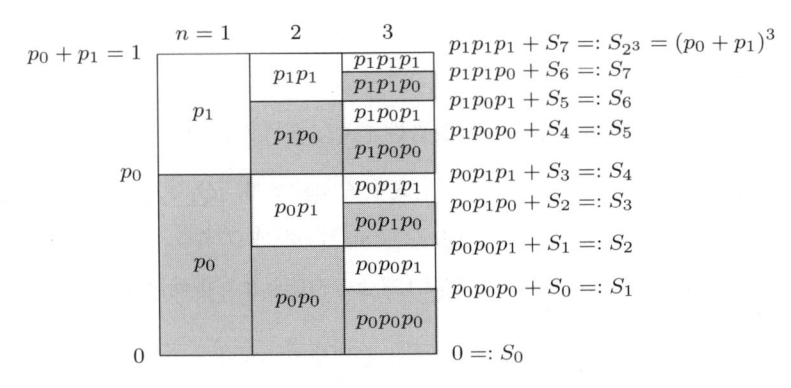

図 **4.7** イライアス符号の基本的アイデア

[**4.3.3**] 符号化アルゴリズム $(A^n \to B^\ell)$ [†1]：(例 [4.3.8] も併せて参照)

C1 情報源シンボルの出現確率 $\{P(a_i)\}_{i=0}^{M-1}$ に対して，

$$F(a_j) := \sum_{s=0}^{j-1} P(a_s), \quad j = 0, 1, \ldots, M \tag{4.11}$$

とおき[†2]，$Q_0 := 0$，$w_0 := 1$ とする．

C2 与えられた，長さ n の系列 $\boldsymbol{x}_1^n := x_1 x_2 \cdots x_n \in A^n$ に対して，Q_i，w_i $(i = 1, 2, \ldots, n)$ を次式で定める：

$$Q_i := Q_{i-1} + w_{i-1} F(x_i), \quad w_i := w_{i-1} P(x_i). \tag{4.12}$$

C3 このとき，区間 $[Q_n, Q_n + w_n)$ には，r 進表現において，小数以下

$$\ell := \lceil -\log_r w_n \rceil + 1 = \left\lceil -\log_r \prod_{i=1}^n P(x_i) \right\rceil + 1 \tag{4.13}$$

桁（$\ell + 1$ 桁以下は 0）で表される小数 $c = [0.c_1 c_2 \cdots c_\ell]_r$ が存在し，

$$[c, c + r^{-\ell}) \subset [Q_n, Q_n + w_n) \tag{4.14}$$

[†1] 容易にわかるように，この符号化ならびに [4.3.6] の復号化に必要な計算量は，実数の四則演算や log を基本演算とすると，符号化系列長 n の線形 (1 次) オーダになる．

[†2] a_M は存在しないが形式的に使用．$F(a_j)$ は，$F(a_0) = 0$，$F(a_M) = 1$ の階段関数．

が成立する．ここで，$\boldsymbol{c}_\ell = c_1 c_2 \cdots c_\ell \, (\in B^\ell)$ を $\boldsymbol{x}_1^n = x_1 x_2 \cdots x_n \, (\in A^n)$ に対する符号語とする [†1]．(妥当性は次に示す)．

〔4.3.4〕符号化アルゴリズムの妥当性 (式 (4.14) が成立すること)：

(1) 上記の符号化アルゴリズムが生成する実数区間 $[Q_i, Q_i + w_i)$ に関して，$[0, 1) \supset [Q_i, Q_i + w_i) \supset [Q_{i+1}, Q_{i+1} + w_{i+1})$ が成立する．

(証明) $0 \leq Q_i \leq Q_{i+1}$ の成立は式 (4.12) より自明．また単純な計算により

$$(Q_i + w_i) - (Q_{i+1} + w_{i+1}) = (w_i - w_{i+1}) - (Q_{i+1} - Q_i)$$
$$= (w_i - w_{i+1}) - w_i F(x_{i+1}) = w_i[1 - F(x_{i+1})] - w_{i+1}$$
$$\geq w_i P(x_{i+1}) - w_{i+1} = 0.$$

したがって，$Q_i + w_i \geq Q_{i+1} + w_{i+1}$ が成立する．最後に，$Q_0 + w_0 = 0 + 1 = 1$ より，$1 \geq Q_i + w_i$ が得られ，証明が終わる．

(2) $\boldsymbol{x}_1^i, \boldsymbol{y}_1^i \in A^i$ が生成する区間を $[Q_i, Q_i + w_i)$ および $[Q'_i, Q'_i + w'_i)$ とすると，$\boldsymbol{x}_1^n \neq \boldsymbol{y}_1^n$ ならば $[Q_n, Q_n + w_n) \cap [Q'_n, Q'_n + w'_n) = \emptyset$ が成り立つ．

(証明) $\boldsymbol{x}_1^n \neq \boldsymbol{y}_1^n$ より，$1 \leq \exists k \leq n$ が存在して $x_i = y_i \, (i < k)$，$x_k \neq y_k$．このとき，$[Q_k, Q_k + w_k) \cap [Q'_k, Q'_k + w'_k) = \emptyset$ である．実際，式 (4.12) より，

$$Q_k = Q_{k-1} + w_{k-1} F(x_k), \quad Q'_k = Q_{k-1} + w_{k-1} F(y_k)$$

と書け，一般性を失うことなく，$x_k = a_s$, $y_k = a_t \, (\in A, \, s < t)$ とすれば，

$$Q'_k - Q_k = w_{k-1}[F(y_k) - F(x_k)]$$
$$= w_{k-1} \sum_{j=s}^{t-1} P(a_j) \geq w_{k-1} P(a_s) = w_{k-1} P(x_k) = w_k.$$

よって，$Q'_k \geq Q_k + w_k$ が成り立ち，$[Q_k, Q_k + w_k) \cap [Q'_k, Q'_k + w'_k) = \emptyset$．これに上の **(1)** を適用して $[Q_n, Q_n + w_n) \cap [Q'_n, Q'_n + w'_n) = \emptyset$ を得る．

(3) 式 (4.14) を満たす $c = [0.c_1 c_2 \cdots c_\ell]_r$ が存在する．

[†1] 式 (4.13) の代わりに $\ell := \lceil -\log_r w_n \rceil$ として得られる符号をイライアス符号と呼ぶこともある．〔4.3.10〕参照．

(証明) $Q_n = [0.c_1 \cdots c_\ell c_{\ell+1} \cdots]_r$ を小数以下 ℓ 桁までと $\ell+1$ 桁以下に分け，$Q_n^{(1)} := [0.c_1 \cdots c_\ell]_r$, $Q_n^{(2)} := [0.0 \cdots 0 c_{\ell+1} \cdots]_r$ とおいて $Q_n = Q_n^{(1)} + Q_n^{(2)}$ と表す．そして，$Q_n^{(2)} = 0$ ならば $c := Q_n^{(1)}$, $Q_n^{(2)} \neq 0$ ならば $c := Q_n^{(1)} + r^{-\ell}$ とすればよい．

実際，こうして定められた c は小数 $\ell+1$ 桁以下は 0 で，$c \geq Q_n$ であることは自明．さらに，式 (4.13) より $\ell - 1 = \lceil -\log_r w_n \rceil$ であるから，

$$-\log_r w_n \leq \ell - 1 \Rightarrow 2r^{-\ell} \leq r r^{-\ell} = r^{-(\ell-1)} \leq r^{\log_r w_n} = w_n$$

であり，「$c + r^{-\ell} \leq Q_n^{(1)} + 2r^{-\ell} \leq Q_n^{(1)} + w_n \leq Q_n + w_n$」も成立する [†1]． □

イライアス符号の重要な性質として次の命題が成立する．

命題〔4.3.5〕 イライアス符号（〔4.3.3〕）は語頭符号 (瞬時符号) である．

(証明) 語頭符号でないとする．すなわち，$\boldsymbol{x}_1^n$ に対する符号語 $c_1 c_2 \cdots c_\ell$ が，$\boldsymbol{y}_1^n (\neq \boldsymbol{x}_1^n)$ に対する符号語 $c'_1 c'_2 \cdots c'_{\ell'}$ の語頭になっていたとする．すなわち，$\ell < \ell'$ で，$c_i = c'_i$ $(i = 1, 2 \ldots, \ell)$ とする．すると，

$$c := [0.c_1 c_2 \cdots c_\ell]_r \leq c' := [0.c'_1 c'_2 \cdots c'_{\ell'}]_r < c' + r^{-\ell'} \leq c + r^{-\ell}$$

であり，$[c', c' + r^{-\ell'}) \subset [c, c + r^{-\ell})$ が成立する．

一方，$\boldsymbol{x}_1^i, \boldsymbol{y}_1^i \in A^i$ が生成する区間を $[Q_i, Q_i + w_i)$ および $[Q'_i, Q'_i + w'_i)$ とすると，式 (4.14) より，次式が成立する：

$$[c, c + r^{-\ell}) \subset [Q_n, Q_n + w_n), \quad [c', c' + r^{-\ell'}) \subset [Q'_n, Q'_n + w'_n).$$

よって，$[c', c' + r^{-\ell'}) \subset [c, c + r^{-\ell})$ と併せて，$[c', c' + r^{-\ell'}) \subset [Q_n, Q_n + w_n) \cap [Q'_n, Q'_n + w'_n)$ が導かれるが，これは〔4.3.4〕の **(2)** に矛盾する． □

イライアス符号の復号は次により行うことができる．

〔4.3.6〕復号化アルゴリズム ($B^{\ell_0} \to A^n$)：（例〔4.3.8〕も併せて参照）

復号器では復号すべき符号語の長さ ℓ はわからないが，長さ n の情報源系列に対するイライアス符号の最大符号語長は，

[†1] この証明からわかるように，式 (4.13) で定義した ℓ は，($r > 2$ のとき) これより小さい $\ell := \lceil -\log_r(w_n/2) \rceil$ で十分なことがわかる ($r = 2$ のときは一致)．

62   4. 代表的な情報源符号

$$\ell_0 := \lceil -n \log_r P^{\min} \rceil + 1, \quad P^{\min} := \min_{0 \leq s \leq M-1} P(a_s) \quad (4.15)$$

で与えられる．よって，長さ ℓ_0 の符号系列 $c_1 c_2 \cdots c_\ell c_{\ell+1} \cdots c_{\ell_0}$ $(\in B^{\ell_0})$ を受け取って，$z_0 := \emptyset$ (空シンボル) として，下記 **D1**，**D2** により，復号系列 $z_1 z_2 \cdots z_n \in A^n$ を定める．ただし，$c_{\ell+1} \cdots c_{\ell_0}$ は，c_ℓ が符号系列の終わりであったら空シンボルの系列，そうでなければ後に続く符号語 (の先頭部分) となる．またこのとき，空シンボルは "0" と見なすと約束する．これにより，r 進小数 $c := [0.c_1 c_2 \cdots c_\ell]_r$ と $\widetilde{c} := [0.c_1 c_2 \cdots c_\ell \cdots c_{\ell_0}]_r$ に関して，常に「$c \leq \widetilde{c} < c + r^{-\ell}$」が成立することに注意する．

D1　$F(a_j)$ $(j = 0, 1, \ldots, M)$ を〔4.3.3〕の **C1** と同じに定め，$\widetilde{Q}_0 := 0$，$\widetilde{w}_0 := 1$，$P(z_0) := 1$，$F(z_0) := 0$ とする．

D2　$i = 1, 2, \ldots, n$ に対して，以下を行う (Q_i, w_i, z_i が順次定まる)：

$$\widetilde{Q}_i := \widetilde{Q}_{i-1} + \widetilde{w}_{i-1} F(z_{i-1}), \quad \widetilde{w}_i := \widetilde{w}_{i-1} P(z_{i-1}) \quad (4.16)$$

とおき (式 (4.12) との差異に注意)，$\widetilde{c} := [0.c_1 c_2 \cdots c_\ell \cdots c_{\ell_0}]_r$ に対して

$$\widetilde{Q}_i + \widetilde{w}_i F(a_j) \leq \widetilde{c} < \widetilde{Q}_i + \widetilde{w}_i F(a_{j+1}) \quad (4.17)$$

を満足する j $(0 \leq j \leq M-1)$ を求めて，復号系列 i 番目の文字として $z_i = a_j$ を出力する．(妥当性は次に示す)．

〔**4.3.7**〕**復号化アルゴリズムの妥当性**：

(1)　〔4.3.6〕による復号系列 $z_i := a_{j(i)} \in A$ $(i = 1, 2, \ldots, n)$ は一意である．
(証明)　帰納法による．

　(a) $i = 1$ のとき：式 (4.16) より $\widetilde{Q}_1 = 0, \widetilde{w}_1 = 1$ となり，$F(a_j)$ の定義式 (4.11) から明らかに，式 (4.17) を満たす $a_{j(1)}$ が一意に定まる．

　(b) $i-1$ で主張が成立するとして，i のときにも成り立つことを示す．$i-1$ において，$z_{i-1} := a_{j(i-1)}$ は式 (4.17) を満たすから，式 (4.11) より，

$$\widetilde{Q}_{i-1} + \widetilde{w}_{i-1} F(a_{j(i-1)}) \leq \widetilde{c} < \widetilde{Q}_{i-1} + \widetilde{w}_{i-1} F(a_{j(i-1)+1})$$

$$= \widetilde{Q}_{i-1} + \widetilde{w}_{i-1}[F(a_{j(i-1)}) + P(a_{j(i-1)})]$$

が得られる．ここで，式 (4.16) を用いれば，$\widetilde{Q}_i \leqq \widetilde{c} < \widetilde{Q}_i + \widetilde{w}_i$，すなわち，

$$\widetilde{Q}_i + \widetilde{w}_i F(a_0) \leqq \widetilde{c} < \widetilde{Q}_i + \widetilde{w}_i F(a_M) \tag{4.18}$$

が得られる．よって，再び $F(a_j)$ の定義式 (4.11) に注意すれば，i において，式 (4.17) を満たす a_j，すなわち $z_i := a_{j(i)}$ が一意に定まる．

(2) 復号された情報源系列は，もとの情報源系列に等しい：

(証明) (a) 容易に確認できるように，情報源系列 $x_1 x_2 \cdots x_k$ と復号系列 $z_1 z_2 \cdots z_k$ が等しかったとすると，式 (4.12) で与えられる Q_i, w_i と，式 (4.16) で与えられる $\widetilde{Q}_i$, $\widetilde{w}_i$ の間には，「$\widetilde{Q}_{i+1} = Q_i$, $\widetilde{w}_{i+1} = w_i$ $(i = 0, 1, \ldots, k)$」なる関係が成立する．これは，次式の成立を意味する：

$$\left.\begin{array}{l} \widetilde{I}_{i+1} = I_i \quad (i = 0, 1, \ldots, k), \quad \text{ただし} \\ \widetilde{I}_{i+1} := [\widetilde{Q}_{i+1}, \widetilde{Q}_{i+1} + \widetilde{w}_{i+1}), \quad I_i := [Q_i, Q_i + w_i). \end{array}\right\}$$

(b) 一方，復号系列 $\boldsymbol{z}_1^n$ ともとの情報系列 $\boldsymbol{x}_1^n$ において，$z_i = x_i$ $(i < k)$, $z_k \neq x_k$ であったとすると，「$\widetilde{I}_{i+1} = I_i$ $(i < k)$, $\widetilde{I}_{k+1} \cap I_k = \emptyset$」が成立する[†1]．しかるに，式 (4.17) より $\widetilde{c} \in \widetilde{I}_{k+1}$ であり，また式 (4.14) と $c \leqq \widetilde{c} < c + r^{-\ell}$ より $\widetilde{c} \in I_k$ である．これは明らかに矛盾．よって，$\boldsymbol{z}_1^n = \boldsymbol{x}_1^n$ でなければならない． □

(注意 1) 長さ n の情報源系列を復号した時点で，式 (4.13) により ℓ が定まり，次の符号語の先頭が求まる．

(注意 2) $\boldsymbol{x}_1^n = x_1 x_2 \cdots x_{n'} \cdots x_n$, $\ell := \lceil -\log_r w_n \rceil + 1$, $\ell' := \lceil -\log_r w_{n'} \rceil + 1$ とし，$\boldsymbol{x}_1^n$ の符号語を $c_1 c_2 \cdots c_{\ell'} \cdots c_\ell$ とする．このとき，$c_1 c_2 \cdots c_{\ell'}$ は $\boldsymbol{x}_1^{n'}$ の符号語になっているであろうか？これが成立すれば，長さ $\ell_0' :=$

[†1] 背理法による．$\widetilde{I}_k = I_{k-1}$ すなわち $\widetilde{Q}_k = Q_{k-1}$ かつ $\widetilde{w}_k = w_{k-1}$ のときに，$\exists c \in I_k \cap \widetilde{I}_{k+1}$ すなわち (i) $Q_k \leqq c < Q_k + w_k$ かつ (ii) $\widetilde{Q}_{k+1} \leqq c < \widetilde{Q}_{k+1} + \widetilde{w}_{k+1}$ であったとする．すると，式 (4.12) に注意すれば (i) から $Q_{k-1} + w_{k-1}F(x_k) \leqq c < Q_{k-1} + w_{k-1}F(x_k) + w_{k-1}P(x_k)$ が得られる．また式 (4.16) と $\widetilde{I}_k = I_{k-1}$ に注意すれば (ii) から $Q_{k-1} + w_{k-1}F(z_k) \leqq c < Q_{k-1} + w_{k-1}F(z_k) + w_{k-1}P(z_k)$ が得られる．ここで，$x_k = a_s$, $z_k = a_t$ とすれば，式 (4.11) より $Q_{k-1} + w_{k-1}F(a_s) \leqq c < Q_{k-1} + w_{k-1}F(a_{s+1})$ かつ $Q_{k-1} + w_{k-1}F(a_t) \leqq c < Q_{k-1} + w_{k-1}F(a_{t+1})$ が導かれる．しかるに $x_k \neq z_k$ より $s \neq t$ であり，両式が同時に成立することはない．

$\lceil -n' \log_r P^{\min} \rceil + 1 \ (\leq \ell_0)$ の符号系列を読み終えた時点で，$z_1 z_2 \cdots z_{n'}$ ($k = 1, 2, \ldots, n$) の復号が行えることになり好都合である．しかし残念ながらこれは成立しない (p. **64** 脚注 **1** 参照)．

例〔4.3.8〕 $A = \{a_0, a_1\}$, $P(a_0) = 0.8$, $P(a_1) = 0.2$ で与えられる無記憶情報源を考え，$n = 5$ の系列 $\boldsymbol{x}_1^5 = x_1 x_2 x_3 x_4 x_5 = a_0 a_0 a_1 a_0 a_0$ を考える．

符号化 (〔4.3.3〕)： **(i)** **C1** の初期化を行う．$F(a_0) = 0$, $F(a_1) = 0.8$, $F(a_2) = 1$；$Q_0 = 0$, $w_0 = 1$ が得られる．

(ii) **C2** の式 (4.12) で $i = 1$ とすると，$x_1 = a_0$ より，$Q_1 = 0 + 1 \cdot 0 = 0$, $w_1 = 1 \cdot 0.8 = 0.8$ が得られ，$[Q_1, w_1] = [0, 0.8]$ が求まる．以下，$i = 2$ ($x_2 = a_0$), $i = 3$ ($x_3 = a_1$), $\ldots$, $i = 5$ ($x_5 = a_0$) に対して **C2** の式 (4.12) を計算すると，表 **4.1** が得られる．

表 4.1 例〔4.3.8〕：イライアス符号の符号化手順 (情報源系列 $\boldsymbol{x}_1^5 = a_0 a_0 a_1 a_0 a_0$)

$P(a_0) = .8$, $P(a_1) = .2$；$F(a_0) = 0$, $F(a_1) = .8$, $F(a_2) = 1$；$Q_0 = 0$, $w_0 = 1$			
i	x_i	$Q_i = Q_{i-1} + w_{i-1} F(x_i)$	$w_i = w_{i-1} P(x_i)$	$[Q_i, Q_i + w_i)$
1	a_0	$Q_1 = 0 + 1 \times 0 = 0$	$w_1 = 1 \times .8 = .8$	$[0, .8)$
2	a_0	$Q_2 = 0 + .8 \times 0 = 0$	$w_2 = .8 \times .8 = .64$	$[0, .64)$
3	a_1	$Q_3 = 0 + .64 \times .8 = .512$	$w_3 = .64 \times .2 = .128$	$[.512, .64)$
4	a_0	$Q_4 = .512 + .128 \times 0 = .512$	$w_4 = .128 \times .8 = .102\,4$	$[.512, .614\,4)$
5	a_0	$Q_5 = .512 + .102\,4 \times 0 = .512$	$w_5 = .102\,4 \times .8 = .081\,92$	$[.512, .593\,92)$

(iii) 表 **4.1** より，$[Q_5, Q_5 + w_5) = [.512, .593\,92) = [[.1000001 \cdots]_2, [.1001100 \cdots]_2)$，$\ell := \lceil -\log_2 w_5 \rceil + 1 = 5$ であり，区間 $[Q_5, Q_5 + w_5)$ に対して，式 (4.14) を成立させる小数以下 $\ell = 5$ 桁の小数 c として，$[0.10001]_2$, $[0.10010]_2$ の二つが求まる．ここでは $c = [0.10001]_2$ を採用することとし，符号語を「$\boldsymbol{c}_\ell = 10001$」とする [†1]．（もう一方の場合も同様）．

[†1] $a_0 a_0 a_1 a_0$ の符号語 $\boldsymbol{c}_\ell = 10001$ の，長さ $\ell' := \lceil -\log_2(P(a_0) P(a_0) P(a_1)) \rceil + 1 = 4$ の語頭 $\boldsymbol{c}_{\ell'} = 1000$ は $a_0 a_0 a_1$ の符号語になっていない．実際，$c' = [0.1000]_2 = 0.5$, $c' + 2^{-4} = 0.562\,5$, $Q_3 = 0.512$, $Q_3 + w_3 = 0.64$ で，$[c', c' + 2^{-4}) \not\subset [Q_3, Q_3 + w_3)$ である．$[c'', c'' + 2^{-4}) \subset [Q_3, Q_3 + w_3)$ を満たす c'' は，$c'' = [0.1001]_2 = 0.562\,5$．

復号化 (〔4.3.6〕): $n = 5$, $\ell_0 = \lceil -5 \log_2 0.2 \rceil + 1 = 13$ であり，復号対象となる符号シンボルの系列は，$\widetilde{c} = [0.10001 c_6 \cdots c_{13}]_2$ $(c = [0.10001]_2 = 0.531\,25 \leq \widetilde{c} < [0.10010]_2 = 0.562\,5)$ となる．

(i) **D1** の初期化 (符号化の **C1** と同様) を行う．

(ii) $i = 1$ に対して，**D2** 式 (4.16) を行うと，$\widetilde{Q}_1 = 0 + 1 \cdot 0 = 0$, $\widetilde{w}_1 = 1 \cdot 1 = 1$ が得られる．続いて，式 (4.17) を検証すると，$a_j = a_0$ において条件が満たされ，$z_1 = a_0$ が求まる．以下同様に，$i = n \, (= 5)$ まで **D2** を行うと，**表 4.2** が得られ，「$z_1^5 = a_0 a_0 a_1 a_0 a_0$」が求まる．またここで，p. 63 の (**注意 1**) に述べたように，式 (4.13) より $\ell = \lceil -\log_2(0.8^4 \cdot 0.2) \rceil + 1 = 5$ が得られ，c_6 が次の符号語の先頭とわかる． □

イライアス符号のもう一つの重要な性質として，次の定理が成立する．

表 4.2 例〔4.3.8〕: イライアス符号の復号化手順 (符号系列 $\widetilde{c} = [0.10001 c_6 \cdots c_{13}]_2$ $(c = [0.10001]_2 = 0.531\,25 \leq \widetilde{c} < [0.10010]_2 = 0.562\,5)$)

i	$\widetilde{Q}_i = \widetilde{Q}_{i-1} + \widetilde{w}_{i-1} F(z_{i-1})$ $\widetilde{w}_i = \widetilde{w}_{i-1} P(z_{i-1})$	j	$q_i^j := \widetilde{Q}_i + \widetilde{w}_i F(a_j)$ $q_i^{j+1} := \widetilde{Q}_i + \widetilde{w}_i F(a_{j+1})$	z_i
	$P(a_0) = .8$, $P(a_1) = .2$; $F(a_0) = 0$, $F(a_1) = .8$, $F(a_2) = 1$; $\widetilde{Q}_0 = 0$, $\widetilde{w}_0 = 1$; $P(z_0) = 1$, $F(z_0) = 0$			
1	$\widetilde{Q}_1 = 0 + 1 \times 0 = 0$ $\widetilde{w}_1 = 1 \times 1 = 1$	0	$q_1^1 = 0 + 1 \times 0 = 0$ $q_1^2 = 0 + 1 \times .8 = .8$	a_0
2	$\widetilde{Q}_2 = 0 + 1 \times 0 = 0$ $\widetilde{w}_2 = 1 \times .8 = .8$	0	$q_2^1 = 0 + .8 \times 0 = 0$ $q_2^2 = 0 + .8 \times .8 = .64$	a_0
3	$\widetilde{Q}_3 = 0 + .8 \times 0 = 0$ $\widetilde{w}_3 = .8 \times .8 = .64$	1	$q_3^2 = 0 + .64 \times .8 = .512$ $q_3^3 = 0 + .64 \times 1 = .64$	a_1
4	$\widetilde{Q}_4 = 0 + .64 \times .8 = .512$ $\widetilde{w}_4 = .64 \times .2 = .128$	0	$q_4^1 = .512 + .128 \times 0 = .512$ $q_4^2 = .512 + .128 \times .8 = .614\,4$	a_0
5	$\widetilde{Q}_5 = .512 + .128 \times 0 = .512$ $\widetilde{w}_5 = .128 \times .8 = .102\,4$	0	$q_5^1 = .512 + .102\,4 \times 0 = .512$ $q_5^2 = .512 + .102\,4 \times .8 = .593\,92$	a_0

定理〔4.3.9〕 イライアス符号は,漸近的最良性を有する[†1]. すなわち,$\boldsymbol{x}_1^n \in A^n$ をイライアス符号によって符号化したとき,A の 1 シンボル当たりの平均符号長 L は,$H(A) + \dfrac{1}{n} \leq L < H(A) + \dfrac{2}{n}$ を満足する.

(証明) $\boldsymbol{x}_1^n = x_1 x_2 \cdots x_n$ をイライアス符号によって符号化したとき,符号長は,$\ell(\boldsymbol{x}_1^n) = \lceil -\log_r \prod_{i=1}^n P(x_i) \rceil + 1$ で与えられる.したがって,$-\log_r \prod_{i=1}^n P(x_i) + 1 \leq \ell(\boldsymbol{x}_1^n) < -\log_r \prod_{i=1}^n P(x_i) + 2$ が成り立つ.この各辺に $P(\boldsymbol{x}_1^n) := \prod_{i=1}^n P(x_i)$ を掛け,$\sum_{\boldsymbol{x}_1^n \in A^n} P(\boldsymbol{x}_1^n) = 1$,$\sum_{\boldsymbol{x}_1^n \in A^n} P(\boldsymbol{x}_1^n) \ell(\boldsymbol{x}_1^n) = nL$ に注意して総和をとれば,

$$-\sum_{\boldsymbol{x}_1^n \in A^n} P(\boldsymbol{x}_1^n) \log_r P(\boldsymbol{x}_1^n) + 1 \leq nL < -\sum_{\boldsymbol{x}_1^n \in A^n} P(\boldsymbol{x}_1^n) \log_r P(\boldsymbol{x}_1^n) + 2.$$

このとき,$-\sum_{\boldsymbol{x}_1^n \in A^n} P(\boldsymbol{x}_1^n) \log_r P(\boldsymbol{x}_1^n)$ は,A の n 次拡大情報源のエントロピー $nH(A)$ であるから,直ちに所望の結果が得られる. □

次に,イライアス符号のバリエーションについて簡単に注意しておく[21].

〔4.3.10〕 $\ell := \lceil -\log_r \prod_{i=1}^n P(x_i) \rceil$ としたイライアス符号について:

p. 60 脚注 1 に述べたように,〔4.3.3〕の **C3**(**C1**,**C2** はそのまま)の式 (4.13) で,$\ell := \lceil -\log_r w_n \rceil$ として得られる符号をイライアス符号と呼ぶこともある[20),21]. このときには,式 (4.14) に代わって,「$c = [0.c_1 c_2 \cdots c_\ell]_r \in [Q_n, Q_n + w_n)$ を満たす,小数以下 ℓ 桁の r 進小数 c が存在」し[†2],情報源系列 $\boldsymbol{x}_1^n (\in A^n)$ とその符号語 $c_1 c_2 \cdots c_\ell \in B^\ell$ とは一対一に対応する[†3]. また,$\boldsymbol{x}_1^n$ に対する符号語の長さ $\ell(\boldsymbol{x}_1^n) := \lceil -\log_r \prod_{i=1}^n P(x_i) \rceil$ はクラフトの不等式 (3.3) を満たすが[†4],このイライアス符号は語頭符号にはなっていない.

実際,語頭符号でないことは容易に例示される.例〔4.3.8〕で $n = 2$ とし,情報源系列 $x_1 x_2$ が $a_1 a_0$ ($\Rightarrow p_1 p_0 = 0.16$) と $a_1 a_1$ ($\Rightarrow p_1 p_1 = 0.04$) の場合の符号語を比較する.$a_1 a_0$ に対する区間は $[0.8, 0.96)$,$\ell = \lceil -\log_2 0.16 \rceil = 3$ で,

---

[†1] 十分長いシンボル系列に対して,平均符号長が情報源エントロピーに漸近する性質.
[†2] 〔4.3.4〕**(3)** の証明において $\ell := \lceil -\log_r w_n \rceil$ として得られる c がこの場合に求めるべき c になる.$c \in [Q_n, Q_n + w_n)$ であることが容易に示される.
[†3] 〔4.3.4〕**(2)** に示したように,$\boldsymbol{x}_1^n \neq \boldsymbol{y}_1^n$ ならば $[Q_n, Q_n + w_n) \cap [Q_n', Q_n' + w_n') = \emptyset$ である.よって,これらの区間に属する有理数に対応する符号語は同一ではあり得ない.
[†4] $x \leq \lceil x \rceil$ より,$-\log_r \prod_{i=1}^n P(x_i) \leq \ell(\boldsymbol{x}_1^n) \Rightarrow -\ell(\boldsymbol{x}_1^n) \leq \log_r \prod_{i=1}^n P(x_i) \Rightarrow r^{-\ell(\boldsymbol{x}_1^n)} \leq \prod_{i=1}^n P(x_i) \Rightarrow \lceil \sum_{\boldsymbol{x}_1^n \in A^n} r^{-\ell(\boldsymbol{x}_1^n)} \leq \sum_{\boldsymbol{x}_1^n \in A^n} \prod_{i=1}^n P(x_i) = 1 \rfloor$.

$[0.111]_2 = 0.875$ がこの区間に属す小数以下 3 桁の小数 (この場合一意) で, 符号語は 111 となる. 一方, $a_1 a_1$ に対する区間は $[0.96, 1.0)$, $\ell = \lceil -\log_2 0.04 \rceil = 5$ で, $[0.11111]_2 = 0.96875$ がこの区間に属す小数以下 5 桁の小数 (この場合一意) で, 符号語は 11111 となる. これから明らかに, $a_1 a_0$ に対する符号語 111 は $a_1 a_1$ に対する符号語 11111 の語頭になっている.

このイライアス符号は語頭符号でないので, 符号語を連接することはできない (例えば上の例で, $(a_1 a_0)(a_1 a_1)$ と $(a_1 a_1)(a_1 a_0)$ に対する符号は, 同じ 11111111 になる). したがって, 使用法は, 情報データ全体を一つの符号語に変換するように n を大きく選んで符号化を行う**ワンショット符号化**となる[21].

4.4 イライアス符号を用いたユニバーサル符号

〔4.4.1〕 これまでに述べたハフマン符号やイライアス符号は, 情報源シンボルの生起確率を用いて構成された. 言い換えると, シンボル生起確率が既知でない (無記憶) 情報源に対してこれらの符号化法を適用するためには, まず符号化するシンボル系列を走査して各シンボルの生起確率を推定するなどの前処理が必要となる. 一方, **ユニバーサル符号**と呼ばれる, シンボル生起確率が既知であることを前提とせず, しかも漸近的最良性を有する符号が導かれている.

本節では, イライアス符号を用いたユニバーサル符号について概説する. 情報源はアルファベット $A = \{a_0, a_1, \ldots, a_{M-1}\}$ の無記憶情報源とし, 符号器アルファベットを $B := \{0, 1, \ldots, r-1\}$ とする.

〔4.4.2〕 符号化アルゴリズム $(A^n \to B^\ell)$: 長さ n の情報源シンボル系列 $\boldsymbol{x}_1^n := x_1 x_2 \cdots x_n \in A^n$ を以下により符号化する. (例〔4.4.4〕も併せて参照).

(1) シンボル生起確率の推定:

P0 初期化: $f_0(a_0) = f_0(a_1) = \cdots = f_0(a_{M-1}) = 1$, $i = 1$ とする.

P1 時刻 i における, シンボル a_j の推定生起確率 $P_i(a_j)$ を次式で定める:

$$P_i(a_j) = \frac{f_{i-1}(a_j)}{\sum_{s=0}^{M-1} f_{i-1}(a_s)}, \quad j = 0, 1, \ldots, M-1. \tag{4.19}$$

P2 $i = n$ ならば終了．$i < n$ ならば，$j = 0, 1, \ldots, M-1$ に対して，

$$f_i(a_j) = \begin{cases} f_{i-1}(a_j) + 1, & \text{if } x_i = a_j \\ f_{i-1}(a_j), & \text{if } x_i \neq a_j \end{cases} \tag{4.20}$$

とし，$i \leftarrow i+1$ としてステップ **P1** へ戻る． □

以上により，$\{P_i(a_0), P_i(a_1), \ldots, P_i(a_{M-1})\}_{i=1}^n$ が定まる．

(2) 符号化：上で求めた $\{P_i(a_0), P_i(a_1), \ldots, P_i(a_{M-1})\}_{i=1}^n$ を用いて，イライアス符号により，$\boldsymbol{x}_1^n := x_1 x_2 \cdots x_n \in A^n$ を次のように符号化する：

C1 $Q_0 := 0$, $w_0 := 1$ とする．

C2 $i = 1, 2, \ldots, n$ に対して，次のようにおく (p. **59** 脚注 **2** 参照)：

$$\left. \begin{aligned} F_i(a_j) &:= \sum_{s=0}^{j-1} P_i(a_s), \ j = 0, 1, \ldots, M, \\ Q_i &= Q_{i-1} + w_{i-1} F_i(x_i), \quad w_i = w_{i-1} P_i(x_i). \end{aligned} \right\} \tag{4.21}$$

C3 区間 $[Q_n, Q_n + w_n)$ には，r 進表現において，小数以下

$$\ell := \lceil -\log_r w_n \rceil + 1 = \left\lceil -\log_r \prod_{i=1}^n P_i(x_i) \right\rceil + 1 \tag{4.22}$$

桁 ($\ell + 1$ 桁以下は 0) で表される小数 $c = [0.c_1 c_2 \ldots c_\ell]_r$ が存在し，

$$[c, c + r^{-\ell}) \subset [Q_n, Q_n + w_n) \tag{4.23}$$

が成立する．ここで，$\boldsymbol{c}_\ell = c_1 c_2 \cdots c_\ell \ (\in B^\ell)$ を $\boldsymbol{x}_1^n = x_1 x_2 \cdots x_n \ (\in A^n)$ に対する符号語とする． □

(注意 1) 見やすさのため，**(1)** シンボル生起確率の推定と **(2)** 符号化を分けて記述したが，明らかに **(1)** と **(2)** の **C1**，**C2** までは各 i に対して連続して実

行できる[†1]．したがって，確率推定手順 **(1)** の追加による符号化遅延の増加はほとんど無視できる．これが本ユニバーサル符号の特徴である．

(注意 2) ここに述べた符号化アルゴリズムについて，〔4.3.4〕とほとんど同じ議論により，以下が証明される (章末問題 **4.3** (1) 参照)．

(1) 符号化アルゴリズムが生成する区間 $[Q_i, Q_i + w_i)$ に関して，$[0,1) \supset [Q_i, Q_i + w_i) \supset [Q_{i+1}, Q_{i+1} + w_{i+1})$ が成立する．

(2) $\boldsymbol{x}_1^i, \boldsymbol{y}_1^i \in A^i$ が生成する区間を $[Q_i, Q_i + w_i)$ および $[Q'_i, Q'_i + w'_i)$ とすると，$\boldsymbol{x}_1^n \neq \boldsymbol{y}_1^n$ ならば $[Q_n, Q_n + w_n) \cap [Q'_n, Q'_n + w'_n) = \emptyset$ が成り立つ．

(3) 式 (4.23) を満たす $c = [0.c_1 c_2 \cdots c_\ell]_r$ が存在する．

(注意 3) 命題〔4.3.5〕と同様に，ここに述べたユニバーサル符号は語頭符号となる．証明も命題〔4.3.5〕と同様である (章末問題 **4.3** (2) 参照)．

〔4.4.3〕復号化アルゴリズム ($B^{\ell_0} \to A^n$)：(例〔4.4.4〕も併せて参照)

情報源アルファベットの大きさが $|A| = M$，情報源系列長が n のとき，

$$\ell_0 := \left\lceil -\log_r \prod_{i=1}^n \frac{1}{M+i} \right\rceil + 1 \tag{4.24}$$

とおくと，式 (4.22) で定義した ℓ に対して，$\ell \leq \ell_0$ が成立する[†2]．

復号は，長さ ℓ_0 の符号系列 $c_1 c_2 \cdots c_{\ell_0}$ を受け取って，$\tilde{c} := [0.c_1 c_2 \cdots c_{\ell_0}]_r$，$z_0 := \emptyset$ (空シンボル) として，次により $z_1 z_2 \cdots z_n \in A^n$ を定める：

D1 $\widetilde{Q}_0 := 0,\ \widetilde{w}_0 := 1,\ f_0(a_j) = 1\ (j = 0, 1, \ldots, M-1)\,;\ P_0(z_0) = 1$，$F_0(z_0) = 0\,;\ i := 1$ とする．

D2 $P_i(a_j),\ F_i(a_j)$ を

[†1] 最後 ($i = n$ のとき) に，**(2)** の **C3** を行えばよい．
[†2] 復号器では n は既知であるが，ℓ は未知であることに注意．式 (4.19)，(4.20) からわかるように，$\{P_i(a_j)\}_{j=0}^{M-1}$ の最小値は $\dfrac{1}{M+i}$ で与えられる．よって，式 (4.21) より $w_n = \prod_{i=1}^n P_i(x_i) \geq \prod_{i=1}^n \dfrac{1}{M+i}$ が成り立ち，これより直ちに $\ell \leq \ell_0$ が導かれる．

70   4. 代表的な情報源符号

$$\left.\begin{array}{l}P_i(a_j) = \dfrac{f_{i-1}(a_j)}{\displaystyle\sum_{s=0}^{M-1} f_{i-1}(a_s)}, \quad j=0,1,\ldots,M-1 \\ F_i(a_j) = \displaystyle\sum_{s=0}^{j-1} P_i(a_s), \qquad j=0,1,\ldots,M\end{array}\right\} \quad (4.25)$$

で定め，

$$\widetilde{Q}_i = \widetilde{Q}_{i-1} + \widetilde{w}_{i-1} F_{i-1}(z_{i-1}), \quad \widetilde{w}_i = \widetilde{w}_{i-1} P_{i-1}(z_{i-1}) \quad (4.26)$$

とする[†1]．ここで，上で定義した $\widetilde{c} := [0.c_1 c_2 \cdots c_{\ell_0}]_r$ に対して，

$$q_i^j := \widetilde{Q}_i + \widetilde{w}_i F_i(a_j) \leqq \widetilde{c} < \widetilde{Q}_i + \widetilde{w}_i F_i(a_{j+1}) =: q_i^{j+1} \quad (4.27)$$

を満足する j $(0 \leqq j \leqq M-1)$ を求めて，復号系列 i 番目の文字として $z_i = a_j$ を出力する．

D3 $i = n$ ならば終了．$i < n$ ならば，$j = 0,1,\ldots,M-1$ に対して，

$$f_i(a_j) = \begin{cases} f_{i-1}(a_j) + 1, & \text{if } a_j = z_i \\ f_{i-1}(a_j), & \text{if } a_j \neq z_i \end{cases} \quad (4.28)$$

とし，$i \leftarrow i+1$ としてステップ **D2** の先頭へ戻る． □

(注意 1) 本復号化アルゴリズムによって，もとの情報源系列が一意に復号できることが，〔4.3.7〕と同様の議論によって示される．(章末問題 **4.3** (3) 参照)．

(注意 2) 長さ n の情報源系列を復号した時点で，$\ell = \lceil -\log_r \widetilde{w}_{n+1} \rceil + 1 = \lceil -\log_r \prod_{i=1}^n P_i(z_i) \rceil + 1$ により ℓ が求まり，次の符号語の先頭が求まる．

例〔**4.4.4**〕簡単のため 2 元アルファベットとし，$A = \{a_0, a_1\}$，$B = \{0,1\}$ として，長さ $n = 4$ の情報源系列 $\boldsymbol{x}_1^4 = x_1 x_2 x_3 x_4 = a_0 a_0 a_1 a_0$ を考える．

[†1]   容易に確認できるように，$z_i = x_i$ $(i = 1,2,\ldots,n)$ が成り立っていれば，符号化と復号化に現れる，$f_i(a_j)$，$P_i(a_j)$ は同じ値をとる．このため，最初から同じ記号を用いた．一方，符号化の際の w_i (式 (4.21)) と復号化の際の $\widetilde{w}_i$ (式 (4.26)) については，$w_i = \widetilde{w}_{i+1}$ なる関係が成立する．

4.4 イライアス符号を用いたユニバーサル符号

符号化：〔4.4.2〕の符号化アルゴリズムの **(1)** と **(2)** の **C1**, **C2** までを連続して実行する．容易に表 **4.3** が得られる．また **(2)** の **C3** より，$\ell = \lceil -\log_2 w_4 \rceil + 1 = 6$ である．これらより符号語は，$[c, c+2^{-4}) \subset [Q_4, Q_4+w_4) = [1/4, 3/10)$（式(4.23)）を成立させる，小数以下 $\ell = 6$ 桁の 2 進小数 c として与えられる．この場合，$c = [0.010000]_2$, $[0.010001]_2$, $[0.010010]_2$ の三つが求まる．ここでは $c = [0.010000]_2$ を採用することとし，符号語を「$\boldsymbol{c}_6 = 010000$」とする．（他を選んだ場合も同様）．

表 **4.3** イライアス符号を用いたユニバーサル符号の符号化手順
(情報源系列 $\boldsymbol{x}_1^4 = x_1 x_2 x_3 x_4 = a_0 a_0 a_1 a_0$)

初期値： $Q_0 = 0$, $w_0 = 1$; $P_0(x_0) = 1$, $F_0(x_0) = 0$; $f_0(a_0) = f_0(a_1) = 1$						
i	$P_i(a_0)$	$P_i(a_1)$	x_i	$f_i(a_0)$	$f_i(a_1)$	
	$Q_i = Q_{i-1} + w_{i-1} F_i(x_i)$			$w_i = w_{i-1} P^{(i)}(x_i)$		$[Q_i, Q_i + w_i)$
1	$1/2$	$1/2$	a_0	2	1	
	$Q_1 = 0 + 1 \times 0 = 0$			$w_1 = 1 \times 1/2 = 1/2$		$[0, 1/2)$
2	$2/3$	$1/3$	a_0	3	1	
	$Q_2 = 0 + 1/2 \times 0 = 0$			$w_2 = 1/2 \times 2/3 = 1/3$		$[0, 1/3)$
3	$3/4$	$1/4$	a_1	3	2	
	$Q_3 = 0 + 1/3 \times 3/4 = 1/4$			$w_3 = 1/3 \times 1/4 = 1/12$		$[1/4, 1/3)$
4	$3/5$	$2/5$	a_0	—	—	
	$Q_4 = 1/4 + 1/12 \times 0 = 1/4$			$w_4 = 1/12 \times 3/5 = 1/20$		$[1/4, 3/10)$

復号化：$M = 2$, $n = 4$ より，$\ell_0 = \left\lceil \log_2 \prod_{i=0}^{4}(2+i) \right\rceil + 1 = 8$（式(4.24)）．よって，$c_1 c_2 \cdots c_6 c_7 c_8 = 010000 c_7 c_8$ に対して，〔4.4.3〕のアルゴリズムによって復号する．$\tilde{c} := [010000 c_7 c_8]_2$ より $0.25 \leq \tilde{c} \leq 0.261\,719$ である．

(i) **D1** を行うことにより，表 **4.4** の初期値が設定される．

(ii) $i = 1$ として，**D2** を行うと，$P_1(a_0) = P_1(a_1) = 1/2$, $F_1(a_0) = 0$, $F_1(a_1) = 1/2$, $F_1(a_2) = 1$ が得られる．続いて，式(4.26)を計算すると，$\widetilde{Q}_1 = 0$, $\widetilde{w}_1 = 1$ が得られ，上記の $\tilde{c}$ に対して式(4.27)を調べることにより，$j = 0$ のとき $q_1^0 = 0 \leq \tilde{c} < 1/2 = q_1^1$ が成立し，「$z_1 = a_0$」と復号される．（そして，**D3** の式(4.28)により，$f_1(a_0) = 2$, $f_1(a_1) = 1$ となる）．

表 4.4 同じユニバーサル符号の復号化手順 (符号系列 $c_1c_2\cdots c_6c_7c_8 = 010000c_7c_8 \leftrightarrow 0.25 \leq \widetilde{c} = [0.010000c_7c_8]_2 \leq 0.261\,719$, $\ell_0 = 8$)

i	$P_i(a_0)$	$P_i(a_1)$	j	$q_i^j := \widetilde{Q}_i + \widetilde{w}_i F_i(a_j)$		z_i
	$\widetilde{Q}_i = \widetilde{Q}_{i-1} + \widetilde{w}_{i-1} F_{i-1}(z_{i-1})$			$q_i^{j+1} := \widetilde{Q}_i + \widetilde{w}_i F_i(a_{j+1})$		
	$\widetilde{w}_i = \widetilde{w}_{i-1} P_{i-1}(z_{i-1})$			$f_i(a_0)$	$f_i(a_1)$	
1	$P_1(a_0) = 1/2$	$P_1(a_1) = 1/2$	0	$q_1^0 = 0 + 1 \times 0 = 0$		
	$\widetilde{Q}_1 = 0 + 1 \times F_0(z_0) = 0$			$q_1^1 = 0 + 1 \times (1/2) = 1/2$		a_0
	$\widetilde{w}_1 = 1 \times P_0(z_0) = 1$			$f_1(a_0) = 2$	$f_1(a_1) = 1$	
2	$P_2(a_0) = 2/3$	$P_2(a_1) = 1/3$	0	$q_2^0 = 0 + (1/2) \cdot 0 = 0$		
	$\widetilde{Q}_2 = 0 + 1 \times 0 = 0$			$q_2^1 = 0 + (1/2)(2/3) = 1/3$		a_0
	$\widetilde{w}_2 = 1 \times (1/2) = 1/2$			$f_2(a_0) = 3$	$f_2(a_1) = 1$	
3	$P_3(a_0) = 3/4$	$P_3(a_1) = 1/4$	1	$q_3^1 = 0 + (1/3)(3/4) = 1/4$		
	$\widetilde{Q}_3 = 0 + (1/2) \cdot 0 = 0$			$q_3^2 = 0 + (1/3) \cdot 1 = 1/3$		a_1
	$\widetilde{w}_3 = (1/2)(2/3) = 1/3$			$f_3(a_0) = 3$	$f_3(a_1) = 2$	
4	$P_4(a_0) = 3/5$	$P_4(a_1) = 2/5$	0	$q_4^0 = 1/4 + (1/12) \cdot 0 = 1/4$		
	$\widetilde{Q}_4 = 0 + (1/3)(3/4) = 1/4$			$q_4^1 = 1/4 + (1/12)(3/5) = 3/10$		a_0
	$\widetilde{w}_4 = (1/3)(1/4) = 1/12$			—	—	

(iii) 同様に $i = 2$ では，**D2** において $P_2(a_0) = 2/3$, $P_2(a_1) = 1/3$, $F_2(a_0) = 0$, $F_2(a_1) = 2/3$, $F_2(a_2) = 1$ が得られる．続いて，式 (4.26) において $\widetilde{Q}_2 = 0$, $\widetilde{w}_2 = 1/2$ が得られ，同じく $\widetilde{c}$ に対して式 (4.27) を検証して，再び $j = 0$ のとき $q_2^0 = 0 \leq \widetilde{c} < 1/3 = q_2^1$ が成立し，「$z_2 = a_0$」と復号される．(この結果，**D3** の式 (4.28) により，$f_2(a_0) = 3$, $f_2(a_1) = 1$).

(iv) 以下同様の操作を $i = 4$ まで繰り返すと，**表 4.4** 全体が得られ，復号系列「$z_1z_2z_3z_4 = a_0a_0a_1a_0$」が求まる．$n = 4$ よりこれで終了となる．

このとき，$\widetilde{w}_5 = \widetilde{w}_4 P_4(z_4 = a_0) = 1/20$ で，$\ell = \lceil -\log_2 \widetilde{w}_5 \rceil + 1 = 6$ が得られ，c_7 が次の符号語の先頭とわかる． □

最後に，この符号がユニバーサル符号であることを示す次の定理が成り立つ．

定理〔4.4.5〕 本節 (〔4.4.2〕，〔4.4.3〕) に述べた符号はユニバーサル符号である．この符号が情報源のシンボル生起確率を既知としていないことは明らかであるが，次に示す「漸近的最良性」も具備する．すなわち，長さ n の情報源系

列を符号化して得られる符号語の平均符号長を L_n とすると，次式が成立する：

$$\lim_{n\to\infty} \frac{L_n}{n} = H(A). \tag{4.29}$$

(証明) 簡単のため，2 元無記憶情報源 $A = \{a, b\}$ について証明する (見やすさのため，a_0, a_1 の代わりに a, b を用いる)．いま，'a' を n_a 個含む長さ n の系列 $\boldsymbol{x}_1^n \in A^n$ を考え，その発生確率を $p(n, n_a)$ で表す．すると，「$p(n, n_a) = P(a)^{n_a} P(b)^{n-n_a}$」である．これより，長さ n の系列すべてに関する，n_a/n の平均 $E[n_a/n]$ を計算すると，容易に下記が得られる：

$$\begin{aligned}
E\left[\frac{n_a}{n}\right] &= \sum_{n_a=0}^{n} \frac{n_a}{n} \binom{n}{n_a} p(n, n_a) \\
&= \sum_{n_a=1}^{n} \frac{(n-1)!}{(n_a-1)!(n-n_a)!} P(a)^{n_a} P(b)^{n-n_a} \\
&= P(a) \sum_{n_a-1=0}^{n-1} \binom{n-1}{n_a-1} P(a)^{n_a-1} P(b)^{n-1-(n_a-1)} \\
&= P(a)\{P(a)+P(b)\}^{n-1} = P(a).
\end{aligned}$$

次に，'a' を n_a 個含む長さ n の系列 $\boldsymbol{x}_1^n$ に対する符号語の符号長 $L(n, n_a)$ を評価する．まず，n_a で定まる $\boldsymbol{x}_1^n$ に対する区間の幅を $w_n(n_a)$ で表すと，式 (4.19)，(4.20) から帰納法により，「$w_n(n_a) = \dfrac{n_a!(n-n_a)!}{(n+1)!}$」$(*)$ が導かれる[†1]．よって，

$$\begin{aligned}
L(n, n_a) &= \lceil -\log_2 w_n(n_a) \rceil + 1 \\
&= \left\lceil \log_2 \frac{n!}{n_a!(n-n_a)!} + \log_2(n+1) \right\rceil + 1 < \log_2 \binom{n}{n_a} + \log_2(n+1) + 2
\end{aligned}$$

が成り立ち，本章付録の式 (4.68) の関係 $\displaystyle\binom{n}{r} \leq \sum_{k=0}^{r} \binom{n}{k} \leq 2^{n\mathcal{H}_2(n_a/n)}$ より，

$$L(n, n_a) < n\mathcal{H}_2(n_a/n) + \log_2(n+1) + 2$$

[†1] **(1)** $n=1$, $x_1 = a$ のとき：式 (4.19)，(4.20) より $w_n(n_a) = w_1(1) = w_0(0)P_1(a) = 1 \times 1/2 = 1/2$ であり，式 $(*)$ が成立する．$(x_1 = b$ のときもまったく同様)．
(2) 式 $(*)$ が $n-1$ 以下で成立と仮定．$x_n = a$ のとき：式 (4.19)，(4.20) より

$$w_n(n_a) = w_{n-1}(n_a - 1)P_n(a) = \frac{(n_a-1)!(n-n_a)!}{n!} \cdot \frac{n_a}{n+1} = \frac{n_a!(n-n_a)!}{(n+1)!}$$

であり，n において式 $(*)$ が成立する．$(x_n = b$ のときもまったく同様)．

が得られる．したがって，平均符号長 L_n は，

$$L_n = E\left[L(n, n_a)\right] < nE\left[\mathcal{H}_2\left(n_a/n\right)\right] + \log_2(n+1) + 2$$
$$\leqq n\mathcal{H}_2\left(E\left[n_a/n\right]\right) + \log_2(n+1) + 2$$
$$= n\mathcal{H}_2\left(P(a)\right) + \log_2(n+1) + 2 = nH(A) + \log_2(n+1) + 2$$

によって上から抑えられる．ただし，2 行目の不等式は $\mathcal{H}_2(x)$ が上に凸 (定義〔4.7.1〕**(2)**) であることを用いている[†1]．この結果とシャノンの情報源符号化定理 (補題〔3.3.3〕式 (3.12)) から，1 シンボル当たりの平均符号長について，

$$H(A) \leqq \frac{L_n}{n} < H(A) + \frac{\log_2(n+1) + 2}{n}$$

が導かれ，$n \to \infty$ として，式 (4.29) が得られる．

4.5　ジブ・レンペル符号

ジブ・レンペル (Ziv-Lempel) 符号[29]) (**ZL 符号**と略す) は，Unix の代表的データ圧縮ツールである「compress」の基本アルゴリズムである[†2]．アルゴリズムの本質は，文字列の増分分解と呼ばれる操作にある．情報源からの文字列を，この操作によって**セグメント**と呼ばれる部分文字列の連接に分解し，各セグメントに対して符号化を行うことにより，無歪圧縮を実現している．ジブ・レンペル符号は，情報源シンボルの出現確率が既知であることを必要としないだけでなく，陽にその推定 (〔4.4.2〕) をすることも必要としない．増分分解がすべてを解決しており，漸近的最良性も備える．また，計算量に関しても，情報シンボル長 n の多項式オーダで済む (章末問題 **4.4** 参照)，きわめて優れたユニバーサル符号といえる．種々の変形や改良が行われている[21), 30)]．

[†1] $\mathcal{H}_2(x)$ が上に凸であることは，$(\log_e 2)\mathcal{H}_2''(x) = -1/\{x(1-x)\} \leqq 0$ であることから，補題〔4.7.3〕により導かれる．これにより，X の平均 $E[X] := \sum_i x_i p_i$ ($p_i \geqq 0$, $\sum_i p_i = 1$) に関して，式 (4.66) より，$\mathcal{H}_2(E[X]) = \mathcal{H}_2(\sum_i x_i p_i) \geqq \sum_i p_i \mathcal{H}_2(x_i) = E[\mathcal{H}_2(X)]$ が成り立つ．

[†2] 本節で紹介するのは，1978 年に発表された論文[29)] に基づく LZ78 と呼ばれる符号である．その前年に発表された論文に基づく LZ77 と呼ばれる符号もある．

4.5.1 増 分 分 解

本節では，一般性を失うことなく，情報源アルファベット A の文字集合を $A = \{0, 1, 2, \ldots, M-1\}$ で与えられる整数の部分集合とする．また，文字の系列を式 (4.10) と同じく，次のように表すものとする：

$$\boldsymbol{x}_i^j := x_i x_{i+1} \cdots x_j \ (\text{if } i \leqq j), \quad \boldsymbol{x}_i^j := \emptyset \ (\text{if } i > j).$$

〔**4.5.1**〕**増分分解**： 文字列 $\boldsymbol{x}_1^n = x_1 x_2 \cdots x_n$ を下記の (1), (2), (3) により，**セグメント**と呼ばれる部分文字列

$$\left.\begin{array}{l} X_k := \boldsymbol{x}_{s(k-1)+1}^{s(k)} \\ (X_k \text{ の最後の文字を } x_{s(k)} \text{ と表記．} s(0) = 0 \text{ である}) \end{array}\right\} \quad (4.30)$$

の連接 $\boldsymbol{x}_1^n = X_0 X_1 \cdots X_p$ に分解することを，文字列 $\boldsymbol{x}_1^n$ の**増分分解**という．

(1) $X_0 := \emptyset$． **(2)** $X_0 X_1 X_2 \cdots X_{i-1}$ までが得られ，

$$\boldsymbol{x}_1^n = X_0 X_1 X_2 \cdots X_{i-1} \overline{X}_{i-1}, \quad \overline{X}_{i-1} := \boldsymbol{x}_{s(i-1)+1}^n \quad (4.31)$$

であったとする．ここで，$s(i-1) = n$ ならば $\overline{X}_{i-1} = \emptyset$ であり，分解を終了する[†1]．$\overline{X}_{i-1} \neq \emptyset$ ならば次の (3) へ進む．

(3) $\overline{X}_{i-1} (\neq \emptyset)$ の語頭になっている既出のセグメントの中で最長のセグメントを $X_{i'}$ ($i' < i$) とし (少なくとも $X_{i'} = X_0 = \emptyset$ があることに注意)，次のセグメント X_i を，

$$X_i := \begin{cases} \overline{X}_{i-1}, & \text{if } X_{i'} = \overline{X}_{i-1}, \\ X_{i'} \cdot x_{s(i-1)+1+|X_{i'}|}, & \text{if } X_{i'} \neq \overline{X}_{i-1} \end{cases} \quad (4.32)$$

で定め[†2]，$i \leftarrow i+1$ として，(2) に戻る． □

(注意) 本操作の計算量的主要部は (3) の語頭か否かの判定部分で，その計

[†1] 式 (4.31) より，$\overline{X}_p = \emptyset$ で終了したとき，$\boldsymbol{x}_1^n = X_0 X_1 \cdots X_p$ である．

[†2] **(1)** 式 (4.32) で第 1 式となった場合，分解終了となる．**(2)** 式 (4.32) の第 2 式において，式 (4.30) の約束より，$s(i-1) + 1 + |X_{i'}| =: s(i)$ である．

算量は以下のように評価される．一つの X_j が $\overline{X}_{i-1}$ の語頭か否かの判定には $|X_j| = s(j) - s(j-1)$ 個の文字比較を行えば十分．$j = 1 \sim i-1$ までの X_j 全体では $\sum_{j=1}^{i-1} |X_j| = s(i-1)$ 個の文字比較となる．よって，この方法により，p 個のセグメントを得るまでに必要な文字比較回数は，最大で $\sum_{i=1}^{p+1} s(i-1) \leq \sum_{i=0}^{n} i = n(n+1)/2$ と評価される．なお，文献24) に述べられているように，増分分解を分解木を形成/記録することによって実現するようにすれば，X_j は $|X_j|$ に比例する計算量の M 分木探索で決定され，全体の計算量も $\sum_{j=1}^{i-1} |X_j| = s(p) = n$ と評価される．

〔**4.5.2**〕**増分分解セグメントの性質**： 増分分解は有限回で終了し，その結果を $\boldsymbol{x}_1^n = X_0 X_1 X_2 \cdots X_p$ とすると，各セグメント X_i は下記の性質を持つ．

(1) $X_0 = \emptyset$. $|X_1| = 1$.

(2) 最後のセグメント X_p を除くすべてのセグメント X_i は互いに異なる．

(3) 各 X_i $(1 \leq i < p)$ から最後の一文字を取り除いた文字列を $X_{\neg i}$ で表すと，$X_{\neg i} = X_{i'}$ を満たす i' $(0 \leq i' < i)$ がただ一つ存在する．

(4) 分解が，式 (4.32) の第 2 式で終了した場合，$X_p \neq X_i$ $(\forall i < p)$ が成立する．一方，式 (4.32) の第 1 式で終了した場合には，$X_p = X_i$ $(\exists i < p)$ であるが，$\widetilde{X}_{p-1} := X_{p-1} X_p$ は明らかに $\widetilde{X}_{p-1} \neq X_i$ $(\forall i < p-1)$ を満たす．

4.5.2 符　号　化

〔**4.5.3**〕**符号化アルゴリズム**： ブロック長 n を定めて，以下を行う：

C1　情報源文字列 $\boldsymbol{x}_1^n \in A^n$ の増分分解を求め，それを $\boldsymbol{x}_1^n = X_0 X_1 X_2 \cdots X_p$ とする．

C2　各セグメント X_i $(i = 1, 2, \ldots, p)$ に対し，i' を〔4.5.2〕の **(3)** に与えられる正整数として，$c(X_i)$ を整数の和

$$c(X_i) := \begin{cases} Mi' + x_{s(i)}, & \text{if } X_i \neq X_{i'} \\ Mi', & \text{if } X_i = X_{i'} \end{cases} \tag{4.33}$$

によって定める[†1]．ただし，$x_{s(i)} \in A := \{0, 1, \ldots, M-1\}$ である．そして，$c(X_i)$ を $L_i := \lceil \log_2(Mi) \rceil$ ビット[†2] の 2 進整数 b_i で表して，$b_1, b_2, \ldots, b_p$ の連接 $b := b_1 b_2 \cdots b_p$ を $\boldsymbol{x}_1^n (\in A^n)$ に対する符号語とする． □

(注意) $\lceil \log_2(Mi' + x_{s(i)}) \rceil \leq \lceil \log_2(Mi) \rceil$ が成り立つ ($i' < i$ に注意) から，正整数 $c(X_i)$ の 2 進表現には，$L_i := \lceil \log_2(Mi) \rceil$ ビットあれば十分である．このとき，符号長 $L(\boldsymbol{x}_1^n)$ は，次式で与えられる：

$$L(\boldsymbol{x}_1^n) = \sum_{i=1}^{p} L_i = \sum_{i=1}^{p} \lceil \log_2(Mi) \rceil . \tag{4.34}$$

4.5.3 復　号　化

$\boldsymbol{x}_1^n (\in A^n)$ に対する 2 元符号 $b (= b_1 b_2 \cdots b_p \cdots)$ を受け取ったとき，もとの情報源系列 $\boldsymbol{x}_1^n$ は次のように復号される．

〔4.5.4〕復号化アルゴリズム：$i = 1, 2, \ldots, p$ に対して下記を行う[†3]．

D1 2 進系列 b を $L_i := \lceil \log_2(Mi) \rceil$ ビットごとに区切って，b_i を求める．

D2 式 (4.33) より，$b_i = Mi' + x_{s(i)}$ であり[†4]，$x_{s(i)} \in A = \{0, 1, \ldots, M-1\}$ であることから，b_i を M で割った余り $\langle b_i \rangle_M$ として $x_{s(i)}$ が得られ，その結果，「$i' = (b_i - \langle b_i \rangle_M)/M$」として $i' (\leq i-1)$ が定まる．これにより，X_i が $X_i = X_{i'} \cdot x_{s(i)}$ として求まる．(ただし，$s(i)$ ($i \leq p-1$) は，$s(i) = |X_{i'}| + 1 + s(i-1)$ により定まる).

[†1] 式 (4.33) で，$X_i = X_{i'}$ となるのは，$i = p$ のときに限られる．
[†2] L_i は，$2^{L_i - 1} < Mi \leq 2^{L_i}$ を満たす整数として容易に求められる．
[†3] 復号側では p は未知であるが，復号に p は必要ない．長さ n の情報源系列が得られた時点で，結果として p が判明する．なお，明らかに $p \leq n$ である．
[†4] 記法の簡単のため，2 進符号 b_i とそれが表す整数を混同して，共に b_i で表す．

D3 上記 **D2** により，$b_1, b_2, \ldots$ に対して復号を行っていくと，b_k を復号して $X_k = X_{k'} \cdot x_{s(k)}$ を得た段階で，復号された情報源系列 $X := X_1 X_2 \cdots X_k$ の長さが，n あるいは $n+1$ になる k が存在する．この k が p に他ならない．$|X| = n$ であれば X がもとの情報系列であり，$|X| = n+1$ のときには $x_{s(k)} = 0$ が成立し，X から $x_{s(k)}$ を除いた $X' := X_1 X_2 \cdots X_{k'}$ がもとの情報系列である [†1]．

例〔4.5.5〕 例〔4.3.8〕と (本質的に) 同じく，$A = \{a_1 = 0, a_2 = 1\}$ で，情報源系列を $n = 5$，$\boldsymbol{x}_1^n = x_1 x_2 x_3 x_4 x_5 = a_1 a_1 a_2 a_1 a_1$ とする．

符号化：〔4.5.1〕に従って増分分解を行うと，**表 4.5** の X_i, $\overline{X}_i$ が得られる．続いて，式 (4.33) より $c(X_i)$ を計算し，その結果を $L_i := \lceil \log_2(Mi) \rceil$ 桁の 2 進数で表すと，**表 4.5** の最後のカラムが得られる．以上により，$c(a_1 a_1 a_2 a_1 a_1) = (0, 11, 010)$ が得られる．(区切り "," は見やすさのためで，実際はない)．

表 4.5　例〔4.3.8〕: $n = 5$, $x_1 x_2 x_3 x_4 x_5 = a_1 a_1 a_2 a_1 a_1$ に対する ZL 符号化

i	X_i	$\overline{X}_i$	L_i	$c(X_i) = Mi' + x_{s(i)}$
0	$X_0 = \emptyset$	$\overline{X}_0 = a_1 a_1 a_2 a_1 a_1$	0	—
1	$X_1 = X_0 a_1$	$\overline{X}_1 = a_1 a_2 a_1 a_1$	1	$2 \times 0 + 0 = 0 \Rightarrow (0)$
2	$X_2 = X_1 a_2$	$\overline{X}_2 = a_1 a_1$	2	$2 \times 1 + 1 = 3 \Rightarrow (11)$
3	$X_3 = X_1 a_1$	$\overline{X}_3 = \emptyset$	3	$2 \times 1 + 0 = 2 \Rightarrow (010)$

復号化：受信系列 $b = (011010 \cdots)$ を，長さ $L_1 = 1, L_2 = 2, L_3 = 3, \ldots$ のビット列に分割して，$(b_1, b_2, b_3, \ldots) = (0, 11, 010, \ldots)$ が得られる．$b_1, b_2, b_3, \ldots$ を，〔4.5.4〕の **D2** によって復号すれば，b_3 を復号した時点で長さ $n = 5$ の情報源系列「$(0, 11, 010) \Rightarrow (0, 01, 00) = (a_1, a_1 a_2, a_1 a_1) = \boldsymbol{x}_1^5$」が得られ，終了する．(結果として，$p = 3$ であることがわかる)．(章末問題 **4.5** 参照)．

[†1] $|X| = n$ となるのは，増分分解が式 (4.32) の第 1 式で終了した場合，$|X| = n+1$ となるのは，同じく第 2 式で終了した場合である．例〔4.5.5〕ならびに章末問題 **4.5** 参照．

4.5.4 漸近的最良性

ZL 符号は,情報源シンボルの出現確率などの統計的性質が既知であることを前提としないアルゴリズムであるにもかかわらず,漸近的最良性を有することが以下のように示される.まず,増分分解におけるセグメント数の最大値を評価するために,系列の独立分解と複雑度の概念を導入し,複雑度の上界を求める.

定義〔4.5.6〕(独立分解と複雑度)

(1) 文字列 $x_1^n \in A^n$ の,(i) 空でない,(ii) 互いに相異なる,部分文字列への分解 (すなわち次式) を,文字列 $x_1^n (\in A^n)$ の**独立分解**と呼ぶ:

$$\left.\begin{aligned} x_1^n &= x_{s(0)+1}^{s(1)} x_{s(1)+1}^{s(2)} \cdots x_{s(p-1)+1}^{s(p)}, \\ 0 &=: s(0) < s(1) < \cdots < s(p) := n, \\ x_{s(i-1)+1}^{s(i)} &\neq x_{s(j-1)+1}^{s(j)}, \text{ if } i \neq j. \end{aligned}\right\} \quad (4.35)$$

(注意)〔4.5.2〕(4) より,以下が成立する: $x_1^n \in A^n$ の増分分解 $x_1^n = X_1 \cdots X_p$ において,$X_p \neq X_i \ (\forall i < p)$ ならば,$X_1 \cdots X_p$ は (セグメント数 p の) 独立分解である.一方,$X_p = X_i \ (\exists i < p)$ のときには,$X_1 \cdots \widetilde{X}_{p-1} \ (\widetilde{X}_{p-1} := X_{p-1} X_p)$ が (セグメント数 $p-1$ の) 独立分解となる.

(2) 文字列 $x_1^n \in A^n$ の "すべて" の独立分解を考えたとき,部分文字列 (セグメント) の数 (式 (4.35) の p) の最大値を文字列 $x_1^n (\in A^n)$ の**複雑度**と呼び,$d(x_1^n)$ で表す.すなわち,

$$d(x_1^n) := \max \left\{ p \mid x_1^n = x_{s(0)+1}^{s(1)} \cdots x_{s(p-1)+1}^{s(p)} \text{ は独立分解} \right\}. \quad (4.36)$$

例〔4.5.7〕最大の複雑度を与える,長さ n の文字列は,何によって与えられるであろうか? そのような文字列は,「長さ $k = 1, 2, \ldots$ の順に,各長さ k の相異なる文字列をすべて並べる」ことによって得られる.以下に,これを例によって見ていこう.

簡単のため，2元アルファベット $B := \{0, 1\}$ の場合を考え，長さ $k\ (> 0)$ の文字列を辞書式順序 (p.**58** 脚注 **2**) に並べたものを $u_1^{(k)}, u_2^{(k)}, \ldots, u_{2^k}^{(k)}$ とし，これを連接した系列を $\boldsymbol{u}(k) := (u_1^{(k)}, u_2^{(k)}, \ldots, u_{2^k}^{(k)})$ で表す．すると順に，

$$\left.\begin{array}{l} \boldsymbol{u}(1) = (0, 1), \quad \boldsymbol{u}(2) = (00, 01, 10, 11), \\ \boldsymbol{u}(3) = (000, 001, 010, 011, 100, 101, 110, 111), \quad \cdots \end{array}\right\} \quad (4.37)$$

などである (例えば，$u_1^{(2)} = 00$, $u_1^{(3)} = 000$, $u_{2^3}^{(3)} = 111$ など)．ここでさらに，

$$\boldsymbol{u}_1^{n(k)} := \boldsymbol{u}(1)\boldsymbol{u}(2)\cdots\boldsymbol{u}(k) \tag{4.38}$$

とおく．すると，$|\boldsymbol{u}(i)| = i2^i$ より，$\boldsymbol{u}_1^{n(k)}$ の長さ $n(k)$ は，

$$n(k) := \sum_{i=1}^{k} |\boldsymbol{u}(i)| = \sum_{i=1}^{k} i2^i = (k-1)2^{k+1} + 2 \tag{4.39}$$

で与えられ[†1]，例えば $k = 3$ の場合には，$n(3) = 34$ で，

$$\boldsymbol{u}_1^{n(3)} = (0, 1; 00, 01, 10, 11; 000, 001, 010, 011, 100, 101, 110, 111)$$

である．明らかに，この $\boldsymbol{u}_1^{n(3)}$ において，$\{u_i^{(j)}\}_{i=1}^{2^j}\ (j = 1, 2, 3)$ による分解 ("," および ";" が区切り) は，長さが $n(3) = 34$ である 2 元系列に対して，部分文字列の総数が最大 (この場合 14) の "独立分解" を与える．

この例からわかるように，一般に $\boldsymbol{u}_1^{n(k)}$ の $\{u_i^{(j)}\}_{i=1}^{2^j}\ (j = 1, 2, \ldots, k)$ による分解は，長さが $n(k)$ である 2 元系列に対して，部分文字列の総数が最大の "独立分解" (最大の複雑度) を与え，部分文字列の総数 (複雑度 $d(\boldsymbol{u}_1^{n(k)})$) は，

$$d(\boldsymbol{u}_1^{n(k)}) = \sum_{i=1}^{k} \frac{|\boldsymbol{u}(i)|}{i} = \sum_{i=1}^{k} 2^i = 2^{k+1} - 2 \tag{4.40}$$

で与えられる．上で見たように，$\boldsymbol{u}_1^{n(3)}$ の場合，$2^4 - 2 = 14$ となる．

[†1] 等比級数の公式 $\sum_{i=1}^{k} x^i = \dfrac{x(1-x^k)}{1-x}$ の両辺を x で微分し，両辺に x を掛けよ．

4.5 ジブ・レンペル符号　　81

このように，長さ $n(k)$ の 2 元系列 $\bm{x}_1^{n(k)}$ の複雑度 $d(\bm{x}_1^{n(k)})$ は，式 (4.38) の 2 元系列 $\bm{u}_1^{n(k)}$ の複雑度 $d(\bm{u}_1^{n(k)})$ によって上から抑えられ，下記が成立する：

$$d(\bm{x}_1^{n(k)}) \leqq d(\bm{u}_1^{n(k)}) = 2^{k+1} - 2. \tag{4.41}$$

さらに，この関係は一般の M 元情報源 A に対しても成立し，長さ n の M 元系列の複雑度 $d(\bm{x}_1^n)$ の上界に関して，下記が成立する．

補題〔4.5.8〕 長さ n の M 元系列 $\bm{x}_1^n \in A^n$ の複雑度 $d(\bm{x}_1^n)$ に関して

$$\frac{d(\bm{x}_1^n)}{n} < \frac{1}{(1-\varepsilon_n)\log_M n}, \quad \lim_{n\to\infty} \varepsilon_n = 0 \tag{4.42}$$

が成立する．ただし，n はある程度大きいものとする [†1]．

(証明) まず，例〔4.5.7〕に述べた議論が，M 元情報源 A に対してもそのまま成立することに注意する．すなわち，式 (4.38) と同様に定義される M 元系列 $\bm{u}_1^{n(k)} := \bm{u}(1)\bm{u}(2)\cdots\bm{u}(k)$ の長さ $n(k)$ は，式 (4.39) と同様に，以下のように与えられる：

$$\begin{aligned} n(k) &:= \sum_{i=1}^k iM^i = \frac{M^{k+1}}{M-1}\Big(k - \frac{1}{M-1}\Big) + \frac{M}{(M-1)^2} \\ &> \frac{M^{k+1}}{M-1}\Big(k - \frac{1}{M-1}\Big). \end{aligned} \tag{4.43}$$

(1) 系列長 n が $n(k)$ $(k \geqq 2)$ に等しい場合：2 元の場合に式 (4.41) に与えた $\bm{u}_1^{n(k)}$ の複雑度 $d(\bm{u}_1^{n(k)})$ は，M 元の場合，式 (4.43) の不等式を用いて，

$$\begin{aligned} d(\bm{u}_1^{n(k)}) &= \sum_{i=1}^k M^i = \frac{M(M^k-1)}{M-1} < \frac{M^{k+1}}{M-1} \\ &< \frac{n(k)}{k-1/(M-1)} \leqq \frac{n(k)}{k-1} \end{aligned} \tag{4.44}$$

と評価される．したがって，長さ $n(k)$ の系列 $\bm{x}_1^{n(k)}$ $(\in A^{n(k)})$ に関して，式 (4.41) および式 (4.44) より，以下が得られる：

$$d(\bm{x}_1^{n(k)}) \leqq d(\bm{u}_1^{n(k)}) < \frac{n(k)}{k-1}, \quad \text{for } \bm{x}_1^{n(k)} \in A^{n(k)}.$$

[†1] n は，式 (4.43) で定義される $n(2)$ 以上とする．このとき，式 (4.43) の不等式の右辺は正となる．$n \to \infty$ の議論をするので，この条件は問題にならない．

(2) 系列長が一般の $n\ (\geqq n(2))$ の場合:

$$n(k) \leq n < n(k+1) \left(< (k+1)^2 M^{k+1} \right)^{\dagger 1} \tag{4.45}$$

を満たす自然数 $k \geqq 2$ が存在するから, $n = n(k) + \delta < n(k+1)\ (\delta \in \mathbb{N}_0)$ と表せ, 複雑度の最大値を達成する文字列 $(\widehat{\boldsymbol{u}}_1^n$ で表す) は, $\boldsymbol{u}(1)$ から $\boldsymbol{u}(k)$ のすべてと, $\boldsymbol{u}(k+1)$ の中の $\delta_0 := \left\lfloor \dfrac{\delta}{k+1} \right\rfloor$ 個のセグメント $u_1^{(k+1)}, u_2^{(k+1)}, \ldots, u_{\delta_0-1}^{(k+1)}, \widetilde{u}_{\delta_0}^{(k+1)}$ で与えられる$^{\dagger 2}$. このとき, 式 (4.44) より,

$$\begin{aligned} d(\boldsymbol{x}_1^n) \leq d(\widehat{\boldsymbol{u}}_1^n) &= d(\boldsymbol{u}_1^{n(k)}) + \left\lfloor \frac{\delta}{k+1} \right\rfloor \\ &\leq \frac{n(k)}{k-1} + \frac{\delta}{k+1} \leq \frac{n(k)+\delta}{k-1} = \frac{n}{k-1} \end{aligned} \tag{4.46}$$

が得られる. 一方, 式 (4.43) に示した $n(k)$ の下界を用いれば,

$$n \geqq n(k) > \frac{M^{k+1}}{M-1}\left(k - \frac{1}{M-1}\right) \geqq M^k \Rightarrow k \leq \log_M n \tag{4.47}$$

が得られる. さらに式 (4.45) (の最後の不等式) から,

$$\log_M n < \log_M[(k+1)^2 M^{k+1}] = k + 1 + 2\log_M(k+1) \tag{4.48}$$

が得られる. 最後に, 式 (4.48), (4.47) を順番に用いて,

$$\begin{aligned} k - 1 &> \log_M n - 2 - 2\log_M(k+1) \\ &\geqq \log_M n - 2 - 2\log_M(\log_M n + 1) \\ &=: (1 - \varepsilon_n)\log_M n, \quad \varepsilon_n := \frac{2[1 + \log_M(1 + \log_M n)]}{\log_M n} \end{aligned}$$

が得られ, $\lim_{n \to \infty} \varepsilon_n = 0$ が成立する. 式 (4.42) の結論は, 上式を式 (4.46) に代入して直ちに得られる.

補題〔4.5.9〕(符号長の上界): ZL 符号の符号長 $L(\boldsymbol{x}_1^n)$ (式 (4.34)) は,

$$L(\boldsymbol{x}_1^n) = \sum_{i=1}^{p} \lceil \log_2(iM) \rceil \leq p\left(\log_2 p + \log_2 M + 1\right)$$

$^{\dagger 1}$ $n(k+1)$ の上界は, $n(k) = \sum_{i=1}^{k} iM^i < \sum_{i=1}^{k} kM^k = k^2 M^k$ による.

$^{\dagger 2}$ ただし, $\widetilde{u}_{\delta_0}^{(k+1)}$ は, $u_{\delta_0}^{(k+1)}$ と $u_{\delta_0+1}^{(k+1)}$ の最初の $\delta - (k+1)\delta_0\ (\geqq 0)$ 文字の連接を表す. さらに, $\delta_0 = 0$ のときには, $\widetilde{u}_{\delta_0}^{(k+1)}$ は $u_1^{(k+1)}$ の最初の $\delta\ (< k+1)$ 文字であり, これは $\boldsymbol{u}(k)$ の最後のセグメントに付け加えてそれに含ませるものとする.

$$\leq (d(\boldsymbol{x}_1^n)+1)\bigl[\log_2(d(\boldsymbol{x}_1^n)+1)+\log_2 M+1\bigr] \qquad (4.49)$$

により上から抑えられる.

(証明) (a) 最初の不等号は，総和の各項をその最大項 $i=p$ で置き換え，$\lceil x \rceil \leq x+1$ に注意すれば直ちに得られる. **(b)** 定義〔4.5.6〕(1) の (注意) で見たように，$\boldsymbol{x}_1^n$ の増分分解 $X_1 \cdots X_p$ における「独立」セグメント数は p あるいは $p-1$ である. すなわち，$\boldsymbol{x}_1^n$ の「独立」セグメント数は $p-1$ 以上であり，「独立」セグメント数の最大値である複雑度 $d(\boldsymbol{x}_1^n)$ に関して，「$p-1 \leq d(\boldsymbol{x}_1^n)$」が成立する. これより直ちに 2 番目の不等式が得られる.

補題〔4.5.10〕(ジブの不等式)：文字列 $\boldsymbol{x}_1^n\ (\in A^n)$ の一つの独立分解を

$$\boldsymbol{x}_1^n = \boldsymbol{x}_{s(0)+1}^{s(1)} \boldsymbol{x}_{s(1)+1}^{s(2)} \cdots \boldsymbol{x}_{s(p-1)+1}^{s(p)}; \quad s(0):=0,\ s(p):=n \qquad (4.50)$$

とし，この分解に含まれる，長さ ℓ のセグメントの数を "d_ℓ" で表す. すると，次が成立する：

(1) 文字列 $\boldsymbol{x}_1^n$ の出現確率 $P(\boldsymbol{x}_1^n)$ に関して[†1]，

$$\log_2 P(\boldsymbol{x}_1^n) \leq -\sum_{d_\ell > 0} d_\ell \log_2 d_\ell. \qquad (4.51)$$

(2) 文字列 $\boldsymbol{x}_1^n$ の複雑度 $d(\boldsymbol{x}_1^n)$ に関して，

$$\limsup_{n \to \infty} E\left[\frac{d(\boldsymbol{x}_1^n) \log_2 d(\boldsymbol{x}_1^n)}{n}\right] \leq H(A). \qquad (4.52)$$

(証明) (1) 情報源が無記憶であることから

$$\log_2 P(\boldsymbol{x}_1^n) = \sum_{\ell \in \mathbb{N}} \sum_{s(i)-s(i-1)=\ell} \log_2 P\left(\boldsymbol{x}_{s(i-1)+1}^{s(i)}\right)$$

$$= \sum_{d_\ell > 0} d_\ell \left[\sum_{s(i)-s(i-1)=\ell} \frac{1}{d_\ell} \log_2 P\left(\boldsymbol{x}_{s(i-1)+1}^{s(i)}\right)\right]$$

[†1] $\sum_{d_\ell > 0}$ は，d_ℓ が正であるすべての $d_\ell\ (\ell \in \mathbb{N})$ に関する総和を表す.

と書くことができる．ただし，$\sum_{s(i)-s(i-1)=\ell}$ は $s(i)-s(i-1)=\ell$ であるすべてのセグメント $(1 \leq i \leq p)$ に関する総和を表す．ここで，d_ℓ の定義から $\sum_{s(i)-s(i-1)=\ell} \frac{1}{d_\ell} = \frac{1}{d_\ell} d_\ell = 1$ であり，$f(x) := \log_2 x$ が上に凸の関数 (定義〔4.7.1〕**(2)** 参照) であることに注意すれば，式 (4.66) を，上式の [ ] 内に適用して，

$$\log_2 P(\boldsymbol{x}_1^n) \leq \sum_{d_\ell > 0} d_\ell \log_2 \left[\sum_{s(i)-s(i-1)=\ell} \frac{1}{d_\ell} P\left(\boldsymbol{x}_{s(i-1)+1}^{s(i)}\right) \right]$$
$$= \sum_{d_\ell > 0} d_\ell \log_2 \left[\frac{1}{d_\ell} \sum_{s(i)-s(i-1)=\ell} P\left(\boldsymbol{x}_{s(i-1)+1}^{s(i)}\right) \right] \quad (4.53)$$

が得られる．ここで，自明な関係式 $\sum_{s(i)-s(i-1)=\ell} P\left(\boldsymbol{x}_{s(i-1)+1}^{s(i)}\right) \leq 1$ に注意すれば，「式 (4.53) $\leq \sum_{d_\ell > 0} d_\ell \log_2 \frac{1}{d_\ell}$」が得られ，式 (4.51) が成立する．

(2) $\boldsymbol{x}_1^n$ の分解としてその複雑度 $d(\boldsymbol{x}_1^n)$ (定義〔4.5.6〕の (2)) を達成する分解を考え，$d := d(\boldsymbol{x}_1^n)$ と略記する．このとき，$\sum_{d_\ell > 0} d_\ell = d$ が成立することに注意する．すると，上記 **(1)** より，下記が導かれる：

$$\log_2 P(\boldsymbol{x}_1^n) \leq -\sum_{d_\ell > 0} d_\ell \log_2 d_\ell$$
$$= -d \log_2 d - d \sum_{d_\ell > 0} \frac{d_\ell}{d} \log_2 \frac{d_\ell}{d}. \quad (4.54)$$

ここで，$\mathcal{L} := \{\ell \in \mathbb{N};\ P(\ell) := d_\ell/d\}$ で定義される無記憶情報源を考え，そのエントロピーを $H(\mathcal{L}) := -\sum_{d_\ell > 0} P(\ell) \log_2 P(\ell)$ とすれば，式 (4.54) から $\log_2 P(\boldsymbol{x}_1^n) \leq -d \log_2 d + d H(\mathcal{L})$，すなわち

$$\frac{d \log_2 d}{n} \leq -\frac{\log_2 P(\boldsymbol{x}_1^n)}{n} + \frac{d}{n} H(\mathcal{L}) \quad (4.55)$$

が得られる．一方，ℓ の平均が $E[\mathcal{L}] := \sum_\ell \ell \frac{d_\ell}{d} = \frac{n}{d}$ で与えられることに注意する．すると，本章付録の補題〔4.7.5〕に示したように，

$$H(\mathcal{L}) \leq \log_2(E[\mathcal{L}] \cdot e) = \log_2 \frac{n}{d} + \log_2 e \quad (4.56)$$

が成立する (e は自然対数の底)．よって，

$$\frac{d}{n}H(\mathcal{L}) \leq \frac{\log_2 n/d}{n/d} + \frac{\log_2 e}{n/d}. \tag{4.57}$$

ここで,式 (4.42) より $(1-\varepsilon_n)\log_M n < \dfrac{n}{d}$ であり,$f(x) := \dfrac{\log_2 x}{x}$ が $x \geqq e$ で単調減少 ($f'(x) = (\log_2 e)(1 - \log_e x)/x^2$) であることより,$e < (1-\varepsilon_n)\log_M n < \dfrac{n}{d}$ に関して,

$$\text{式 (4.57)} \leq \frac{\log_2[(1-\varepsilon_n)\log_M n]}{(1-\varepsilon_n)\log_M n} + \frac{\log_2 e}{(1-\varepsilon_n)\log_M n} =: \delta(n) \tag{4.58}$$

が成立する.また,補題〔4.5.8〕より,$\lim_{n\to\infty}\varepsilon_n = 0$ が成り立つので,$\lim_{n\to\infty}\delta(n) = 0$ が成立する.よって,式 (4.58) を式 (4.55) に代入すれば,

$$\frac{d\log_2 d}{n} \leq -\frac{\log_2 P(\boldsymbol{x}_1^n)}{n} + \delta(n).$$

さらに,長さ n の文字列 $\boldsymbol{x}_1^n \in A^n$ 全体に関して両辺の平均をとれば,

$$E\left[\frac{d\log_2 d}{n}\right] \leq -\frac{1}{n}\sum_{\boldsymbol{x}\in A^n} P(\boldsymbol{x})\log_2 P(\boldsymbol{x}) + \sum_{\boldsymbol{x}\in A^n} P(\boldsymbol{x})\delta(n)$$
$$= \frac{1}{n}H(A^n) + \delta(n) = H(A) + \delta(n). \tag{4.59}$$

したがって,$n \to \infty$ として式 (4.52) が得られる.ただし,式 (4.52) 左辺は必ずしも通常の極限の存在が保証されないので,上極限をとっている.

定理〔4.5.11〕 ZL 符号は漸近的最良性を満足する.

(証明) 式 (4.49) で与えられる符号長 $L(\boldsymbol{x}_1^n)$ の上界に,$d := d(\boldsymbol{x}_1^n)$ に関する上界式 (4.42) を適用すれば,

$$\left.\begin{aligned}\frac{1}{n}L(\boldsymbol{x}_1^n) &\leq \frac{1}{n}d\log_2 d + \eta_0(n), \quad \eta_0(n) := \frac{\eta(n)}{(1-\varepsilon_n)\log_M n}, \\ \eta(n) &:= \frac{\log_2(d+1)}{d} + \log_2\frac{d+1}{d} + \frac{d+1}{d}(\log_2 M + 1)\end{aligned}\right\} \tag{4.60}$$

となり,このとき $\lim_{n\to\infty}\eta_0(n) = 0$ が成立する.ここで,式 (4.59) の導出と同様に,長さ n の文字列 $\boldsymbol{x}_1^n \in A^n$ 全体に関して式 (4.60) の両辺の平均をとれば,

$$L_0 := E\left[\frac{1}{n}L(\boldsymbol{x}_1^n)\right] \leq H(A) + \eta_0(n) \tag{4.61}$$

が得られ,$n \to \infty$ において,平均符号長 L_0 がエントロピー $H(A)$ に近づく.(補題〔3.3.3〕式 (3.12) より,L_0 は $H(A)$ より小さくなることはない).

4.6 ワイル符号

〔**4.6.1**〕本章の最後として,スキャナーやファクシミリなどの信号の圧縮に利用されてきた**ランレンクス** (run length) **符号**[†1] の代表例である,**ワイル** (Wyle) **符号**について述べておく.

例えば,文書 (白黒) をスキャン (走査) した信号は,模式的に図 **4.8** のような,白=0,黒=1 の情報として表され,時間的には,1 行目,2 行目,$\cdots\cdots$ の順にそれぞれ「左から右」へ扱われる.このような情報の特徴は,白=0 の割合が圧倒的に大きく,しかもそれが連続して発生することにある.ワイル符号はこのような情報の圧縮を目的とした符号である.

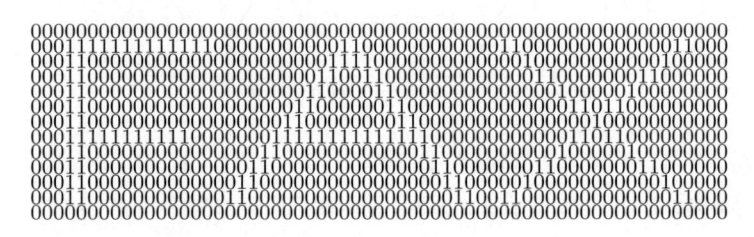

図 **4.8** スキャナーおよびファクシミリ信号

〔**4.6.2**〕**符号化**:2 値情報源系列を 0 のランのパターン $\boldsymbol{x}_n := \overbrace{00\cdots01}^{n\,\text{ビット}}$ の連接に分解し,$\boldsymbol{x}_n$ を符号化する.$\boldsymbol{x}_n$ はその長さ n を符号化すればよい.

(**1**) $1 \leq n \leq 4$ のとき:$n-1$ の 2 進表現を $d_1 d_2 := [n-1]_2$ として,$\boldsymbol{x}_n$ の符号語 $\boldsymbol{y}(\boldsymbol{x}_n)$ を

$$\boldsymbol{y}(\boldsymbol{x}_n) := 0\, d_1 d_2$$

とする.($0 \leq n-1 \leq 3$ であり,2 ビットで表現できる).

[†1] 一つのシンボルの連続をランという.ランレンクス符号は,ランの長さに着目したデータ圧縮符号の総称である.

(2) $n \geq 5$ のとき：n は $k \geq 2$ を適当に選ぶと $n = 2^k + \ell$ $(1 \leq \ell \leq 2^k)$ のように一意に表される．ここで，$\ell - 1 = n - 2^k - 1$ の2進表現を $d_1 d_2 \ldots d_k := [\ell - 1]_2$ として，

$$y(\boldsymbol{x}_n) := \overbrace{11 \cdots 1}^{k-1 \text{ 個}} 0\, d_1 d_2 \ldots d_k$$

とする．$(0 \leq \ell - 1 \leq 2^k - 1$ であり，k ビットで表現できる)． □

符号語の長さ $|y(\boldsymbol{x}_n)|$ は，$1 \leq n \leq 4$ のとき 3，$2^k + 1 \leq n \leq 2^{k+1}$ $(k \geq 2)$ のとき $2k$ である．表 4.6 に小さな n に関してワイル符号の符号語を示す．また，一つの情報系列 $\boldsymbol{x}$ に対するワイル符号化の例を表 4.7 に示す．

表 4.6　$\boldsymbol{x}_n$ に対するワイル符号の符号語の例

n	$y(\boldsymbol{x}_n)$	n	$y(\boldsymbol{x}_n)$
1	0 00	$9 = 2^3 + 1$	110 000
2	0 01	$10 = 2^3 + 2$	110 001
3	0 10	$\cdots$	$\cdots$
4	0 11	$16 = 2^3 + 8$	110 111
$5 = 2^2 + 1$	10 00	$17 = 2^4 + 1$	1110 0000
$6 = 2^2 + 2$	10 01	$18 = 2^4 + 2$	1110 0001
$7 = 2^2 + 3$	10 10	$\cdots$	$\cdots$
$8 = 2^2 + 4$	10 11	$32 = 2^4 + 16$	1110 1111

表 4.7　ワイル符号化の例

情報系列 $\boldsymbol{x}$	01|001|0000000001|1|000001|$\cdots$
	$= \boldsymbol{x}_2 \boldsymbol{x}_3 \boldsymbol{x}_{10} \boldsymbol{x}_1 \boldsymbol{x}_6 \cdots$
符号化系列 $\boldsymbol{y}$	001|010|110001|000|1001|$\cdots$

〔**4.6.3**〕**復号化**：上記の符号化法からわかるように，ワイル符号の復号は容易である．表 4.7 の例を用いて復号手順を説明する．

$$\boldsymbol{y} := 00101011000100001001\cdots$$

の復号は以下のように行われる：

(1) まず, y の最初のビットが "0" であるので表 4.6 から符号語長は "3" ($n = 1 \sim 4$) であることがわかる. よって, 最初の符号語は "001" と判定され, 再び表 4.6 から, $(001) \Rightarrow x_2 = 01$ が復号される.

(2) 次に, y から最初の 001 を取り除いた残り $0101100010001001\cdots$ を見ると, やはり最初のビットが "0" であるので, 上記 (1) と同様にして, $(010) \Rightarrow x_3 = 001$ が復号される.

(3) 次に残った系列は $1100010001001\cdots$ であり, コンマ符号の部分として "110" が得られるので, 符号語の長さは "6" で, 表 4.6 から, $(110001) \Rightarrow x_{10}$ が復号される.

(4) 次に残った系列は $0001001\cdots$ であり, コンマ符号の部分として "0" が得られるので, 符号語の長さは "3" で, 表 4.6 から, $(000) \Rightarrow x_1 = 1$ が復号される. (以下同様)

〔4.6.4〕**圧縮率**: $A = \{0, 1\}$, $P(0) = p_0$, $P(1) = p_1$ ($p_0 + p_1 = 1$) で与えられる無記憶情報源に対して, 上記のワイル符号化を行ったときの平均符号長を求めて, 圧縮率を計算してみよう.

ワイル符号は, 上に述べたように 0 のラン x_n に対して符号化操作を行うものであるから, 新たに情報源

$$A^* = \{x_n \mid n = 1, 2, \ldots\}, \quad P(x_n) = p_0^{n-1} p_1$$

を考え, A^* に対する符号化を考える. 明らかに, 符号化前の A^* のシンボルの平均ビット長は

$$L_x(p_1) := \sum_{n=1}^{\infty} n P(x_n) = \sum_{n=1}^{\infty} n p_0^{n-1} p_1 = \frac{1}{p_1} \tag{4.62}$$

で与えられる. 一方, x_n に対してワイル符号化を行ったとき, 符号語 $y(x_n)$ の長さ $\ell(x_n)$ は

$$\ell(x_n) = \begin{cases} 3, & 1 \leq n \leq 4 \\ 2k, & 2^k + 1 \leq n \leq 2^{k+1}, \ k = 2, 3, \ldots \end{cases}$$

で与えられるから，符号化後の平均ビット長は

$$L_y(p_1) := \sum_{n=1}^{\infty} \ell(\boldsymbol{x}_n) P(\boldsymbol{x}_n) = \sum_{n=1}^{\infty} \ell(\boldsymbol{x}_n) p_0^{n-1} p_1$$

$$= 3p_1 \sum_{n=1}^{4} p_0^{n-1} + p_1 \sum_{k=2}^{\infty} \sum_{n=2^k+1}^{2^{k+1}} 2k p_0^{n-1}$$

$$= 3(1 - p_0^4) + 2 \sum_{k=2}^{\infty} k p_0^{2^k} (1 - p_0^{2^k})$$

と計算される．ここで，

$$\sum_{k=2}^{\infty} k p_0^{2^k} (1 - p_0^{2^k}) = \sum_{k=2}^{\infty} \left(k p_0^{2^k} - k p_0^{2^{k+1}} \right)$$
$$= 2p_0^4 + \sum_{k=2}^{\infty} \left\{ (k+1) p_0^{2^{k+1}} - k p_0^{2^{k+1}} \right\} = 2p_0^4 + \sum_{k=3}^{\infty} p_0^{2^k}$$

に注意すれば，次の結果が得られる：

$$L_y(p_1) := 3 + p_0^4 + 2 \sum_{k=3}^{\infty} p_0^{2^k}. \tag{4.63}$$

図 **4.9** にワイル符号化によって得られる 圧縮率 $L_y(p_1)/L_x(p_1)$ の変化の様

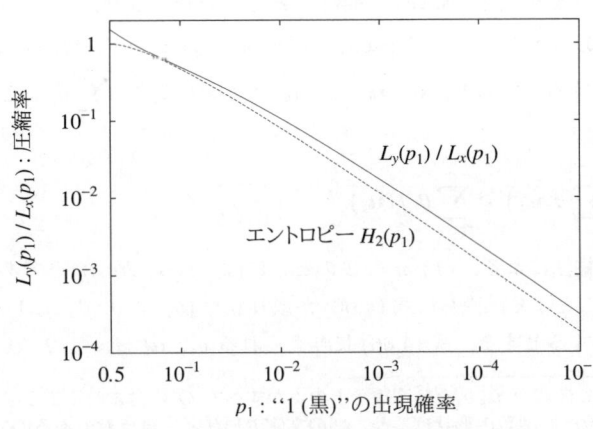

図 **4.9** ワイル符号による圧縮率： $L_y(p_1)/L_x(p_1)$

子を "1" の生起確率 p_1 の関数として示している．また，圧縮の限界であるエントロピー関数 $H_2(p_1)$ も示している．ワイル符号によって，圧縮限界にかなり近い特性の得られていることがわかる．

なお，ランレングス符号化を行ったあとに，ハフマン符号化を施すようなことも考えられる．このように符号化を 2 段にすれば，符号化，復号化の操作は複雑になるが，より高い圧縮率が期待できる．

4.7　付録：凸関数といくつかの不等式

定義〔4.7.1〕(1) $\mathbb{R}$ を実数全体の集合とし，Q を $\mathbb{R}^n := \{\boldsymbol{u} = (u_1, u_2, \ldots, u_n) \mid u_i \in \mathbb{R}\}$ の部分集合とする．任意の $\boldsymbol{u}, \boldsymbol{v} \in Q$ と任意の $0 < \theta < 1$ に対して

$$\theta \boldsymbol{u} + (1-\theta) \boldsymbol{v} \in Q \tag{4.64}$$

が成立するとき，Q は**凸集合** (convex set) であるといわれる[†1]．

(2) 凸集合 Q で定義された関数 $f(\boldsymbol{u})$ が，任意の $\boldsymbol{u}, \boldsymbol{v} \in Q$ と任意の $0 < \theta < 1$ に対して

$$f(\theta \boldsymbol{u} + (1-\theta) \boldsymbol{v}) \geqq \theta f(\boldsymbol{u}) + (1-\theta) f(\boldsymbol{v}) \tag{4.65}$$

を満たすとき，$f(\boldsymbol{u})$ は**上に凸** (concave) **な関数** (あるいは**凹** (concave) **関数**) であるといわれる．また，式 (4.65) で不等号の向きが逆のとき，$f(\boldsymbol{u})$ は**下に凸** (convex) **な関数** (あるいは単に**凸** (convex) **関数**) であるといわれる[†2]．

補題〔4.7.2〕(イエンゼン (Jensen) の不等式)：$f(\boldsymbol{u})$ を凸集合 Q で定義された上に凸の関数とする．すると，$\boldsymbol{u}_1, \boldsymbol{u}_2, \ldots, \boldsymbol{u}_n \in Q$，$\theta_i \geqq 0$，$\sum_{i=1}^{n} \theta_i = 1$ に対して，下記が成立する：

$$f\Big(\sum_{i=1}^{n} \theta_i \boldsymbol{u}_i\Big) \geqq \sum_{i=1}^{n} \theta_i f(\boldsymbol{u}_i). \tag{4.66}$$

(証明) 帰納法による．**(1)** $n = 2$ のときには，$f(\boldsymbol{u})$ が上に凸である (式 (4.65) が成立する) ことより，直ちに式 (4.66) が成り立つ ($\theta_1 := \theta$, $\theta_2 := 1 - \theta$)．**(2)** $n - 1$ 以下で成立するとする．式 (4.66) に与えられる θ_i，$\boldsymbol{u}_i$ $(i = 1, 2, \ldots, n)$ に対して，

[†1] Q 内の任意の $\boldsymbol{u}, \boldsymbol{v}$ を結ぶ線分上の点がすべて Q に含まれるような集合である．
[†2] 凸関数，凹関数の形状は，凸，凹の文字の形状と一見反対であるので注意されたい．本書では，下に凸な関数 (=凸関数)，上に凸な関数 (=凹関数) と呼ぶことにする．

$$\theta_0 := \sum_{i=1}^{n-1} \theta_i, \ \theta_i' := \frac{\theta_i}{\theta_0} \ (i = 1, 2, \ldots, n-1); \quad \boldsymbol{u}_0 := \sum_{i=1}^{n-1} \theta_i' \boldsymbol{u}_i$$

とおく.すると,$\sum_{i=1}^{n} \theta_i \boldsymbol{u}_i = \theta_0 \boldsymbol{u}_0 + \theta_n \boldsymbol{u}_n$, $\theta_0 + \theta_n = 1$ であり,$f(\boldsymbol{u})$ が上に凸である (式 (4.65)) ことから,

$$f\Big(\sum_{i=1}^{n} \theta_i \boldsymbol{u}_i\Big) = f(\theta_0 \boldsymbol{u}_0 + \theta_n \boldsymbol{u}_n) \geqq \theta_0 f(\boldsymbol{u}_0) + \theta_n f(\boldsymbol{u}_n)$$

が成立する.ここで,$\boldsymbol{u}_0 := \sum_{i=1}^{n-1} \theta_i' \boldsymbol{u}_i$, $\sum_{i=1}^{n-1} \theta_i' = 1$ に注意すれば,帰納法の仮定により,上式右辺の第 1 項 $\theta_0 f(\boldsymbol{u}_0)$ に関して,

$$\theta_0 f(\boldsymbol{u}_0) = \theta_0 f\Big(\sum_{i=1}^{n-1} \theta_i' \boldsymbol{u}_i\Big) \geqq \theta_0 \sum_{i=1}^{n-1} \theta_i' f(\boldsymbol{u}_i) = \sum_{i=1}^{n-1} \theta_i f(\boldsymbol{u}_i)$$

が成立し,式 (4.66) の成立が導かれる.

補題〔4.7.3〕 実数の区間 I で定義された一変数関数 $f(u)$ が 2 回連続微分可能で,$f''(u) \leqq 0$ であるとする.すると,$f(u)$ はこの区間で上に凸の関数である.すなわち,任意の $u_1, u_2 \in I$ と $0 < \theta < 1$ に対して下記が成り立つ:

$$f(\theta u_1 + (1-\theta) u_2) \geqq \theta f(u_1) + (1-\theta) f(u_2). \tag{4.67}$$

(証明) (1) $u_1 = u_2$ のときは等号が成立する.(2) 一般性を失うことなく $u_1 < u_2$ とすると,「$u_1 < \theta u_1 + (1-\theta) u_2 < u_2$」である.ここで,閉区間 $[u_1, \theta u_1 + (1-\theta) u_2]$ と $[\theta u_1 + (1-\theta) u_2, u_2]$ に,式 (1.7) で $m = 1$ として得られる**平均値の定理**[45]を適用する.すると,対応する各開区間内の点 $c_1 < c_2$ が存在して,

$$\left.\begin{array}{l}\dfrac{f(\theta u_1 + (1-\theta) u_2) - f(u_1)}{\theta u_1 + (1-\theta) u_2 - u_1} = f'(c_1), \\[6pt] \dfrac{f(u_2) - f(\theta u_1 + (1-\theta) u_2)}{u_2 - \theta u_1 - (1-\theta) u_2} = f'(c_2) \end{array}\right\}$$

が成立する.ここで,$f''(u) \leqq 0$ より $f'(u)$ は単調減少 (非増加),すなわち $f'(c_1) \geqq f'(c_2)$ である.よって,

$$\frac{f(\theta u_1 + (1-\theta) u_2) - f(u_1)}{\theta u_1 + (1-\theta) u_2 - u_1} \geqq \frac{f(u_2) - f(\theta u_1 + (1-\theta) u_2)}{u_2 - \theta u_1 - (1-\theta) u_2}$$

が得られる.これを整理すれば,直ちに式 (4.67) が得られる (各自確認せよ).

補題〔4.7.4〕 $0 \leqq \varepsilon(:= r/n) \leqq 1/2$ のとき

$$\sum_{k=0}^{n\varepsilon} \binom{n}{k} \leqq 2^{n\mathcal{H}_2(\varepsilon)} \tag{4.68}$$

が成立する．ただし，$\mathcal{H}_2(\varepsilon) := -\varepsilon \log_2 \varepsilon - (1-\varepsilon)\log_2(1-\varepsilon)$ である．

(証明) $\varepsilon = r/n$ より，$n\mathcal{H}_2(\varepsilon) = n\mathcal{H}_2(r/n) = -r\log_2 r - (n-r)\log_2(n-r) + n\log_2 n$ であり，$2^{n\mathcal{H}_2(\varepsilon)} = 2^{n\mathcal{H}_2(r/n)} = r^{-r}(n-r)^{-(n-r)}n^n$．よって，

$$\sum_{k=0}^{n\varepsilon} \binom{n}{k} = \sum_{k=0}^{r} \binom{n}{k} \leq r^{-r}(n-r)^{-(n-r)}n^n$$

を示せばよい．これは，$n^n = \{(n-r)+r\}^n$ の 2 項展開を考えれば，直ちに，

$$r^{-r}(n-r)^{-(n-r)}n^n = r^{-r}(n-r)^{-(n-r)}\sum_{k=0}^{n}\binom{n}{k}(n-r)^{n-k}r^k$$

$$= \sum_{k=0}^{n}\binom{n}{k}(n-r)^{r-k}r^{k-r} \geq \sum_{k=0}^{r}\binom{n}{k}\left(\frac{n-r}{r}\right)^{r-k}$$

$$\geq \sum_{k=0}^{r}\binom{n}{k} \quad \left(\because \frac{n-r}{r} \geq 1\right)$$

のように示される．

補題〔4.7.5〕 式 (4.56) $(H(\mathcal{L}) \leq \log_2(E[\mathcal{L}] \cdot e))$ が成立する．

(証明) 簡単のため，$p_\ell := P_\mathcal{L}(\ell)$ $(\ell \in \mathbb{N} := \{1,2,\ldots\})$, $\mu := E[\mathcal{L}] = \sum_{\ell \in \mathbb{N}} \ell \cdot p_\ell \ (\geq 1)$ とおく．また，$q_\ell := (1-\alpha)\alpha^{\ell-1}$ $(0 < \alpha < 1)$ とする．すると，$\sum_{\ell \in \mathbb{N}} p_\ell = \sum_{\ell \in \mathbb{N}} q_\ell = 1$ であり，シャノンの補題〔2.3.2〕式 (2.13) より，

$$0 \leq \sum_{\ell \in \mathbb{N}} p_\ell \log_2 \frac{p_\ell}{q_\ell} = -H(\mathcal{L}) - \sum_{\ell \in \mathbb{N}} p_\ell \log_2 \frac{(1-\alpha)\alpha^\ell}{\alpha}$$

$$= -H(\mathcal{L}) + \sum_{\ell \in \mathbb{N}} p_\ell \log_2 \frac{\alpha}{1-\alpha} - \sum_{\ell \in \mathbb{N}} \ell \cdot p_\ell \log_2 \alpha$$

$$= -H(\mathcal{L}) + \log_2 \frac{\alpha}{1-\alpha} - \mu \cdot \log_2 \alpha$$

$$\therefore \ H(\mathcal{L}) \leq \log_2 \frac{\alpha}{1-\alpha} - \mu \cdot \log_2 \alpha =: f(\alpha)$$

が得られる．このとき，$f(\alpha)$ は $\alpha_0 := (\mu-1)/\mu$ において最小値をとり，

$$H(\mathcal{L}) \leq f(\alpha_0) = \mu \log_2 \mu - (\mu-1)\log_2(\mu-1)$$

$$= \log_2 \mu + (\mu-1)\log_2 \left(1 + \frac{1}{\mu-1}\right)$$

が得られる．よって，$x := \mu - 1$ とおいて，式 (2.14) $(\ln x \leq x - 1)$ を用いれば，

$$x \log_2 \left(1 + \frac{1}{x}\right) \leq x \left(1 + \frac{1}{x} - 1\right) \log_2 e = \log_2 e$$

が得られる．$(\mu = 1, +\infty$ の極限も含めて成立することに注意)．

章 末 問 題

4.1 $A := \{a_1, a_2 \mid p(a_1) = 3/4, p(a_2) = 1/4\}$ で与えられる無記憶情報源がある．
  (1) A および A の 2 次ならびに 3 次の拡大 A^2, A^3 に対する 2 元ハフマン符号を構成し，もとの情報源 A の 1 シンボル当たりの平均符号長を求めよ．
  (2) 上記無記憶情報源 A の n 次の拡大 A^n に対してハフマン符号を構成したとし，そのハフマン符号の，もとの情報源 A の 1 シンボル当たりの平均符号長を $L(n)$ とする．このとき，$\lim_{n\to\infty} L(n)$ はいくらになるか．(1) の結果と比較せよ．ただし，$\log_2 3 = 1.585$ である．

4.2 下に与えられる情報源 A に対して，$r = 4$ 元のハフマン符号を構成し，平均符号長 L を求めよ．

$$A = \left\{ \begin{array}{cccccccc} a_1, & a_2, & a_3, & a_4, & a_5, & a_6, & a_7, & a_8 \\ 27/64, & 9/64, & 9/64, & 9/64, & 3/64, & 3/64, & 3/64, & 1/64 \end{array} \right\}$$

4.3 **(1)** 〔4.4.2〕に示したユニバーサル符号の符号化アルゴリズムに関して，(注意 2) の (1), (2), (3) が成立することを，〔4.3.4〕の証明に倣って示せ．
  (2) 〔4.4.2〕に示したユニバーサル符号が語頭符号であることを，命題〔4.3.5〕の証明に倣って示せ．
  (3) 〔4.4.3〕に示した復号アルゴリズムによって，もとの情報源系列が一意に復号できることを，〔4.3.7〕の証明に倣って示せ．

4.4 〔4.5.3〕に示した ZL 符号の符号化ならびに〔4.5.4〕に示した復号化に必要な計算量を，文字列の比較などを基本演算として評価せよ．(p. **75** の **(注意)** および p. **77** 脚注 **2** も参照)．

4.5 $n = 5$ であった例〔4.5.5〕を，$n = 4$ として実行し，この場合にも ZL 符号が正しく動作することを確認せよ．

5 通信路モデルと通信路容量

5.1 通信路のモデル

5.1.1 通信システムの実例

〔5.1.1〕**2元対称通信路 (BSC)**：実際にも広く用いられているディジタル通信方式の例として，図 5.1 に示すような 2 値通信システムがある．このシステムでは伝達すべき 2 値の情報系列 $\{d_i\}_{i=-\infty}^{\infty}$, $d_i \in \{0,1\}$ に対して，図 5.1 に示すように，一定時間 (T [秒]) 間隔で，振幅 E のパルス波形 $p(t)$ の系列

$$\sum_{i=-\infty}^{\infty} \overline{d}_i \, p(t - iT), \quad \overline{d}_i := 2d_i - 1$$

を送信し，受信側では送信のタイミング ($t = iT$) に合わせて受信信号を標本化

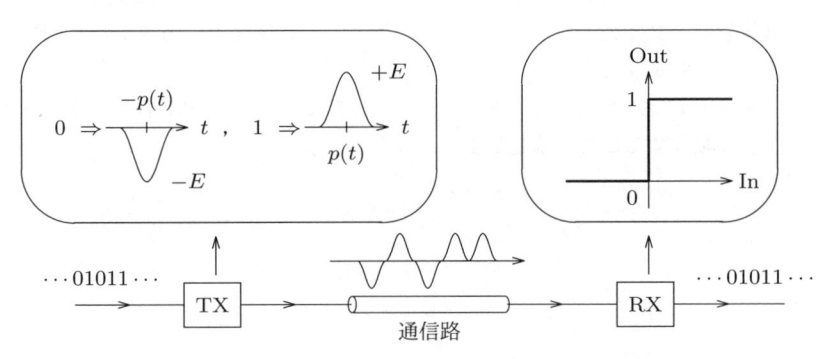

図 5.1　簡単な 2 値通信システム (TX: 送信機，RX: 受信機)

(サンプル) し，その値が正ならば "0"，負ならば "1" が送られたと判定する[†1]．しかし，通信路には常に雑音が存在するため，この判定は時により誤りを生じる．通信路の雑音の分布が図 **5.2** に示すように 0 を中心として対称ならば，0 を 1 に誤る確率も 1 を 0 に誤る確率も同じで，誤りの確率は

$$\varepsilon := \int_E^\infty p_X(x)dx \quad (E \text{ は送信パルスの高さ}) \tag{5.1}$$

で与えられる．ただし，$p_X(x)$ は雑音の確率密度関数を表し，例えば**ガウス (Gaussian) 雑音** (図 **5.2** 参照) の場合には，

$$p_{X_G}(x) = \frac{1}{\sqrt{2\pi}\sigma} e^{-\frac{x^2}{2\sigma^2}}$$

で与えられる (σ^2 は雑音の分散，すなわち雑音電力を表す)[†2]．

図 5.2 ガウス分布

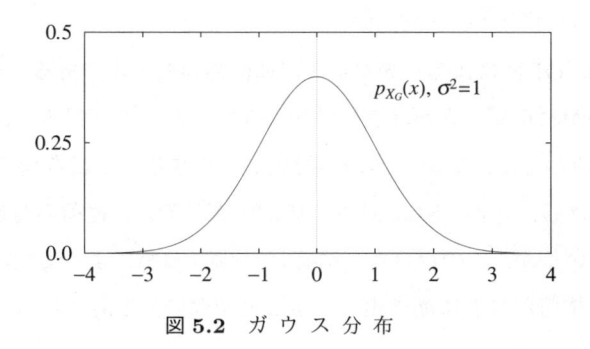

このような 2 値ディジタル通信システムは，送信情報シンボル 0, 1 と，復号後のシンボル 0, 1 の対応として見ると，図 **5.3** に示すような遷移図として書かれる．この通信路モデルを **2 元対称通信路** (**BSC**：Binary Symmetric Channel) と呼び，ε を**ビット誤り率**と呼ぶ．この通信路モデルは伝達シンボル一つごと

[†1] 復号に先立ってタイミング抽出を行い，送受信機間で同期を確立する必要がある．この話題は本書の範囲外である．例えば文献44) などを参照されたい．

[†2] ガウス雑音は数学的取り扱いが容易であるばかりでなく，実際の雑音の多くがガウス雑音で精度よくモデル化できる．それは，**1.3** 節の定理〔1.3.20〕に述べた，**中心極限定理**による．中心極限定理によれば，「(任意の) 同一分布に従う独立な確率変数がたくさん集まった (加え合わされた) とき，その分布はどれも正規分布に近づく」のである．

96   5. 通信路モデルと通信路容量

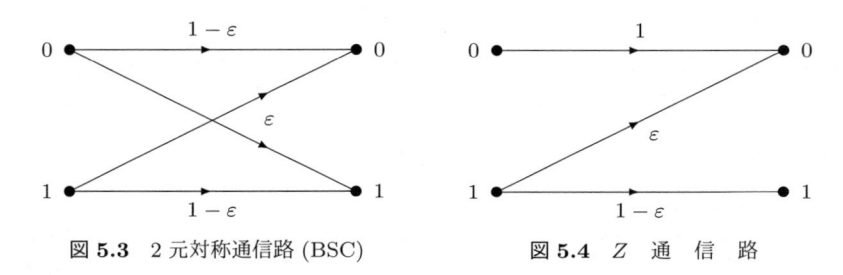

図 5.3 2元対称通信路 (BSC)

図 5.4 Z 通 信 路

に適用されるモデルであり，それを表す用語として，**無記憶通信路**と呼ばれるのが普通である．よって，図 5.3 の通信路モデルは，より正確には **2 元無記憶対称通信路**と呼ばれる．

〔5.1.2〕Z 通信路： 図 5.4 に示すように，片方向の誤りだけが生じるような通信路のモデルである．通信路モデルの形が文字 Z の形をしていることから，Z チャネル (Z 通信路) と呼ばれる．

　光の ON，OFF による，光ファイバ通信路のモデルである．光を送出 (ON) したにもかかわらず，光が減衰して届かないことはあり得るが，光の送出がない (OFF) のときに，ファイバの中で光が発生することはないことを表しているモデルである．また，SRAM などの記憶素子では，電荷の有無によって 0, 1 を表現しているが，この場合も，電荷が (自然) 放電によって失われることはあり得るが，電荷が自然に湧き出てくることはない，と考えられる．

〔5.1.3〕**2 元消失通信路 (BEC : Binary Erasure Channel)**： 図 5.5 に示すように，受信シンボルが失われてしまったなどにより，二つの送信シンボルのどちらとも判定できない，消失シンボルを受信シンボルの一つとして設けた通信路のモデルである．より一般的には，BSC に対して，受信シンボルとして消

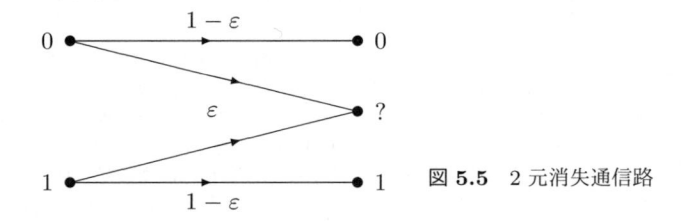

図 5.5 2 元消失通信路

失シンボルを付加した通信路モデルが考えられるが，BEC は $0 \to 1$ あるいは $1 \to 0$ の遷移はないとした簡略モデルということになる．

また，多元の符号語を送信シンボルとするような通信システムに拡張して考えると，符号語の消失として，インターネットにおけるパケットロスを考慮する通信路のモデルにもなり得る．

5.1.2　一般の離散無記憶通信路

〔5.1.4〕一般の離散無記憶通信路：前節で述べた 2 元通信路を一般化すると，図 5.6 に示すような通信路が得られる．このとき，

$$\left.\begin{array}{l} X := \{x_1, x_2, \ldots, x_J\}：送信アルファベット, \\ Y := \{y_1, y_2, \ldots, y_K\}：受信アルファベット \end{array}\right\}$$

であり，通信路を規定する**遷移確率**は

$$p_{Y|X}(y_k|x_j); \quad j=1,2,\ldots,J,\ k=1,2,\ldots,K \tag{5.2}$$

のように与えられる．(簡単のため，$p(y|x); x \in X, y \in Y$ とも記す)．

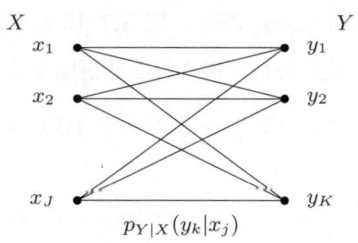

図 5.6　一般の離散無記憶通信路

また，通信では通常一定の時間間隔で情報が送られることになるが，ここでは各時刻における通信路の振る舞いは「独立」であるとする．すなわち，時刻 t の送信シンボルを $X(t) = x(t)$，受信シンボルを $Y(t) = y(t)$ とするとき，

$$p_{(Y(t_1),\ldots,Y(t_n))|(X(t_1),\ldots,X(t_n))}(y(t_1),\ldots,y(t_n)|x(t_1),\ldots,x(t_n))$$
$$= \prod_i p_{Y(t_i)|X(t_i)}(y(t_i)|x(t_i)) \tag{5.3}$$

が成り立つものとする．これが**無記憶**の意味するところである．

〔5.1.5〕 **通信路行列**： 通信路の遷移確率を

$$P = (p_{jk}) := \begin{pmatrix} p_{Y|X}(y_1|x_1) & p_{Y|X}(y_2|x_1) & \cdots & p_{Y|X}(y_K|x_1) \\ p_{Y|X}(y_1|x_2) & p_{Y|X}(y_2|x_2) & \cdots & p_{Y|X}(y_K|x_2) \\ \vdots & \vdots & \ddots & \vdots \\ p_{Y|X}(y_1|x_J) & p_{Y|X}(y_2|x_J) & \cdots & p_{Y|X}(y_K|x_J) \end{pmatrix} \quad (5.4)$$

のように行列の形に並べたものを，**通信路行列**という．通信路行列は，**遷移行列**の一種である $(p_{jk} := p_{Y|X}(y_k|x_j))$．このとき，通信路の入力ならびに出力の各シンボルの出現確率をベクトル表記して

$$\left.\begin{aligned} \boldsymbol{p}_X &:= (p_X(x_1), p_X(x_2), \ldots, p_X(x_J)), \\ \boldsymbol{p}_Y &:= (p_Y(y_1), p_Y(y_2), \ldots, p_Y(y_K)) \end{aligned}\right\}$$

のように表せば，「$\boldsymbol{p}_Y = \boldsymbol{p}_X P$」が成立する．また，容易にわかるように，通信路行列が $P = (p_{jk})$ ($J \times K$ 行列) である通信路の後に通信路行列が $Q = (q_{k\ell})$ ($K \times L$ 行列) である通信路を接続した場合，全体の通信路行列は PQ ($J \times L$ 行列) で与えられる [†1]．

例〔5.1.6〕 **誤りと消失のある 2 元通信路の縦続接続**： 図 5.7 上段に示すように，BSC(図 5.3) と BEC(図 5.5) を縦続接続して得られる通信路を考えよう．

ビット誤り率が ε' である BSC ならびに消失率が δ である BEC の通信路行列は，それぞれ

$$P_{BSC} = \begin{matrix} & y_1 & y_2 \\ x_1 \\ x_2 \end{matrix}\!\begin{pmatrix} 1-\varepsilon & \varepsilon \\ \varepsilon & 1-\varepsilon \end{pmatrix}, \quad P_{BEC} = \begin{matrix} & z_1 & z_2 & z_3 \\ y_1 \\ y_2 \end{matrix}\!\begin{pmatrix} 1-\delta & \delta & 0 \\ 0 & \delta & 1-\delta \end{pmatrix}$$

で与えられるから，その縦続接続によって得られる通信路の通信路行列は

$$P = P_{BSC} P_{BEC} = \begin{pmatrix} (1-\varepsilon)(1-\delta) & \delta & \varepsilon(1-\delta) \\ \varepsilon(1-\delta) & \delta & (1-\varepsilon)(1-\delta) \end{pmatrix}$$

[†1] ベクトルは行ベクトルであることに注意．$\boldsymbol{p}_X P = \boldsymbol{p}_Y$，$\boldsymbol{p}_Y Q = \boldsymbol{p}_Z$ より，$\boldsymbol{p}_X PQ = \boldsymbol{p}_Z$ が得られる．

$$
\begin{array}{c}
x_1 = 0 \xrightarrow{1-\varepsilon} y_1 = 0 \xrightarrow{1-\delta} 0 = z_1 \\
\varepsilon \quad \delta \quad ?= z_2 \\
x_2 = 1 \xrightarrow{1-\varepsilon} y_2 = 1 \xrightarrow{1-\delta} 1 = z_3
\end{array}
$$

$$\Downarrow$$

$$
\begin{array}{c}
x_1 = 0 \xrightarrow{1-\delta-\varepsilon'} 0 = z_1 \\
\varepsilon' \quad \delta \quad ?= z_2 \\
x_2 = 1 \xrightarrow{1-\delta-\varepsilon'} 1 = z_3
\end{array}
$$

$(\varepsilon' := \varepsilon(1-\delta))$

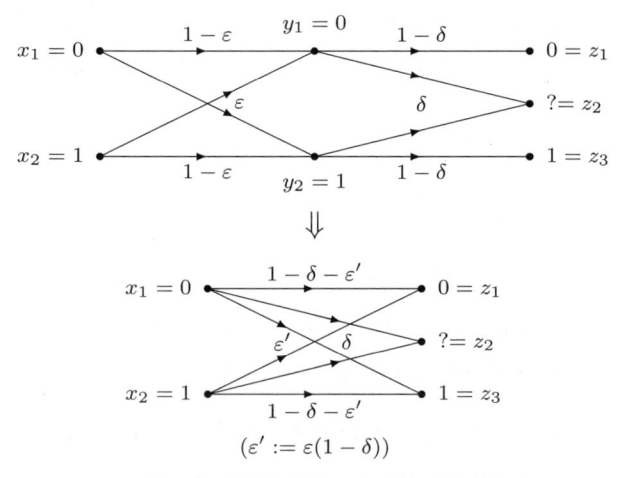

図 **5.7** 誤りと消失のある 2 元通信路

$$
= \begin{array}{c} \\ x_1 \\ x_2 \end{array} \begin{array}{ccc} z_1 & z_2 & z_3 \\ \begin{pmatrix} 1-\delta-\varepsilon' & \delta & \varepsilon' \\ \varepsilon' & \delta & 1-\delta-\varepsilon' \end{pmatrix} \end{array}, \quad \varepsilon' := \varepsilon(1-\delta) \tag{5.5}
$$

で与えられ，図 **5.7** 下段に示す通信路となる．

5.1.3 伝達情報量 (相互情報量)

〔**5.1.7**〕(1 シンボル当たりの) **伝達情報量**： 通信では，前節で例示したような通信路を通して，送信シンボル一つ (x_j とする) を送信すると，受信シンボル一つ (y_k とする) が受信される．このとき，この通信によって，どれだけの情報が伝えられた (運ばれた) と考えられるであろうか？ ただし表記の簡単のため，以下では情報量の単位として自然対数 $\ln := \log_e$ を採用した「ナット」を用いるものとする．

さて，通信が行われる前，送信シンボル x_j の情報量は $-\ln p_X(x_j)$ [ナット] であった．一方，通信が行われた後を考えると，受信側では受信シンボル y_k を受信しているので，送信シンボル x_j の確率は，$p_X(x_j)$ から $p_{X|Y}(x_j|y_k)$

に変化しており，情報量は $-\ln p_X(x_j)$ から $-\ln p_{X|Y}(x_j|y_k)$ に変化していることになる．したがって，送信シンボル x_j に関するこの情報量の変化分

$$I(x_j; y_k) := -\ln p_X(x_j) - \left[-\ln p_{X|Y}(x_j|y_k)\right]$$
$$= \ln \frac{p_{X|Y}(x_j|y_k)}{p_X(x_j)} \qquad [\text{ナット}] \qquad (5.6)$$

が，x_j を送信して y_k が受信されたという「通信」によって，送信側から受信側へ伝達された情報量である，と解釈することができる．式 (5.6) の $I(x;y)$ を**伝達情報量**あるいは**相互情報量**と呼ぶ．

〔**5.1.8**〕(1 シンボル当たりの) **平均伝達情報量** $I(X;Y)$： 通信システムは，送信アルファベットが $X := \{x_1, x_2, \ldots, x_J\}$，受信アルファベットが $Y := \{y_1, y_2, \ldots, y_K\}$ で，その間の遷移確率が $p_{Y|X}(y|x)$ で規定された．したがって，この通信システム全体について論じる場合には，伝達情報量 $I(x;y)$ の通信システム全体に関する平均を考えるのが自然である．この平均は

$$\begin{aligned}
I(X;Y) &:= \sum_{x \in X} \sum_{y \in Y} p_{XY}(x,y) I(x;y) \\
&= -\sum_{x \in X} \sum_{y \in Y} p_{XY}(x,y) \ln p_X(x) + \sum_{x \in X} \sum_{y \in Y} p_{XY}(x,y) \ln p_{X|Y}(x|y) \\
&= -\sum_{x \in X} p_X(x) \ln p_X(x) + \sum_{x \in X} \sum_{y \in Y} p_{XY}(x,y) \ln p_{X|Y}(x|y) \qquad (5.7)
\end{aligned}$$

のように計算される．普通これを次のように表現する：

$$\left. \begin{aligned}
I(X;Y) &= H(X) - H(X|Y) \\
H(X) &:= -\sum_{x \in X} p_X(x) \ln p_X(x), \\
H(X|Y) &:= -\sum_{x \in X} \sum_{y \in Y} p_{XY}(x,y) \ln p_{X|Y}(x|y).
\end{aligned} \right\} \qquad (5.8)$$

〔**5.1.9**〕 $I(X;Y)$ は，下記のようにも表現される (章末問題 **5.1** 参照)：

$$
\left.\begin{aligned}
I(X;Y) &= H(Y) - H(Y|X), \\
H(Y) &:= -\sum_{y \in Y} p_Y(y) \ln p_Y(y), \\
H(Y|X) &:= -\sum_{x \in X}\sum_{y \in Y} p_{XY}(x,y) \ln p_{Y|X}(y|x),
\end{aligned}\right\} \quad (5.9)
$$

$$
\left.\begin{aligned}
I(X;Y) &= H(X) + H(Y) - H(XY), \\
H(XY) &:= -\sum_{x \in X}\sum_{y \in Y} p_{XY}(x,y) \ln p_{XY}(x,y).
\end{aligned}\right\} \quad (5.10)
$$

定理〔5.1.10〕 平均伝達情報量 $I(X;Y)$ は，送信シンボルの出現確率 $p_X(x)$ と通信路の遷移確率 $p_{Y|X}(y|x)$ だけを用いて，

$$
I(X;Y) = \sum_{x \in X}\sum_{y \in Y} p_{Y|X}(y|x) p_X(x) \ln \frac{p_{Y|X}(y|x)}{\sum_{x' \in X} p_{Y|X}(y|x') p_X(x')} \quad (5.11)
$$

と表され，下記が成立する[†1]：

$$
0 \leq I(X;Y) \leq H(X). \quad (5.12)
$$

(証明) 式 (5.11) は，式 (5.7) の定義において，周辺確率の定義，ベイズの定理（〔1.3.8〕）などを用いれば，直ちに得られる．

式 (5.12) の成立は以下による．**(a)** 左の不等式：式 (5.11) で $-\ln x \geq 1 - x$（式 (2.14)）に注意すれば，

$$
\begin{aligned}
I(X;Y) &= -\sum_{x \in X}\sum_{y \in Y} p_{XY}(x,y) \ln \frac{p_X(x) p_Y(y)}{p_{XY}(x,y)} \\
&\geq \sum_{x \in X}\sum_{y \in Y} p_{XY}(x,y) \left(1 - \frac{p_X(x) p_Y(y)}{p_{XY}(x,y)}\right)
\end{aligned}
$$

[†1] 式 (5.12) において等号が成立する通信路は，ごく特殊な通信路である (章末問題 **5.3**)．
 (1) $I(X;Y) = 0$ である通信路は，$p_{XY}(x_j, y_k) = p_X(x_j) p_Y(y_k)$，すなわち，送信シンボル x_j と受信シンボル y_k が常に独立な通信路 (情報を伝達できない通信路) であり，そもそも通信路として意味を持たない．
 (2) 一方，$I(X;Y) = H(X)$ である通信路は，各受信シンボルへの入力がただ一つの送信シンボルに限られた (送信シンボルがそのまま受信される) 通信路である．

$$= \sum_{x \in X} \sum_{y \in Y} p_{XY}(x,y) - \sum_{x \in X} \sum_{y \in Y} p_X(x) p_Y(y) = 1 - 1 = 0.$$

(b) 右の不等式：式 (5.8) の定義において，明らかに $H(X|Y) \geq 0$ であるから，$I(X;Y) \leq H(X)$ が得られる．

5.2 通信路容量

5.2.1 数学的準備

まず，通信路容量の解析に必要な多少の準備を行う．

定義〔5.2.1〕 $\mathbb{R}$ を実数全体の集合とし，$\mathbb{R}^n := \{\boldsymbol{u} = (u_1, u_2, \ldots, u_n) \mid u_i \in \mathbb{R}\}$ の部分集合 Q_n, R_n を

$$Q_n := \left\{ \boldsymbol{u} \in \mathbb{R}^n \mid u_i \geq 0 \right\}, \quad R_n := \left\{ \boldsymbol{u} \in Q_n \mid \sum_{i=1}^n u_i = 1 \right\} \quad (5.13)$$

で定義する．容易にわかるように，Q_n, R_n ($\subset Q_n$) は共に凸集合である (定義〔4.7.1〕．確認せよ)．また，R_n の要素を**確率ベクトル**と呼ぶ．

補題〔5.2.2〕 $f(\boldsymbol{u})$ を凸集合 Q_n で定義された連続偏微分可能な関数とすると，$\boldsymbol{p} = (p_1, p_2, \ldots, p_n)$, $\boldsymbol{q} = (q_1, q_2, \ldots, q_n) \in Q_n$ に対して，次が成立する：

$$\lim_{\theta \to +0} \frac{f(\boldsymbol{p} + \theta(\boldsymbol{q} - \boldsymbol{p})) - f(\boldsymbol{p})}{\theta} = \sum_{i=1}^n \left. \frac{\partial f(\boldsymbol{u})}{\partial u_i} \right|_{\boldsymbol{u} = \boldsymbol{p}} (q_i - p_i). \quad (5.14)$$

(証明) 簡単のため $n = 2$ に関して示す ($n > 2$ についてもまったく同様)．

$\boldsymbol{p} = (p_1, p_2)$, $\boldsymbol{q} = (q_1, q_2) \in Q_2$ とすると，任意の $0 < \theta < 1$ に対して，$(1-\theta)\boldsymbol{p} + \theta\boldsymbol{q} = \boldsymbol{p} + \theta(\boldsymbol{q} - \boldsymbol{p}) \in Q_2$ が成立する．また Q_2 の定義式 (5.13) から容易に確かめられるように，$(p_1, p_2 + \theta(q_2 - p_2)) \in Q_2$ も成立する．よって，式 (5.14) の左辺は，この Q_2 の中の点における関数値を用いて，

$$\frac{f(p_1 + \theta(q_1 - p_1), p_2 + \theta(q_2 - p_2)) - f(p_1, p_2)}{\theta}$$
$$= \frac{f(p_1 + \theta(q_1 - p_1), p_2 + \theta(q_2 - p_2)) - f(p_1, p_2 + \theta(q_2 - p_2))}{\theta}$$
$$+ \frac{f(p_1, p_2 + \theta(q_2 - p_2)) - f(p_1, p_2)}{\theta}$$

$$= \frac{f(p_1 + \theta(q_1 - p_1), p_2 + \theta(q_2 - p_2)) - f(p_1, p_2 + \theta(q_2 - p_2))}{\theta(q_1 - p_1)}(q_1 - p_1)$$
$$+ \frac{f(p_1, p_2 + \theta(q_2 - p_2)) - f(p_1, p_2)}{\theta(q_2 - p_2)}(q_2 - p_2) \tag{5.15}$$

と書き表せる．ここで，$\theta \to +0$ とすれば，

$$\lim_{\theta \to +0} \frac{f(p_1 + \theta(q_1 - p_1), p_2 + \theta(q_2 - p_2)) - f(p_1, p_2 + \theta(q_2 - p_2))}{\theta(q_1 - p_1)} = \frac{\partial f(p_1, p_2)}{\partial p_1}$$

$$\lim_{\theta \to +0} \frac{f(p_1, p_2 + \theta(q_2 - p_2)) - f(p_1, p_2)}{\theta(q_2 - p_2)} = \frac{\partial f(p_1, p_2)}{\partial p_2}$$

が成立するから

$$\lim_{\theta \to +0} \frac{f(p_1 + \theta(q_1 - p_1), p_2 + \theta(q_2 - p_2)) - f(p_1, p_2)}{\theta}$$
$$= \frac{\partial f(p_1, p_2)}{\partial p_1}(q_1 - p_1) + \frac{\partial f(p_1, p_2)}{\partial p_2}(q_2 - p_2)$$

が得られ[†1]，($n = 2$ に関して) 式 (5.14) が成立する．

補題〔5.2.3〕 $f(\boldsymbol{q})$ を，確率ベクトルの集合 R_n (式 (5.13)) で定義された，連続偏微分可能な，上に凸の関数とする．ただし，$\lim_{u_i \to 0} \dfrac{\partial f(\boldsymbol{u})}{\partial u_i} = +\infty$ となることを許す[†2]．すると，$f(\boldsymbol{q})$ が，R_n の点 $\boldsymbol{q}^* = (q_1^*, q_2^*, \ldots, q_n^*)$ で最大値をとるための必要十分条件は，(有限の) 実数 K が存在して下記が成立することである：

$$\left.\frac{\partial f(\boldsymbol{u})}{\partial u_i}\right|_{\boldsymbol{u}=\boldsymbol{q}^*} \begin{cases} = K, & \text{if } q_i^* > 0 \\ \leq K, & \text{if } q_i^* = 0 \end{cases}, \quad i = 1, 2, \ldots, n. \tag{5.16}$$

(証明) 十分性： $\boldsymbol{q}^* \subset R_n$ において式 (5.16) が成立するならば，任意の $\boldsymbol{q} \in R_n$ に対して，$f(\boldsymbol{q}) \leqq f(\boldsymbol{q}^*)$ が成立することを示す．

$f(\boldsymbol{q})$ は上に凸な関数であるので，式 (4.65) が成立し，任意の $0 < \theta < 1$ に対して，

$$f(\boldsymbol{q}) - f(\boldsymbol{q}^*) \leqq \frac{f(\theta\boldsymbol{q} + (1-\theta)\boldsymbol{q}^*) - f(\boldsymbol{q}^*)}{\theta} = \frac{f(\boldsymbol{q}^* + \theta(\boldsymbol{q} - \boldsymbol{q}^*)) - f(\boldsymbol{q}^*)}{\theta}$$

が成り立つ．ここで，式 (5.16) より $\left.\dfrac{\partial f(\boldsymbol{u})}{\partial u_i}\right|_{\boldsymbol{u}=\boldsymbol{q}^*}$ が有界で，式 (5.14) が成立することに注意すれば，上式右辺で $\theta \to +0$ として，次が成立する：

[†1] $q_i - p_i = 0$ のときには，式 (5.15) の最初の表現において，対応する部分が零となり，本補題 (式 (5.14)) は，$q_i - p_i = 0$ のときも含めて成立する．

[†2] 本補題は，後述の式 (5.21) で与えられる $I_0(\boldsymbol{p})$ に適用するのが目的であり，$f(\boldsymbol{p}) = I_0(\boldsymbol{p})$ が所持する条件を述べている．

$$f(\boldsymbol{q}) - f(\boldsymbol{q}^*) \leqq \sum_{i=1}^n \left.\frac{\partial f(\boldsymbol{u})}{\partial u_i}\right|_{\boldsymbol{u}=\boldsymbol{q}^*} (q_i - q_i^*).$$

ここで，$\boldsymbol{q}, \boldsymbol{q}^* \in R_n$ に注意すれば，式 (5.16) より直ちに所望の結果が得られる：

$$f(\boldsymbol{q}) - f(\boldsymbol{q}^*) \leqq \sum_{i=1}^n K(q_i - q_i^*) = K\left(\sum_{i=1}^n q_i - \sum_{i=1}^n q_i^*\right) = K(1-1) = 0.$$

必要性：$\boldsymbol{q}^* \in R_n$ が在って，$\forall \boldsymbol{q} \in R_n$ に対して $f(\boldsymbol{q}) \leqq f(\boldsymbol{q}^*)$ であるならば，式 (5.16) が成立することを示す．

$\boldsymbol{q} \,(\neq \boldsymbol{q}^*) \in R_n,\ 0 < \theta < 1$ とすれば，$\theta\boldsymbol{q} + (1-\theta)\boldsymbol{q}^* (\neq \boldsymbol{q}^*) \in R_n$ である．よって，$f(\theta\boldsymbol{q} + (1-\theta)\boldsymbol{q}^*) \leqq f(\boldsymbol{q}^*)\ (0 < \theta < 1)$ が成立し，

$$\frac{f(\boldsymbol{q}^* + \theta(\boldsymbol{q} - \boldsymbol{q}^*)) - f(\boldsymbol{q}^*)}{\theta} \leqq 0.$$

(a) まず，$\displaystyle\lim_{u_i \to q_i^*} \frac{\partial f(\boldsymbol{u})}{\partial u_i}$ が有界である ($+\infty$ でない) 場合を考える．すると，補題 〔5.2.2〕 式 (5.14) が成立し，$\theta \to +0$ として次式が得られる：

$$\sum_{i=1}^n \left.\frac{\partial f(\boldsymbol{u})}{\partial u_i}\right|_{\boldsymbol{u}=\boldsymbol{q}^*} (q_i - q_i^*) \leqq 0. \tag{5.17}$$

一方，$\boldsymbol{0} \notin R_n$ であるから，$\boldsymbol{q}^* \neq \boldsymbol{0}$ である．すなわち，$\boldsymbol{q}^*$ の要素には，$q_{k_0}^* > 0$ となる添字 k_0 が存在し，任意の $j \neq k_0$ に対して $q_j^* + q_{k_0}^* \leqq \sum_i q_i^* = 1$ である．よって，$\boldsymbol{e}_i$ で，第 i 成分が 1，他はすべて 0 である長さ n のベクトルを表すとして，

$$\boldsymbol{q} := \boldsymbol{q}^* - \varepsilon \boldsymbol{e}_{k_0} + \varepsilon \boldsymbol{e}_j, \quad 0 < \varepsilon \leqq q_{k_0}^* \tag{5.18}$$

とおけば，$\boldsymbol{q} \in R_n$ が成立する (各自確認せよ)．この $\boldsymbol{q},\ \boldsymbol{q}^*$ を式 (5.17) に適用すれば直ちに $-\varepsilon \left.\dfrac{\partial f(\boldsymbol{u})}{\partial u_{k_0}}\right|_{\boldsymbol{u}=\boldsymbol{q}^*} + \varepsilon \left.\dfrac{\partial f(\boldsymbol{u})}{\partial u_j}\right|_{\boldsymbol{u}=\boldsymbol{q}^*} \leqq 0$, すなわち，

$$\left.\frac{\partial f(\boldsymbol{u})}{\partial u_j}\right|_{\boldsymbol{u}=\boldsymbol{q}^*} \leqq \left.\frac{\partial f(\boldsymbol{u})}{\partial u_{k_0}}\right|_{\boldsymbol{u}=\boldsymbol{q}^*}, \quad j \neq k_0 \tag{5.19}$$

が得られる．ここで，k_0 の他に $j = j_0$ に対しても $q_{j_0}^* > 0$ であったとすると，k_0 に対する以上の議論が j_0 に対してそのまま成立して

$$\left.\frac{\partial f(\boldsymbol{u})}{\partial u_j}\right|_{\boldsymbol{u}=\boldsymbol{q}^*} \leqq \left.\frac{\partial f(\boldsymbol{u})}{\partial u_{j_0}}\right|_{\boldsymbol{u}=\boldsymbol{q}^*}, \quad j \neq j_0 \tag{5.20}$$

が成立する．よって，式 (5.19) で $j = j_0$, 式 (5.20) で $j = k_0$ とすれば，$\left.\dfrac{\partial f(\boldsymbol{u})}{\partial u_{j_0}}\right|_{\boldsymbol{u}=\boldsymbol{q}^*} = \left.\dfrac{\partial f(\boldsymbol{u})}{\partial u_{k_0}}\right|_{\boldsymbol{u}=\boldsymbol{q}^*}$ が導かれる．以下同様に，$q_j^* > 0$ であるすべての j に関して同じ議論が成立し，結局

$$\left.\frac{\partial f(\boldsymbol{u})}{\partial u_{j_1}}\right|_{\boldsymbol{u}=\boldsymbol{q}^*} = \cdots = \left.\frac{\partial f(\boldsymbol{u})}{\partial u_{j_m}}\right|_{\boldsymbol{u}=\boldsymbol{q}^*}, \quad \text{for all } j_i \text{ such that } q_{j_i}^* > 0$$

が成立する．よって，偏導関数のこの値を K として，式 (5.16) が成立する．

(b) 次に，$\lim_{u_j \to q_j^* = 0} \dfrac{\partial f(\boldsymbol{u})}{\partial u_j} = +\infty$ となる場合を考える．すると，$\boldsymbol{q}^* (\in R_n)$ は $f(\boldsymbol{u})$ を最大にする点ではないことが示される．実際，$\boldsymbol{q}^* \in R_n$ において，$\lim_{u_j \to q_j^* = 0} \dfrac{\partial f(\boldsymbol{u})}{\partial u_j} = +\infty$ であったとすると，式 (5.18) で与えられる R_n の点 $\boldsymbol{q}$ に関して，

$$\frac{f(\boldsymbol{q}) - f(\boldsymbol{q}^*)}{\varepsilon} = \frac{f(\boldsymbol{q}^* - \varepsilon \boldsymbol{e}_{k_0} + \varepsilon \boldsymbol{e}_j) - f(\boldsymbol{q}^*)}{\varepsilon}$$
$$= \frac{f(\boldsymbol{q}^* - \varepsilon \boldsymbol{e}_{k_0} + \varepsilon \boldsymbol{e}_j) - f(\boldsymbol{q}^* + \varepsilon \boldsymbol{e}_j)}{\varepsilon} + \frac{f(\boldsymbol{q}^* + \varepsilon \boldsymbol{e}_j) - f(\boldsymbol{q}^*)}{\varepsilon}$$

が成立する．ここで，$\varepsilon \to +0$ とすると，右辺第 1 項は，$\lim_{u_{k_0} \to q_{k_0}^* (>0)} \dfrac{\partial f(\boldsymbol{u})}{\partial u_{k_0}}$ になり，$q_{k_0}^* > 0$ であるから，補題の条件より有限である．一方，第 2 項は $\lim_{u_j \to q_j^* = 0} \dfrac{\partial f(\boldsymbol{u})}{\partial u_j}$ で，仮定により $+\infty$ に発散する．したがって，$\varepsilon (> 0)$ を十分小さく選べば，$f(\boldsymbol{q} := \boldsymbol{q}^* + \varepsilon \boldsymbol{e}_{k_0} - \varepsilon \boldsymbol{e}_1) > f(\boldsymbol{q}^*)$ が成立し，$f(\boldsymbol{q}^*)$ は最大値でない．

5.2.2 通信路容量

定義〔5.2.4〕通信路容量：式 (5.11) で与えられる，離散無記憶通信路の平均伝達情報量 $I(X;Y)$ は，通信路遷移確率 $p_{Y|X}(y_k|x_j)$ $(j = 1, 2, \ldots, J;\ k = 1, 2, \ldots, K)$ で定まる，通信路入力 (送信) シンボルの出現確率 $\boldsymbol{p} = (p(x_1), p(x_2), \ldots, p(x_J)) \in R_J$ の関数であり，再掲すると，

$$I_0(\boldsymbol{p}) := I(X;Y) = \sum_{x \in X} \sum_{y \in Y} p(y|x) p(x) \ln \frac{p(y|x)}{\sum_{x' \in X} p(y|x') p(x')} \quad (5.21)$$

である[†1]. このとき，$I_0(\boldsymbol{p})$ ($\boldsymbol{p} \in R_J$) の最大値

$$C := \max_{\boldsymbol{p} \in R_J} I_0(\boldsymbol{p}) \tag{5.22}$$

が存在し，これは通信路遷移確率 $p(y|x)$ ($x \in X, y \in Y$) だけで定まる通信路固有の量で，**通信路容量** (channel capacity) と呼ばれる．　　□

6章で示すように，通信路容量 C は，その通信路を使って「誤りなく伝達できる情報量」の上限であり，通信理論において第一に重要な量である．

定理〔5.2.5〕 式 (5.21) で与えられる平均伝達情報量 $I_0(\boldsymbol{p})$ ならびにその最大値である通信路容量 $C := \max_{\boldsymbol{p}} I_0(\boldsymbol{p})$ に関して，以下が成立する：

(1) $I_0(\boldsymbol{p})$ ($\boldsymbol{p} \in R_J$) は補題〔5.2.3〕の関数 $f(\boldsymbol{p})$ の条件を満たす．すなわち $I_0(\boldsymbol{p})$ は，**(1-a)** 上に凸な関数 (定義式 (4.65)) であり，**(1-b)** 連続偏微分可能で，偏導関数 $\dfrac{\partial I_0(\boldsymbol{p})}{\partial p(x_j)}$ は，$p(x_j) \to +0$ においてのみ $+\infty$ となり得る．

(2) 通信路入力シンボルの確率分布 $\boldsymbol{p}^* = (p^*(x_1), p^*(x_2), \ldots, p^*(x_J)) \in R_J$ が $I_0(\boldsymbol{p})$ を最大にする，すなわち，$C = I_0(\boldsymbol{p}^*)$ であるための必要十分条件は，

$$\sum_{y \in Y} p(y|x_j) \ln \frac{p(y|x_j)}{\displaystyle\sum_{x' \in X} p(y|x')p(x')} \begin{cases} = C, & \text{if } p^*(x_j) > 0, \\ \leq C, & \text{if } p^*(x_j) = 0. \end{cases} \tag{5.23}$$

(証明) **(1-a)** $\boldsymbol{p}_1 := (p_1(x_1), p_1(x_2), \ldots, p_1(x_J))$, $\boldsymbol{p}_2 := (p_2(x_1), p_2(x_2), \ldots, p_2(x_J))$ とすれば，$0 < \theta < 1$ に対して，

$$\begin{aligned}
&I_0(\theta \boldsymbol{p}_1 + (1-\theta)\boldsymbol{p}_2) \\
&= \sum_{x \in X} \sum_{y \in Y} p(y|x)\{\theta p_1(x) + (1-\theta)p_2(x)\} \\
&\quad \times \ln \frac{p(y|x)}{\displaystyle\sum_{x' \in X} p(y|x')\{\theta p_1(x') + (1-\theta)p_2(x')\}}
\end{aligned}$$

[†1] R_J は式 (5.13) で定義される，J 次元確率ベクトルの集合である．また，通信路遷移確率 $p_{Y|X}(y|x)$ は定数 (固定) であることに注意する．さらに，記法の簡単のため，$p_X(x)$, $p_{Y|X}(y|x)$ などを $p(x)$, $p(y|x)$ などと略記している．

$$
\begin{aligned}
= {} & \theta \sum_{x \in X} \sum_{y \in Y} p(y|x) p_1(x) \ln p(y|x) + (1-\theta) \sum_{x \in X} \sum_{y \in Y} p(y|x) p_2(x) \ln p(y|x) \\
& - \sum_{x \in X} \sum_{y \in Y} p(y|x) \{\theta p_1(x) + (1-\theta) p_2(x)\} \\
& \qquad \times \ln \left[\sum_{x' \in X} p(y|x') \{\theta p_1(x') + (1-\theta) p_2(x')\} \right] \\
= {} & \theta \sum_{x \in X} \sum_{y \in Y} p(y|x) p_1(x) \ln p(y|x) + (1-\theta) \sum_{x \in X} \sum_{y \in Y} p(y|x) p_2(x) \ln p(y|x) \\
& - \sum_{y \in Y} \{\theta\, q_1(y) + (1-\theta)\, q_2(y)\} \ln \{\theta\, q_1(y) + (1-\theta)\, q_2(y)\} \qquad (5.24)
\end{aligned}
$$

が成立する.ただし,最後の式 (の 2 行目) では,

$$
q_1(y) := \sum_{x \in X} p(y|x) p_1(x), \quad q_2(y) := \sum_{x \in X} p(y|x) p_2(x)
$$

とおいている.ここで,$h(x) := -x \ln x \ (x > 0)$ が上に凸の関数である ($h''(x) = -1/x < 0$ より,補題〔4.7.3〕から導かれる.図 **5.8** 参照) ことに注意すれば,式 (5.24) の 2 行目の総和の各項で,

$$
-\{\theta q_1 + (1-\theta) q_2\} \ln \{\theta q_1 + (1-\theta) q_2\} \geq -\theta q_1 \ln q_1 - (1-\theta) q_2 \ln q_2
$$

が成り立ち,これより,下記のようにして所望の結果が導かれる:

$$
\begin{aligned}
& I_0(\theta \boldsymbol{p}_1 + (1-\theta) \boldsymbol{p}_2) \\
& \geq \theta \sum_{x \in X} \sum_{y \in Y} p(y|x) p_1(x) \ln p(y|x) + (1-\theta) \sum_{x \in X} \sum_{y \in Y} p(y|x) p_2(x) \ln p(y|x)
\end{aligned}
$$

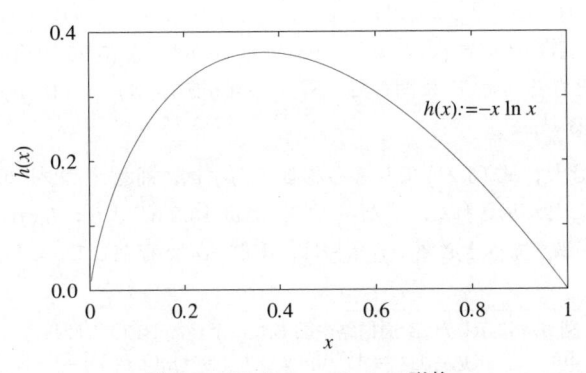

図 **5.8**　$h(x) := -x \ln x$ の形状

$$-\sum_{y \in Y}\bigl[\theta q_1(y)\ln q_1(y) + (1-\theta)q_2(y)\ln q_2(y)\bigr]$$

$$= \theta \sum_{x \in X}\sum_{y \in Y} p(y|x)p_1(x)\ln p(y|x) + (1-\theta)\sum_{x \in X}\sum_{y \in Y} p(y|x)p_2(x)\ln p(y|x)$$

$$-\theta \sum_{y \in Y}\sum_{x \in X} p(y|x)p_1(x)\ln q_1(y) - (1-\theta)\sum_{y \in Y}\sum_{x \in X} p(y|x)p_2(x)\ln q_2(y)$$

$$= \theta \sum_{x \in X}\sum_{y \in Y} p(y|x)p_1(x)\ln\frac{p(y|x)}{q_1(y)} + (1-\theta)\sum_{x \in X}\sum_{y \in Y} p(y|x)p_2(x)\ln\frac{p(y|x)}{q_2(y)}$$

$$= \theta I_0(\boldsymbol{p}_1) + (1-\theta)I_0(\boldsymbol{p}_2).$$

(1-b) 式 (5.21) の $I_0(\boldsymbol{p})$ を $p(x_j)$ に関して実際に偏微分すれば,

$$\frac{\partial I_0(\boldsymbol{p})}{\partial p(x_j)} = \sum_{y \in Y} p(y|x_j)\ln\frac{p(y|x_j)}{\sum_{x' \in X} p(y|x')p(x')}$$

$$-\sum_{x \in X}\sum_{y \in Y} p(y|x)p(x)\frac{p(y|x_j)}{\sum_{x' \in X} p(y|x')p(x')}$$

$$= \sum_{y \in Y} p(y|x_j)\ln\frac{p(y|x_j)}{\sum_{x' \in X} p(y|x')p(x')} - \sum_{y \in Y} p(y)\frac{p(y|x_j)}{\sum_{x' \in X} p(y|x')p(x')}$$

$$= \sum_{y \in Y} p(y|x_j)\ln\frac{p(y|x_j)}{\sum_{x' \in X} p(y|x')p(x')} - \sum_{y \in Y} p(y|x_j)$$

$$= \sum_{y \in Y} p(y|x_j)\ln p(y|x_j) - \sum_{y \in Y} p(y|x_j)\ln\Bigl\{\sum_{x' \in X} p(y|x')p(x')\Bigr\} - 1 \quad (5.25)$$

が得られ, これは確かに $\boldsymbol{p} = (p(x_1), p(x_2), \ldots, p(x_J)) \in R_J$ の連続関数である. また, この偏導関数が非有界 (この場合 $+\infty$) となるのは, 式 (5.25) の第 2 項において, $p(y|x_j) > 0$ となる $y \in Y$ に関して, $\sum_{x' \in X} p(y|x')p(x') \to +0 \;(p(x_j) \to +0)$ となるときである [†1].

(2) 以上により, 式 (5.21) で与えられる $I_0(\boldsymbol{p})$ は, 補題〔5.2.3〕の関数 $f(\boldsymbol{p})$ の条件を満たすことが示された. したがって, 補題〔5.2.3〕より, $I_0(\boldsymbol{p})$ を最大にする点 $\boldsymbol{p}^* \in R_J$ が満たすべき必要十分条件は, 実数 K_0 が存在して,

---

[†1] 例えば, 図 **5.4** に示した Z 通信路や図 **5.5** に示した BEC では共に
$$\lim_{p(x=1) \to +0} -p(y=1|x=1)\ln[p(y=1|x=1)p(x=1)] = +\infty$$
となる. 一方, 図 **5.3** に示した BSC では $+\infty$ となることはない.

$$\left.\frac{\partial I_0(\boldsymbol{p})}{\partial p(x_j)}\right|_{\boldsymbol{p}=\boldsymbol{p}^*} \begin{cases} = K_0, & \text{if } p^*(x_j) > 0, \\ \leq K_0, & \text{if } p^*(x_j) = 0 \end{cases} \tag{5.26}$$

が成立することである．式 (5.25) を式 (5.26) に代入すればわかるように，この条件は，$K_0 = C - 1$ であれば式 (5.23) に等しい．すなわち，$K_0 = I_0(\boldsymbol{p}^*) - 1$ がいえれば，$C = I_0(\boldsymbol{p}^*)$ として式 (5.23) が成立し，証明は終わる．

式 (5.25) を式 (5.26) に代入した式において，その両辺に $p^*(x_j)$ を乗じて $x_j \in X$ について総和をとれば，$\sum_{x_j \in X} p^*(x_j) = 1$ より，直ちに所望の結果

$$K_0 = \sum_{x \in X} \sum_{y \in Y} p(y|x) p^*(x) \ln \frac{p(y|x)}{\sum_{x' \in X} p(y|x') p^*(x')} - 1 = I_0(\boldsymbol{p}^*) - 1$$

が得られる．(式 (5.26) で不等号のケースは，$p^*(x_j) = 0$ であるため結果に現れない)．

5.2.3 基本的な通信路の通信路容量

本節では，代表的かつ基本的ないくつかの通信路の容量を示す．ここで取り扱う通信路の多くは次に述べる「対称性」を有し，「対称」な通信路の容量は比較的簡単に求められる．なお，通信路容量の一般的な計算法は有本により与えられているが，本書では割愛する（文献 4), 32) などを参照されたい）．

定義〔5.2.6〕対称通信路：一つの行列 A において，すべての行が他の行の置換になっていると同時に，すべての列が他の列の置換になっているとき，行列 A は対称であるといわれる．（いわゆる「対称行列」とは異なることに注意）．

式 (5.4) に与えられる通信路行列において，通信路出力のアルファベット $Y = \{y_1, y_2, \ldots, y_K\}$ を，

$$\left. \begin{aligned} &Y_i = \{y_{i,1}, y_{i,2}, \ldots, y_{i,K_i}\} \ (i = 1, 2, \ldots, S) \\ &Y_i \cap Y_j = \emptyset, \quad \cup_i Y_i = Y \end{aligned} \right\} \tag{5.27}$$

のように分割したとき，通信路入力 $X = \{x_1, x_2, \ldots, x_J\}$ から各部分出力 $Y_i = \{y_{i,1}, y_{i,2}, \ldots, y_{i,K_i}\}$ への遷移行列（J 行 K_i 列）がすべて対称であるとき，この通信路は対称であるといわれる． □

対称通信路は，通信路の図形的な対称性と同一の概念ではないことに注意されたい．例えば図 **5.9** の通信路は対称通信路ではない (通信路行列を書いてみよ)．他の具体的な例については，例〔5.2.8〕を参照されたい．

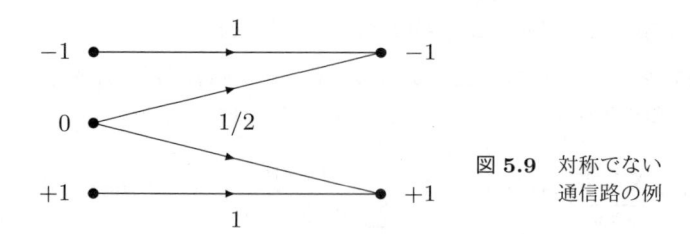

図 **5.9** 対称でない通信路の例

定理〔5.2.7〕 対称通信路の通信路容量は，通信路への入力シンボル $x_1, x_2, \ldots, x_J$ が「等確率 $1/J$」で発生するときに達成される．

(証明) 入力シンボル $x_1, x_2, \ldots, x_J$ が等確率 $1/J$ で発生するとき，すべての x_j に対して，式 (5.23) の第 1 式が成立することを示せばよい．

(1) まず，出力シンボル y_a, y_b が，一つの分割 Y_i に入っているならば，$[p(y_a|x_1), p(y_a|x_2), \ldots, p(y_a|x_J)]$ と $[p(y_b|x_1), p(y_b|x_2), \ldots, p(y_b|x_J)]$ は互いに他方の置換になっている．よって，$p_X(x) = 1/J$ のとき，式 (5.23) 左辺の対数の項の分母で，$(1/J) \sum_{x \in X} p(y_a|x) = (1/J) \sum_{x \in X} p(y_b|x)$ が成り立つ (すべて等しい)．

(2) 次に，式 (5.23) 左辺の総和 $\sum_{y \in Y}$ を，Y の分割 $Y_1, Y_2, \ldots, Y_S$ に従って，

$$\sum_{y \in Y_1} + \sum_{y \in Y_2} + \cdots + \sum_{y \in Y_S}$$

のように分割する．すると，一つの部分和 $\sum_{y \in Y_k}$ の中では，$[p(y_{k,1}|x_a), p(y_{k,2}|x_a), \ldots, p(y_{k,K_i}|x_a)]$ と $[p(y_{k,1}|x_b), p(y_{k,2}|x_b), \ldots, p(y_{k,K_i}|x_b)]$ は互いに他方の置換になっている．よって，上記 (1) の結果を使えば，$\sum_{y \in Y_k}$ の和は，x_j によらず同じ値をとる．さらに，$Y_1, Y_2, \ldots, Y_S$ の各々で同一の値をとる部分和を足しても同一の値が得られるから，式 (5.23) 左辺の総和は，x_j によらず常に一定となる．

例〔**5.2.8**〕 対称通信路 (定義〔5.2.6〕) の例:

(1) BSC の通信路行列は

$$\begin{array}{c} \begin{array}{cc} y_1 & y_2 \end{array} \\ \begin{array}{c} x_1 \\ x_2 \end{array} \begin{pmatrix} 1-\varepsilon & \varepsilon \\ \varepsilon & 1-\varepsilon \end{pmatrix} \end{array}$$

で与えられ，このままで対称となっている (対称通信路)．よって，定理〔5.2.7〕より，$p_X(x_1) = p_X(x_2) = 1/2$ に対して式 (5.23) の左辺を計算すれば，通信路容量 C が求められる．まず，

$$p_Y(y_1) = p_Y(y_2) = \frac{1}{2}\bigl[(1-\varepsilon)+\varepsilon\bigr] = \frac{1}{2}$$

が得られ，これからすべての $x_j \in X$ に対して

$$C_{\mathrm{BSC}} = \sum_{y \in Y} p(y|x_j) \ln \frac{p(y|x_j)}{\sum_{x' \in X} p(y|x')p(x')} = \sum_{y \in Y} p(y|x_j) \ln \frac{p(y|x_j)}{1/2}$$

$$= \ln 2 - \mathcal{H}_2(\varepsilon) \quad [\text{ナット}] \tag{5.28}$$

が得られ，式 (5.23) の第 1 式が成立する．ただし，$\mathcal{H}_2(\varepsilon) := -\varepsilon \ln \varepsilon - (1-\varepsilon) \ln(1-\varepsilon)$ である．図 **5.10** に，単位を「ナット」から「ビット」に変換した通

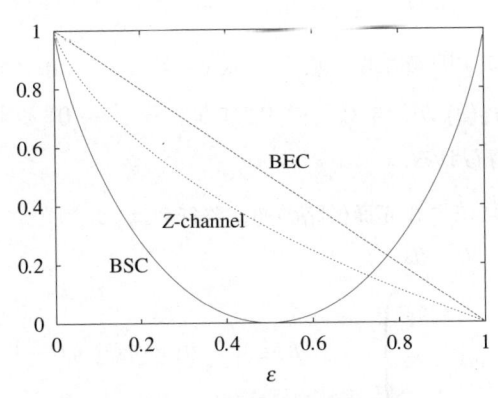

図 **5.10** 2 元通信路の通信路容量

信路容量 $C_{\mathrm{BSC}} = 1 - \mathcal{H}_2(\varepsilon)/\ln 2$ を示している．

(2) 図 **5.5** に示した「2 元消失通信路 (BEC)」の通信路行列は，

$$\begin{array}{c} & y_1 \quad y_2 \quad y_3 \\ \begin{array}{c} x_1 \\ x_2 \end{array} & \begin{pmatrix} 1-\delta & \delta & 0 \\ 0 & \delta & 1-\delta \end{pmatrix} \end{array}$$

で与えられ，出力アルファベットを $Y = \{y_1, y_3\} \cup \{y_2\}$ と分割すると，二つの遷移行列

$$\begin{array}{c} & y_1 \quad y_3 \\ \begin{array}{c} x_1 \\ x_2 \end{array} & \begin{pmatrix} 1-\delta & 0 \\ 0 & 1-\delta \end{pmatrix} \end{array}, \quad \begin{array}{c} & y_2 \\ \begin{array}{c} x_1 \\ x_2 \end{array} & \begin{pmatrix} \delta \\ \delta \end{pmatrix} \end{array}$$

が得られ，共に対称である．よって，BEC は対称通信路であり，その通信路容量は，定理〔5.2.7〕に基づいて式 (5.23) の左辺を計算することにより，

$$C_{\mathrm{BEC}} = (1-\delta)\ln 2 \quad [\text{ナット}] \tag{5.29}$$

と求められる (章末問題 **5.4** 参照)．

(3) 図 **5.7** に示した "2 元対称通信路 (BSC) と 2 元消失通信路 (BEC) を縦続接続して得られる通信路" も上記 (2) と同じ対称性を有し，対称通信路となる．この通信路の容量は

$$\begin{aligned} C =& (1-\delta)\ln 2 + (1-\delta-\varepsilon')\ln(1-\delta-\varepsilon') \\ & - (1-\delta)\ln(1-\delta) + \varepsilon'\ln\varepsilon' \quad [\text{ナット}] \end{aligned} \tag{5.30}$$

で与えられる (章末問題 **5.5** 参照)．上式で，特に $\delta \to 0$ とすれば BSC の通信路容量 $\ln 2 - \mathcal{H}_2(\varepsilon)$ が，また $\varepsilon \to 0$ (すなわち $\varepsilon' \to 0$) とすれば BEC の容量 $(1-\delta)\ln 2$ が得られる．

(4) 図 **5.11** に示す 3 元通信路の通信路行列は

$$\begin{array}{c} & y_1 \quad y_2 \quad y_3 \\ \begin{array}{c} x_1 \\ x_2 \\ x_3 \end{array} & \begin{pmatrix} q_1 & q_2 & q_3 \\ q_3 & q_1 & q_2 \\ q_2 & q_3 & q_1 \end{pmatrix} \end{array}, \quad q_i \geq 0, \quad q_1 + q_2 + q_3 = 1$$

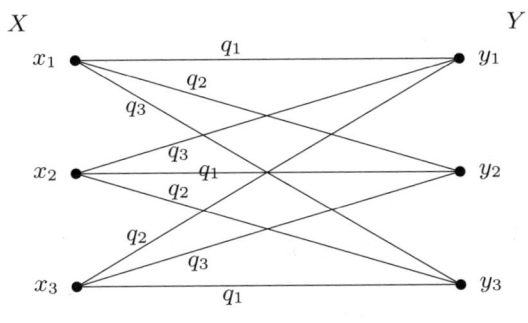

図 5.11　3元対称通信路

で与えられ，定義〔5.2.6〕の対称条件を満たす．この通信路の容量は

$$C_{\text{TSC}} = \ln 3 + \sum_{i=1}^{3} q_i \ln q_i \quad [\text{ナット}] \tag{5.31}$$

で与えられる (章末問題 **5.6** 参照)．

〔**5.2.9**〕対称でない通信路の例：代表例は図 **5.4** に示した Z 通信路である．ここでは，より一般的な図 **5.12** の通信路を考える．この通信路の通信路行列は，

$$\begin{array}{c} & y_1 \quad y_2 \\ \begin{array}{c} x_1 \\ x_2 \end{array} & \begin{pmatrix} 1-\delta & \delta \\ \varepsilon & 1-\varepsilon \end{pmatrix} \end{array}$$

で与えられ，$\delta = \varepsilon$ の場合 (BSC) を除いて対称通信路 (定義〔5.2.6〕) とはならず，定理〔5.2.7〕は成立しない．よって，通信路容量は，定義式 (5.22) に従っ

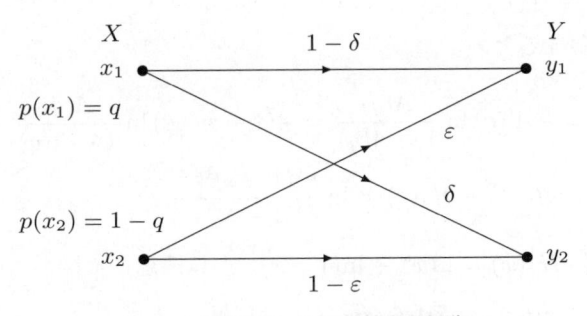

図 5.12　2元非対称通信路

て，平均伝達情報量の最大値を求める必要がある．下で見るように，最大値を与える入力シンボルの確率は等確率とはならない．

(i) 図に示すように，$p(x_1) = q$, $p(x_2) = 1-q$ とすると，

$$p(x_1, y_1) = p(y_1|x_1)p(x_1) = (1-\delta)q,$$
$$p(x_1, y_2) = p(y_2|x_1)p(x_1) = \delta q,$$
$$p(x_2, y_1) = p(y_1|x_2)p(x_2) = \varepsilon(1-q),$$
$$p(x_2, y_2) = p(y_2|x_2)p(x_2) = (1-\varepsilon)(1-q)$$

であり，下記が得られる：

$$p(y_1) = p(x_1, y_1) + p(x_2, y_1) = (1-\delta)q + \varepsilon(1-q)$$
$$= \varepsilon + (1-\delta-\varepsilon)q =: A(q),$$
$$p(y_2) = p(x_1, y_2) + p(x_2, y_2) = 1 - A(q).$$

(ii) よって，$I(X;Y) = H(Y) - H(Y|X)$ は次で与えられる：

$$H(Y) = \sum_i -p(y_i) \ln p(y_i) = \mathcal{H}_2(A(q)),$$
$$H(Y|X) = \sum_{i,j} -p(y_i, x_j) \ln p(y_i|x_j) = q\mathcal{H}_2(\delta) + (1-q)\mathcal{H}_2(\varepsilon).$$

(iii) $I(X;Y) = H(Y) - H(Y|X)$ の最大値を求めるために，$q := p(x_1)$ に関する微分を計算すると，

$$H'(Y) = -A'(q) \ln \frac{A(q)}{1-A(q)} = -(1-\delta-\varepsilon) \ln \frac{A(q)}{1-A(q)},$$
$$H'(Y|X) = \mathcal{H}_2(\delta) - \mathcal{H}_2(\varepsilon) = \ln \frac{\varepsilon^\varepsilon (1-\varepsilon)^{1-\varepsilon}}{\delta^\delta (1-\delta)^{1-\delta}}$$
$$(-\mathcal{H}_2(x) = \ln x^x + \ln(1-x)^{1-x} \text{ に注意}),$$
$$I'(X;Y) = H'(Y) - H'(Y|X)$$

$$= \ln \frac{\{1-A(q)\}^{1-\delta-\varepsilon}}{A(q)^{1-\delta-\varepsilon}} - \ln \frac{\varepsilon^\varepsilon(1-\varepsilon)^{1-\varepsilon}}{\delta^\delta(1-\delta)^{1-\delta}}$$

となり，$I'(X;Y) = 0$ の条件として，

$$\left.\begin{array}{l} \dfrac{1-A(q)}{A(q)} = \left[\dfrac{\varepsilon^\varepsilon(1-\varepsilon)^{1-\varepsilon}}{\delta^\delta(1-\delta)^{1-\delta}}\right]^{\frac{1}{1-\delta-\varepsilon}} =: \alpha, \\ A(q) = \varepsilon + (1-\delta-\varepsilon)q = \dfrac{1}{1+\alpha} \end{array}\right\} \quad (5.32)$$

が得られ，これより，$I(X;Y)$ を最大とする q の値として，

$$q_0 := \frac{1}{(1-\delta-\varepsilon)}\left[\frac{1}{1+\alpha} - \varepsilon\right] \quad (5.33)$$

が求まる．これを，上記 (ii) で求めた $I(X;Y)$ に代入して，次が得られる：

$$C = \mathcal{H}_2(A(q_0)) - q_0\mathcal{H}_2(\delta) - (1-q_0)\mathcal{H}_2(\varepsilon) \quad [\text{ナット}]. \quad (5.34)$$

(A) $\delta = \varepsilon$ (BSC) のとき：式 (5.32), (5.33) より，

$$\alpha = 1, \quad A(q_0) = \frac{1}{1+\alpha} = \frac{1}{2}, \quad q_0 = \frac{1}{1-2\varepsilon}\left[\frac{1}{2} - \varepsilon\right] = \frac{1}{2}$$

が得られ，式 (5.34) より，

$$C_{\text{BSC}} = \ln 2 - \mathcal{H}_2(\varepsilon) \quad [\text{ナット}]. \quad (5.35)$$

(B) $\delta = 0$ (図 **5.4** の Z-通信路) のとき：$\lim_{\delta \to +0} \delta \ln \delta = 0$ すなわち $\lim_{\delta \to +0} \delta^\delta = 1$ であることに注意すれば，式 (5.32), (5.33) より，

$$\alpha = \left[\varepsilon^\varepsilon(1-\varepsilon)^{1-\varepsilon}\right]^{\frac{1}{1-\varepsilon}} = \varepsilon^{\frac{\varepsilon}{1-\varepsilon}}(1-\varepsilon), \quad A(q_0) = \frac{1}{1+\alpha},$$

$$q_0 = \frac{1}{1-\varepsilon}\left[\frac{1}{1+\alpha} - \varepsilon\right] = \frac{1 - \frac{\varepsilon\alpha}{1-\varepsilon}}{1+\alpha} = \frac{1 - \varepsilon^{\frac{1}{1-\varepsilon}}}{1+\alpha}$$

が得られ，式 (5.34) に代入して，通信路容量は次のように求まる：

$$C_{Z\text{-ch}} = \ln(1+\alpha) = \ln\left(1 + \varepsilon^{\frac{\varepsilon}{1-\varepsilon}}(1-\varepsilon)\right) \quad [\text{ナット}]. \quad (5.36)$$

章 末 問 題

5.1 式 (5.9) ならびに式 (5.10) の関係が成立することを示せ．(式 (5.12) の証明も参照)．

5.2 式 (5.8), (5.9), (5.10) と，エントロピーの非負性ならびに $I(X;Y) \geq 0$ より，

$$\left.\begin{aligned} H(XY) &= H(X|Y) + H(Y) = H(Y|X) + H(X), \\ H(XY) &\leq H(X) + H(Y), \quad H(X|Y) \leq H(X) \leq H(XY), \\ H(Y|X) &\leq H(Y) \leq H(XY) \end{aligned}\right\} \quad (5.37)$$

が成立することを示せ．

5.3 式 (5.12) において，それぞれの等号が成立する通信路を求めよ．

5.4 図 **5.5** に示した「2 元消失通信路」(対称通信路) の通信路容量が，式 (5.29) で与えられることを，式 (5.23) の左辺を計算することによって示せ．

5.5 図 **5.7** に示した「2 元対称通信路 (BSC) と 2 元消失通信路 (BEC) の縦続接続によって得られる通信路」の通信路容量が式 (5.30) で与えられることを示せ．(式 (5.5) で与えられる通信路が対称であることを示し，定理〔5.2.7〕および式 (5.23) を用いよ)．

5.6 図 **5.11** に示した「3 元対称通信路」の通信路容量が式 (5.31) で与えられることを示せ．(通信路は対称である．定理〔5.2.7〕および式 (5.23) を用いよ)．

5.7 図 **5.5** に示した「2 元消失通信路」の通信路容量 (式 (5.29)) を，相互情報量の最大値を計算することにより求めよ．(〔5.2.9〕の計算を確認せよ)．

6 通信路符号化定理

6.1 情報伝達の例と通信路符号化定理

〔6.1.1〕まず，〔5.1.1〕(図 **5.3**) に示した 2 元対称通信路 (BSC) を通して，等確率で発生する 2 元の情報シンボル a_0, a_1 を伝送することを考えてみよう．

(1) 単純に何もせず，情報シンボル a_0, a_1 を通信路シンボル $0, 1$ に対応付けて，そのまま BSC に送り込む場合を考えよう．ただし，通信路は，1 秒間に一つの通信路シンボルを伝送できるものとする．すると，送られる情報の速度 R は "1"［ビット/秒］である．また，受信機では，受信シンボルをそのまま復号する（「$0 \to a_0$」，「$1 \to a_1$」）ものとする．すると，正しい復号の確率 P_C は $1-\varepsilon$，誤りの確率 P_E は ε ということになる．

(2) 次に，情報シンボル a_0, a_1 を，$\boldsymbol{c}_0 = (000)$，$\boldsymbol{c}_0 = (111)$ に変換 (符号化) して通信路に送り出す場合を考えよう．受信機では，受信語を多数決により復号する，すなわち，「0 が二つ以上であれば $\boldsymbol{c}_0$」，「1 が二つ以上 (0 が一つ以下) であれば $\boldsymbol{c}_1$」と判定する．すると，簡単な計算により，情報が正しく復号される確率は $P_C = (1-\varepsilon)^3 + 3(1-\varepsilon)^2\varepsilon = 1 - \varepsilon^2(3-2\varepsilon)$，誤って復号される確率は $P_E = 3(1-\varepsilon)\varepsilon^2 + \varepsilon^3 = \varepsilon^2(3-2\varepsilon)$ となる．通常 ε は小さいので，本方式により復号性能は大幅に改善される．ただし，一つの情報シンボルを送るのに 3 秒掛かるので，情報伝達速度 R は "1/3"［ビット/秒］に減じている．□

上記は，まったく単純な，(ほとんど) 何の工夫もしない場合であるが，情報伝

達速度 R を犠牲にすれば，復号誤りの確率 P_E を小さくできることがわかる．

では，最大限の工夫をするとしたら，情報伝達速度 R と復号誤り確率 P_E の大きさに関して，何がいえるであろうか？ 驚くべきことに，「情報伝達速度」R が，前章に示した通信路容量 C より小さければ，そしてそのときに限って「誤りなしに」情報を伝達することができるのである．すなわち，次が成立する[†1]．

定理〔6.1.2〕(1) $R < C$ ならば，符号語誤り率 P_E が $P_E \to 0$ (符号長 $n \to \infty$) となる (ブロック) 符号が存在する．($R < C$ の十分性)．

(2) 逆に，$R > C$ ならば，いかなる (ブロック) 符号を用いても，誤り確率を任意に小さくすることは不可能である．($R < C$ の必要性)． □

上記定理の (1) を**通信路符号化定理**と呼ぶ．(2) は (1) の逆であり，**通信路「逆」符号化定理**と呼ばれる．以下本章では，これらが成立することを解説する．

6.2 最大事後確率復号法と最尤復号法

〔6.2.1〕 ここでは，多少一般的な通信システムとして，送信語の集合が $\mathcal{X} := \{x_1, x_2, \ldots, x_M\}$，受信語の集合が $\mathcal{Y} := \{y_1, y_2, \ldots, y_N\}$ で，送信語の発生確率 $\{p_\mathcal{X}(x_i)\}_i$ と通信路を規定する遷移確率 $\{p_{\mathcal{Y}|\mathcal{X}}(y_j|x_i)\}_{i,j}$ によって記述される通信システムを考える[†2]．通信において最も重要な仕事は，受信語 $y \in \mathcal{Y}$ を受信して，送信された符号語が何であるかを推定することである．その際の評価基準は，「正しい復号」の確率 (あるいは「誤り復号」の確率) である．

〔6.2.2〕 正しい復号の確率：復号器は，すべての受信語 $y \in \mathcal{Y}$ に対して，推定送信語 $\widehat{x} \in \mathcal{X}$ を一つ出力するものとする[†3]．すると，「復号器の機能」は，受信語の集合 $\mathcal{Y}$ から送信語の集合 $\mathcal{X}$ への変換 (写像) $\delta : \mathcal{Y} \to \mathcal{X}$

$$\delta(y) = x \ (\in \mathcal{X}), \text{ for } y \in R(x) \ (\subset \mathcal{Y}) \tag{6.1}$$

[†1] 「情報伝達速度」R や (ブロック) 符号の定義については，〔6.3.1〕を参照されたい．
[†2] 送受信語の集合を有限集合としているが，無限集合の場合も同様の議論が可能である．
[†3] 例えば，送信語の集合にはない "判定不能" というような出力を許す復号器もあり得る．

を行うことに他ならない．ただし，$R(\boldsymbol{x})$ は，復号器の出力が $\boldsymbol{x}\ (\in \mathcal{X})$ である受信語集合 $\mathcal{Y}$ の部分集合を表し，次の条件

$$\mathcal{Y} = \bigcup_{\boldsymbol{x} \in \mathcal{X}} R(\boldsymbol{x}), \quad R(\boldsymbol{x}) \cap R(\boldsymbol{x}') = \emptyset \ \text{ if } \boldsymbol{x} \neq \boldsymbol{x}' \tag{6.2}$$

を満たすものとする．式 (6.2) を満たす $\{R(\boldsymbol{x})\}_{\boldsymbol{x} \in \mathcal{X}}$ を，$\mathcal{Y}$ の分割あるいは復号領域と呼ぶ．(図 **6.1** 参照)．

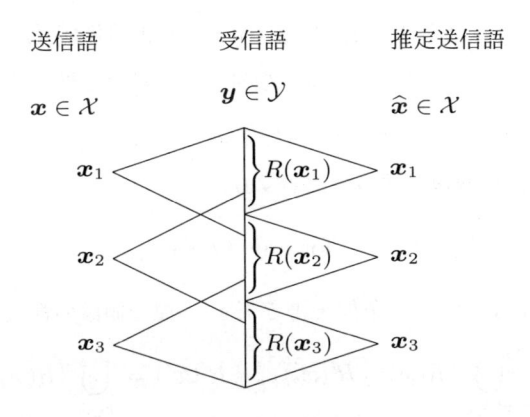

図 6.1 復号領域 $\{R(\boldsymbol{x}_m)\}_{m=1}^M$ の概念図 ($M=3$ の場合)

さて，$\boldsymbol{x}_m\ (\in \mathcal{X})$ が送信され，$\boldsymbol{y} \in \mathcal{Y}$ が受信されたとき，$\boldsymbol{y} \in R(\boldsymbol{x}_m)$ であれば，復号器出力として実際に送信された符号語 $\delta(\boldsymbol{y}) = \boldsymbol{x}_m$ が出力され，正しい復号が行われる．逆に，$\boldsymbol{y} \notin R(\boldsymbol{x}_m)$，すなわち $\boldsymbol{y} \in R^{\mathrm{C}}(\boldsymbol{x}_m) := \mathcal{Y} \setminus R(\boldsymbol{x}_m)$ であれば誤りが生じる．($R^{\mathrm{C}}(\boldsymbol{x})$ は $R(\boldsymbol{x})$ の補集合を表す)．

以下，$\boldsymbol{x}_m\ (\in \mathcal{X})$ が送信されかつ正しい復号が行われる結合確率を $P^R(\mathrm{C}, \boldsymbol{x}_m)$ で表そう (誤り復号の確率を $P^R(\mathrm{E}, \boldsymbol{x}_m)$ で表す)[†1]．すると，$P^R(\mathrm{C}, \boldsymbol{x}_m)$ は，送信語 $\boldsymbol{x}$ と受信語 $\boldsymbol{y}$ の結合確率 $p_{\mathcal{X}\mathcal{Y}}(\boldsymbol{x}, \boldsymbol{y})$ を用いて，

$$P^R(\mathrm{C}, \boldsymbol{x}_m) = \sum_{\boldsymbol{y} \in R(\boldsymbol{x}_m)} p_{\mathcal{X}\mathcal{Y}}(\boldsymbol{x}_m, \boldsymbol{y}) \tag{6.3}$$

[†1] $P^R(\mathrm{C}, \boldsymbol{x}_m)$，$P^R(\mathrm{E}, \boldsymbol{x}_m)$ において，上付きの R は復号領域 ($\mathcal{Y}$ の分割) を表す．また，C は正しい (Correct) 復号を，E は誤った (Error) 復号を表す．

と表される．これより，送信語集合 $\mathcal{X}$ 全体として正しい復号が行われる (平均) 確率 $P^R(\mathrm{C})$ は，$P^R(\mathrm{C}, \boldsymbol{x})$ の周辺確率として

$$P^R(\mathrm{C}) = \sum_{\boldsymbol{x} \in \mathcal{X}} \sum_{\boldsymbol{y} \in R(\boldsymbol{x})} p_{\mathcal{X}\mathcal{Y}}(\boldsymbol{x}, \boldsymbol{y}) = \sum_{\boldsymbol{x} \in \mathcal{X}} \sum_{\boldsymbol{y} \in R(\boldsymbol{x})} p_{\mathcal{X}|\mathcal{Y}}(\boldsymbol{x}|\boldsymbol{y}) p_{\mathcal{Y}}(\boldsymbol{y}) \qquad (6.4)$$

で与えられる[†1]．式 (6.4) は，送信語集合 $\mathcal{X}$ を用い，分割 $\{R(\boldsymbol{x})\}_{\boldsymbol{x} \in \mathcal{X}}$ を復号領域とする復号器によって，正しく復号される (平均) 確率を表している．

このとき，式 (6.4) で与えられる正しい復号の (平均) 確率 $P^R(\mathrm{C})$ を最大 ($\Leftrightarrow$ 誤り復号の (平均) 確率 $P^R(\mathrm{E})$ を最小) とする復号領域 $\{R(\boldsymbol{x})\}_{\boldsymbol{x} \in \mathcal{X}}$ を**最適復号領域**と呼び，最適復号領域を持つ復号器を**最適復号器**と呼ぶ．

〔6.2.3〕 $\{R(\boldsymbol{x})\}_{\boldsymbol{x} \in \mathcal{X}}$ を "最適" 復号領域，$\{R'(\boldsymbol{x}')\}_{\boldsymbol{x}' \in \mathcal{X}}$ を任意の復号領域とする．すると，最適復号領域の定義より，

$$P^R(\mathrm{C}) - P^{R'}(\mathrm{C}) \geqq 0, \quad \text{for any } \{R'(\boldsymbol{x}')\}_{\boldsymbol{x}' \in \mathcal{X}} \qquad (6.5)$$

である．以下，式 (6.5) の条件を書き下す．復号領域の性質 (式 (6.2)) より

$$R(\boldsymbol{x}) = \bigcup_{\boldsymbol{x}' \in \mathcal{X}} (R(\boldsymbol{x}) \cap R'(\boldsymbol{x}')), \quad R'(\boldsymbol{x}') = \bigcup_{\boldsymbol{x} \in \mathcal{X}} (R(\boldsymbol{x}) \cap R'(\boldsymbol{x}'))$$

が成立し，右辺はいずれも交わりのない集合の和 (直和) となっている．したがって，式 (6.4) において，$\displaystyle\sum_{\boldsymbol{y} \in R(\boldsymbol{x})} = \sum_{\boldsymbol{y} \in \bigcup_{\boldsymbol{x}' \in \mathcal{X}}(R(\boldsymbol{x}) \cap R'(\boldsymbol{x}'))} = \sum_{\boldsymbol{x}' \in \mathcal{X}} \sum_{\boldsymbol{y} \in R(\boldsymbol{x}) \cap R'(\boldsymbol{x}')}$
が成立することに注意すれば，式 (6.5) は次のように書き下される：

$$\begin{aligned} 0 &\leqq P^R(\mathrm{C}) - P^{R'}(\mathrm{C}) \\ &= \sum_{\boldsymbol{x} \in \mathcal{X}} \sum_{\boldsymbol{x}' \in \mathcal{X}} \sum_{\boldsymbol{y} \in R(\boldsymbol{x}) \cap R'(\boldsymbol{x}')} p_{\mathcal{X}|\mathcal{Y}}(\boldsymbol{x}|\boldsymbol{y}) p_{\mathcal{Y}}(\boldsymbol{y}) \\ &\quad - \sum_{\boldsymbol{x}' \in \mathcal{X}} \sum_{\boldsymbol{x} \in \mathcal{X}} \sum_{\boldsymbol{y} \in R(\boldsymbol{x}) \cap R'(\boldsymbol{x}')} p_{\mathcal{X}|\mathcal{Y}}(\boldsymbol{x}'|\boldsymbol{y}) p_{\mathcal{Y}}(\boldsymbol{y}) \\ &= \sum_{\boldsymbol{x} \in \mathcal{X}} \sum_{\boldsymbol{x}' \in \mathcal{X}} \sum_{\boldsymbol{y} \in R(\boldsymbol{x}) \cap R'(\boldsymbol{x}')} \{p_{\mathcal{X}|\mathcal{Y}}(\boldsymbol{x}|\boldsymbol{y}) - p_{\mathcal{X}|\mathcal{Y}}(\boldsymbol{x}'|\boldsymbol{y})\} p_{\mathcal{Y}}(\boldsymbol{y}). \qquad (6.6) \end{aligned}$$

[†1] **(1)** 式 (6.4) の最後の表現については，$p_{\mathcal{X}\mathcal{Y}}(\boldsymbol{x}, \boldsymbol{y}) = p_{\mathcal{Y}|\mathcal{X}}(\boldsymbol{y}|\boldsymbol{x}) p_{\mathcal{X}}(\boldsymbol{x})$ とも書けることから，$P^R(\mathrm{C}) = \sum_{\boldsymbol{x} \in \mathcal{X}} p_{\mathcal{X}}(\boldsymbol{x}) \sum_{\boldsymbol{y} \in R(\boldsymbol{x})} p_{\mathcal{Y}|\mathcal{X}}(\boldsymbol{y}|\boldsymbol{x})$ と表現することもできる．
(2) 式 (6.3), (6.4) の「正しい復号の確率」に対応する，「誤って復号する確率」は，両式で $R(\boldsymbol{x}_m)$ をその補集合 $R^{\mathrm{C}}(\boldsymbol{x}_m)$ で置き換えた式により与えられ，$P^R(\mathrm{E}, \boldsymbol{x}_m) = \sum_{\boldsymbol{y} \in R^{\mathrm{C}}(\boldsymbol{x}_m)} p_{\mathcal{X}\mathcal{Y}}(\boldsymbol{x}_m, \boldsymbol{y})$, $P^R(\mathrm{E}) = \sum_{\boldsymbol{x} \in \mathcal{X}} \sum_{\boldsymbol{y} \in R^{\mathrm{C}}(\boldsymbol{x})} p_{\mathcal{X}\mathcal{Y}}(\boldsymbol{x}, \boldsymbol{y})$ となる．

〔6.2.4〕最大事後確率復号法：「受信語 $\boldsymbol{y} \in \mathcal{Y}$ が与えられたとき，

$$p_{\mathcal{X}|\mathcal{Y}}(\boldsymbol{x}_m|\boldsymbol{y}) \geqq p_{\mathcal{X}|\mathcal{Y}}(\boldsymbol{x}_i|\boldsymbol{y}), \quad \text{for all } \boldsymbol{x}_i \in \mathcal{X} \tag{6.7}$$

を満足する $\boldsymbol{x}_m$ ($\in \mathcal{X}$) を (任意に一つ選んで) 推定送信語とする」復号法を，**最大事後確率復号法** あるいは **MAP**(Maximum A Posteriori probability) **復号法**と呼ぶ．下の命題〔6.2.5〕に示すように，最大事後確率復号法は，式 (6.4) で与えられる正しい復号の確率 $P^R(\mathrm{C})$ を最大にする．

(注意) 式 (6.7) の両辺に $p_{\mathcal{Y}}(\boldsymbol{y})$ (> 0) を乗じ，条件付き確率の定義を用いれば直ちに導かれるように，式 (6.7) の条件は，

$$p_{\mathcal{Y}|\mathcal{X}}(\boldsymbol{y}|\boldsymbol{x}_m)p_{\mathcal{X}}(\boldsymbol{x}_m) \geqq p_{\mathcal{Y}|\mathcal{X}}(\boldsymbol{y}|\boldsymbol{x}_i)p_{\mathcal{X}}(\boldsymbol{x}_i), \quad \text{for all } \boldsymbol{x}_i \in \mathcal{X} \tag{6.8}$$

に等しい．式 (6.8) は，MAP 復号の判定規則が，送信語の出現確率 $p_{\mathcal{X}}(\boldsymbol{x})$ と通信路の遷移確率 $p_{\mathcal{Y}|\mathcal{X}}(\boldsymbol{y}|\boldsymbol{x})$ を用いて求められることを示している．

命題〔6.2.5〕 最大事後確率復号法による復号は，最適復号領域 $\{R(\boldsymbol{x})\}_{\boldsymbol{x} \in \mathcal{X}}$ による復号に等しい．

(証明) $R(\boldsymbol{x}_k, \boldsymbol{x}_i), \widetilde{R}(\boldsymbol{x}_k)$ ($i, k = 1, 2, \ldots, M$) を

$$\left.\begin{aligned} R(\boldsymbol{x}_k, \boldsymbol{x}_i) &:= \{\boldsymbol{y} \in \mathcal{Y} \mid p_{\mathcal{X}|\mathcal{Y}}(\boldsymbol{x}_k|\boldsymbol{y}) \geqq p_{\mathcal{X}|\mathcal{Y}}(\boldsymbol{x}_i|\boldsymbol{y})\}, \\ \widetilde{R}(\boldsymbol{x}_k) &:= \bigcap_{i \neq k} R(\boldsymbol{x}_k, \boldsymbol{x}_i) \end{aligned}\right\} \tag{6.9}$$

で定め，$\{R(\boldsymbol{x}_m)\}_{\boldsymbol{x}_m \in \mathcal{X}}$ を

$$R(\boldsymbol{x}_m) := \widetilde{R}(\boldsymbol{x}_m) \setminus \Big(\bigcup_{i=1}^{m-1} \widetilde{R}(\boldsymbol{x}_i)\Big), \quad m = 1, 2, \ldots, M \tag{6.10}$$

で定義する．以下，この $\{R(\boldsymbol{x}_m)\}_{\boldsymbol{x}_m \in \mathcal{X}}$ が式 (6.7) の定める復号領域に等しく，そして最適復号領域となることを示す．

(1) 明らかに，$\widetilde{R}(\boldsymbol{x}_m) = \{\boldsymbol{y} \in \mathcal{Y} \mid \boldsymbol{y}$ は式 (6.7) を満たす$\}$ が成立する．そして，$R(\boldsymbol{x}_m)$ (式 (6.10)) は，$\widetilde{R}(\boldsymbol{x}_m)$ から $\widetilde{R}(\boldsymbol{x}_i)$ との交わり $\widetilde{R}(\boldsymbol{x}_m) \cap \widetilde{R}(\boldsymbol{x}_i)$ ($i = 1, 2, \ldots,$

$m-1$) を取り除いた集合 ($\subset \mathcal{Y}$) である[†1]．このとき，**(a)**「$R(\boldsymbol{x}_k) \cap R(\boldsymbol{x}_\ell) = \emptyset$ ($k \neq \ell$)」と **(b)**「$\bigcup_m R(\boldsymbol{x}_m) = \bigcup_m \widetilde{R}(\boldsymbol{x}_m)$」が成立することに注意する．

(2) $\{R(\boldsymbol{x})\}_{\boldsymbol{x} \in \mathcal{X}}$ が式 (6.2) を満たすこと：上記 **(a)** が成立しているので，「$\bigcup_{k=1}^M R(\boldsymbol{x}_k) = \mathcal{Y}$」が成立することを示せばよい．

上記 **(b)** に注意して，背理法で証明する．$\boldsymbol{y}_0 \notin \bigcup_k R(\boldsymbol{x}_k) = \bigcup_k \widetilde{R}(\boldsymbol{x}_k)$ が存在したとする．すると，$\boldsymbol{y}_0 \in \big(\bigcup_k \widetilde{R}(\boldsymbol{x}_k)\big)^{\mathrm{C}} = \bigcap_k \widetilde{R}^{\mathrm{C}}(\boldsymbol{x}_k)$ であり，

$$\widetilde{R}^{\mathrm{C}}(\boldsymbol{x}_k) = \big(\bigcap_{i \neq k} R(\boldsymbol{x}_k, \boldsymbol{x}_i)\big)^{\mathrm{C}} = \bigcup_{i \neq k} R^{\mathrm{C}}(\boldsymbol{x}_k, \boldsymbol{x}_i)$$

である．よって，任意の $k_1 \in \{1, 2, \ldots, M\}$ から始めて，

$$\boldsymbol{y}_0 \in \widetilde{R}^{\mathrm{C}}(\boldsymbol{x}_{k_1}) \Rightarrow \exists k_2, \ \boldsymbol{y}_0 \in R^{\mathrm{C}}(\boldsymbol{x}_{k_1}, \boldsymbol{x}_{k_2})$$
$$\boldsymbol{y}_0 \in \widetilde{R}^{\mathrm{C}}(\boldsymbol{x}_{k_2}) \Rightarrow \exists k_3, \ \boldsymbol{y}_0 \in R^{\mathrm{C}}(\boldsymbol{x}_{k_2}, \boldsymbol{x}_{k_3})$$
$$\vdots \quad \vdots$$

が得られる．$R^{\mathrm{C}}(\boldsymbol{x}_k, \boldsymbol{x}_i) = \{\boldsymbol{y} \in \mathcal{Y} \mid p_{\mathcal{X}|\mathcal{Y}}(\boldsymbol{x}_k|\boldsymbol{y}) < p_{\mathcal{X}|\mathcal{Y}}(\boldsymbol{x}_i|\boldsymbol{y})\}$ であることに注意すれば，これは無限の系列

$$p_{\mathcal{X}|\mathcal{Y}}(\boldsymbol{x}_{k_1}|\boldsymbol{y}_0) < p_{\mathcal{X}|\mathcal{Y}}(\boldsymbol{x}_{k_2}|\boldsymbol{y}_0) < p_{\mathcal{X}|\mathcal{Y}}(\boldsymbol{x}_{k_3}|\boldsymbol{y}_0) < \cdots$$

が得られることを意味する．しかるに $k_1, k_2, k_3, \ldots \in \{1, 2, \ldots, M\}$ であるから，これらはすべてが異なることは不可能で，少なくとも同じ添字 (仮りに k_0 とする) が 1 組は現れる．しかるに，それは $p_{\mathcal{X}|\mathcal{Y}}(\boldsymbol{x}_{k_0}|\boldsymbol{y}_0) < p_{\mathcal{X}|\mathcal{Y}}(\boldsymbol{x}_{k_0}|\boldsymbol{y}_0)$ を意味し，矛盾する．

(3) 最後に $\{R(\boldsymbol{x})\}_{\boldsymbol{x} \in \mathcal{X}}$ が最適であることを再び背理法により示す．最適でない，すなわち，$\{R'(\boldsymbol{x}')\}_{\boldsymbol{x}' \in \mathcal{X}}$ が存在して式 (6.5) が成立しない (すなわち $P^R(\mathrm{C}) - P^{R'}(\mathrm{C}) < 0$) とする．すると，式 (6.6) において「$p_{\mathcal{X}|\mathcal{Y}}(\boldsymbol{x}|\boldsymbol{y}) - p_{\mathcal{X}|\mathcal{Y}}(\boldsymbol{x}'|\boldsymbol{y}) < 0$」となる，$\boldsymbol{x}, \boldsymbol{x}' \in \mathcal{X}$ と $\boldsymbol{y} \in R(\boldsymbol{x}) \cap R'(\boldsymbol{x}')$ が少なくとも 1 組存在することになる．しかるにこれは明らかに式 (6.7) に矛盾する．

〔6.2.6〕最尤復号法：以上の議論において，特に送信語の出現確率 $p_{\mathcal{X}}(\boldsymbol{x})$ がすべて等しい場合には，式 (6.8) より，

[†1] 式 (6.10) では，$p_{\mathcal{X}|\mathcal{Y}}(\boldsymbol{x}_{k_1}|\boldsymbol{y}) = p_{\mathcal{X}|\mathcal{Y}}(\boldsymbol{x}_{k_2}|\boldsymbol{y}) = \cdots = p_{\mathcal{X}|\mathcal{Y}}(\boldsymbol{x}_{k_q}|\boldsymbol{y})$ ($k_1 < k_2 < \cdots < k_q$) である点 $\boldsymbol{y}$ を，最も添字の若い送信語 $\boldsymbol{x}_{k_1}$ への復号領域 $R(\boldsymbol{x}_{k_1})$ に "固定的" に繰り入れることにしている．ただし，写像ということに厳密にこだわらず，式 (6.4) で与えられる $P^R(\mathrm{C})$ が不変であることだけで十分なら "固定的" である必要はない．

$$p_{\mathcal{Y}|\mathcal{X}}(\boldsymbol{y}|\boldsymbol{x}) \geqq p_{\mathcal{Y}|\mathcal{X}}(\boldsymbol{y}|\boldsymbol{x}'), \quad \forall \boldsymbol{x}'(\neq \boldsymbol{x}) \in \mathcal{X} \tag{6.11}$$

である $\boldsymbol{x} \in \mathcal{X}$ を推定送信語とすることによって誤り確率を最小とできる．式 (6.11) による復号法を**最尤復号法** あるいは **ML**(Maximum Likelihood) **復号法** と呼ぶ．なお，送信語の出現確率が等しくない場合にも，式 (6.11) による復号法を，最尤復号法と呼ぶことがある．

最尤復号の復号領域 $\{R(\boldsymbol{x}_m)\}_{\boldsymbol{x}_m \in \mathcal{X}}$ は，式 (6.9) の $R(\boldsymbol{x}_k, \boldsymbol{x}_i)$ を

$$R(\boldsymbol{x}_k, \boldsymbol{x}_i) := \{\boldsymbol{y} \in \mathcal{Y} \mid p_{\mathcal{Y}|\mathcal{X}}(\boldsymbol{y}|\boldsymbol{x}_k) \geqq p_{\mathcal{Y}|\mathcal{X}}(\boldsymbol{y}|\boldsymbol{x}_i)\} \tag{6.12}$$

で置き換えて，式 (6.10) で定義される $R(\boldsymbol{x}_m)$ によって与えられる．このとき達成される「正しい復号の確率」$P^R(\mathrm{C})$ は，式 (6.4) において p. **120** 脚注 **1 (1)** に注意することにより，次式で与えられる：

$$\left.\begin{aligned}
P^R(\mathrm{C}) &= \sum_{\boldsymbol{x} \in \mathcal{X}} p_{\mathcal{X}}(\boldsymbol{x}) P^R(\mathrm{C}\,|\,\boldsymbol{x}) = \frac{1}{M} \sum_{\boldsymbol{x} \in \mathcal{X}} P^R(\mathrm{C}\,|\,\boldsymbol{x}), \\
P^R(\mathrm{C}\,|\,\boldsymbol{x}) &:= \sum_{\boldsymbol{y} \in R(\boldsymbol{x})} p_{\mathcal{Y}|\mathcal{X}}(\boldsymbol{y}|\boldsymbol{x}).
\end{aligned}\right\} \tag{6.13}$$

ただし，$P^R(\mathrm{C})$ の 2 番目の表現は送信語の出現確率がすべて等しい場合の式である．また，2 行目の $R(\boldsymbol{x})$ は最尤復号の復号領域を表す．

〔6.2.7〕**MAP 復号法再考**： 式 (6.1) に示したように，復号器は，受信語 $\boldsymbol{y}\,(\in \mathcal{Y})$ に対して $\delta(\boldsymbol{y})\,(\in \mathcal{X})$ を出力する．このとき，通信路入出力の同時確率を $p_{\mathcal{X}\mathcal{Y}}(\boldsymbol{x}, \boldsymbol{y})$ とすれば，受信語 $\boldsymbol{y}$ を受け取ったとき，正しい復号が行われるのは復号器出力 $\delta(\boldsymbol{y})$ が送信符号語に等しかった場合であり，その同時確率は $p_{\mathcal{X}\mathcal{Y}}(\delta(\boldsymbol{y}), \boldsymbol{y})$ で与えられる．よって，この通信システムで正しい復号が行われる確率 $P^\delta(\mathrm{C})$ は，全体として次式で与えられる：

$$P^\delta(\mathrm{C}) = \sum_{\boldsymbol{y} \in \mathcal{Y}} p_{\mathcal{X}\mathcal{Y}}(\delta(\boldsymbol{y}), \boldsymbol{y}). \tag{6.14}$$

式 (6.14) の表現を用いると，MAP 復号法が正しい復号の確率 $P^\delta(\mathrm{C})$ を最大にする復号法であることが次のように簡単に示される．式 (6.7) によれば，受

信語 y に対する MAP 復号器の出力 $\delta_{\mathrm{MAP}}(y)\,(\in \mathcal{X})$ は，任意の $\delta(y)\,(\in \mathcal{X})$ に対して，

$$p_{\mathcal{X}|\mathcal{Y}}(\delta_{\mathrm{MAP}}(y)\,|\,y) \geqq p_{\mathcal{X}|\mathcal{Y}}(\delta(y)\,|\,y) \tag{6.15}$$

を満たす．これから直ちに $P^{\delta}(\mathrm{C}) \leqq P^{\delta_{\mathrm{MAP}}}(\mathrm{C})$ の成立することが，

$$\begin{aligned}
P^{\delta}(\mathrm{C}) &= \sum_{y\in\mathcal{Y}} p_{\mathcal{X}\mathcal{Y}}(\delta(y),y) = \sum_{y\in\mathcal{Y}} p_{\mathcal{X}|\mathcal{Y}}(\delta(y)\,|\,y)p_{\mathcal{Y}}(y) \\
&\leqq \sum_{y\in\mathcal{Y}} p_{\mathcal{X}|\mathcal{Y}}(\delta_{\mathrm{MAP}}(y)\,|\,y)p_{\mathcal{Y}}(y) \\
&= \sum_{y\in\mathcal{Y}} p_{\mathcal{X}\mathcal{Y}}(\delta_{\mathrm{MAP}}(y),y) = P^{\delta_{\mathrm{MAP}}}(\mathrm{C})
\end{aligned} \tag{6.16}$$

のように導かれる．

6.3 (順)符号化定理

6.3.1 通信システムのモデルと (順) 符号化定理

〔**6.3.1**〕 本節では，送信アルファベットが $X = \{\widetilde{x}_1, \widetilde{x}_2, \ldots, \widetilde{x}_J\}$，受信アルファベットが $Y = \{\widetilde{y}_1, \widetilde{y}_2, \ldots, \widetilde{y}_K\}$ の離散無記憶通信路を通して，「ブロック符号」を用いて情報伝達を行う，次の通信システムを考える[†1]．

(1) 送信器は，次式で定義される，符号長 n，符号語数 M のブロック符号

$$\mathcal{X} = \{x_1, x_2, \ldots, x_M\}, \quad x_m \in X^n \tag{6.17}$$

を備え，その符号語 x_m を送信する．このとき，符号の**情報伝達速度** (あるいは**符号化率**) R は次式で定義される[†2]：

[†1] これは〔6.2.1〕で取り上げた通信システムの一つである．
[†2] **(1)** 便宜上，本節では対数の底はすべて $e = 2.7183\cdots$ とし，$\ln := \log_e$ と表す．ただし，通信路容量の定義などを含めて一貫していれば，底の選び方は自由である．
(2) 例えば，符号語数が $M = |X|^k$ で与えられるときには，対数の底を $r := |X|$ とすれば，$R := k/n$ となり，よく使われる，符号長 n，情報長 k の r 元ブロック符号 (r 元 $[n, k]$ 符号という) の符号化率 (レート) k/n に一致する．

$$R := \frac{\ln M}{n} \quad [\text{ナット}/\text{シンボル}]. \tag{6.18}$$

(3) 通信路は，無記憶とする．すなわち，送信語 $\boldsymbol{x} = (x_1, x_2, \ldots, x_n) \in X^n$ から受信語 $\boldsymbol{y} = (y_1, y_2, \ldots, y_n) \in Y^n$ への遷移確率 $p_{\boldsymbol{Y}|\boldsymbol{X}}(\boldsymbol{y}|\boldsymbol{x})$ に関して

$$p_{\boldsymbol{Y}|\boldsymbol{X}}(\boldsymbol{y}|\boldsymbol{x}) = \prod_{i=1}^{n} p_{Y|X}(y_i|x_i) \tag{6.19}$$

が成立するとする．また，これに伴って，送信語の生起確率に関しても

$$p_{\boldsymbol{X}}(\boldsymbol{x}) = \prod_{i=1}^{n} p_X(x_i) \tag{6.20}$$

が成立するとする． □

このとき，通信理論において最も基本的な，次の定理が成り立つ．

定理〔6.3.2〕(通信路符号化定理) 前項 (〔6.3.1〕) に述べたブロック符号を用いる通信システムにおいて，通信路の通信路容量 C に対して，式 (6.18) の情報伝達速度 R が「$R < C$」を満たすならば，符号語誤り率 P_E が $P_E \to 0$ $(n \to \infty)$ となるブロック符号が存在する．(ギャラガー[31])による証明を，**6.3.2**項〜**6.3.4**項に与える)．

6.3.2 誤り確率の上界

〔6.3.3〕復号誤り確率： 最尤復号法 (式 (6.11)) を採用する[†1]．ただし送信語が等確率であることは仮定しない．このとき，復号誤りが生じる確率は，式 (6.13) で p. **120** 脚注 **1 (2)** に注意すれば直ちにわかるように，

$$\left. \begin{aligned} P(\text{E}) &= \sum_{\boldsymbol{x} \in \mathcal{X}} p_{\boldsymbol{X}}(\boldsymbol{x}) P(\text{E} \mid \boldsymbol{x}), \\ P^R(\text{E} \mid \boldsymbol{x}) &:= \sum_{\boldsymbol{y} \in R^C(\boldsymbol{x})} p_{\boldsymbol{Y}|\boldsymbol{X}}(\boldsymbol{y}|\boldsymbol{x}) \end{aligned} \right\} \tag{6.21}$$

[†1] 誤り確率に関しては MAP 復号が最適であるが，ML 復号よりも計算が複雑になる．目的は通信路符号化定理の証明であり，必ずしも復号性能の最適性は求められない．最尤復号を採用することにより計算が平易になり，より簡単な定理の証明に結び付く．

で与えられる．ただし，復号法を「最尤復号」と決めているので，復号領域を表す上付き添字 R は省略し，$P^R(\mathrm{E})$, $P^R(\mathrm{E}\,|\,\boldsymbol{x})$ の代わりに $P(\mathrm{E})$, $P(\mathrm{E}\,|\,\boldsymbol{x})$ と表記している．また，$R^C(\boldsymbol{x})$ は最尤復号の復号領域 $R(\boldsymbol{x})$ の補集合である．

このとき，

$$\phi_m(\boldsymbol{y}) := \begin{cases} 0, & \text{if } p_{\boldsymbol{Y}|\boldsymbol{X}}(\boldsymbol{y}|\boldsymbol{x}_m) \geq p_{\boldsymbol{Y}|\boldsymbol{X}}(\boldsymbol{y}|\boldsymbol{x}_i) \text{ for } \forall \boldsymbol{x}_i \in \mathcal{X} \\ 1, & \text{otherwise} \end{cases} \quad (6.22)$$

とおくと，容易に確かめられるように，式 (6.9) の第 2 式は，$\widetilde{R}(\boldsymbol{x}_m) = \{\boldsymbol{y} \in Y^n \,|\, \phi_m(\boldsymbol{y}) = 0\}$ と書け [†1]，式 (6.21) の $P^R(\mathrm{E}\,|\,\boldsymbol{x}_m)$ は，

$$P(\mathrm{E}\,|\,\boldsymbol{x}_m) = \sum_{\boldsymbol{y} \in Y^n} p_{\boldsymbol{Y}|\boldsymbol{X}}(\boldsymbol{y}|\boldsymbol{x}_m)\phi_m(\boldsymbol{y}) \quad (6.23)$$

と表される．ここで，$\phi_m(\boldsymbol{y})$ に関して，次の補題が成立する．

補題 〔6.3.4〕 $p_{\boldsymbol{Y}|\boldsymbol{X}}(\boldsymbol{y}|\boldsymbol{x}_m) > 0$ なる $\boldsymbol{y}$ に対して，$\phi_m(\boldsymbol{y})$ は次を満たす：

$$\phi_m(\boldsymbol{y}) \leq \left[\frac{\sum_{i \neq m} p_{\boldsymbol{Y}|\boldsymbol{X}}(\boldsymbol{y}|\boldsymbol{x}_i)^{\frac{1}{1+\rho}}}{p_{\boldsymbol{Y}|\boldsymbol{X}}(\boldsymbol{y}|\boldsymbol{x}_m)^{\frac{1}{1+\rho}}}\right]^\rho, \text{ for } 0 < \rho. \quad (6.24)$$

(証明) **(1)** 式 (6.24) の右辺は非負であるから，$\phi_m(\boldsymbol{y}) = 0$ のときは自明．

(2) $\phi_m(\boldsymbol{y}) = 1$ のときには，$\phi_m(\boldsymbol{y})$ の定義 (式 (6.22)) から，式 (6.24) の右辺の [ ] 内は 1 以上である．よって，この場合もやはり成立する．

〔6.3.5〕 式 (6.24) を式 (6.23) に代入して，直ちに次式が得られる：

$$P(\mathrm{E}\,|\,\boldsymbol{x}_m) \leq \sum_{\boldsymbol{y} \in Y^n} p_{\boldsymbol{Y}|\boldsymbol{X}}(\boldsymbol{y}|\boldsymbol{x}_m)^{\frac{1}{1+\rho}}\left[\sum_{i \neq m} p_{\boldsymbol{Y}|\boldsymbol{X}}(\boldsymbol{y}|\boldsymbol{x}_i)^{\frac{1}{1+\rho}}\right]^\rho, \quad 0 < \rho. \quad (6.25)$$

式 (6.25) の右辺は，復号誤り確率 $P(\mathrm{E}\,|\,\boldsymbol{x}_m)$ の上界が「通信路の遷移確率」だけで表されることを示している．(導出者の名前を冠して**ギャラガーの上界**と呼ばれる)．ただし，この上界を直接に評価することは容易でない．

[†1] $R(\boldsymbol{x}_m)$ は，$\widetilde{R}(\boldsymbol{x}_m)$ から式 (6.10) により定められ，さらに $R^C(\boldsymbol{x}_m) := Y^n \setminus R(\boldsymbol{x}_m)$．

〔**6.3.6**〕 **ランダム符号化**： ギャラガーは，復号誤り確率の評価にあたって，シャノンによって提唱された**ランダム符号化**の考え方を採用した．すなわち，送信アルファベット X のシンボルを要素とする長さ nM のベクトル

$$(\boldsymbol{x}_1, \boldsymbol{x}_2, \ldots, \boldsymbol{x}_M), \quad \boldsymbol{x}_i = (x_{i,1}, x_{i,2}, \ldots, x_{i,n}), \quad x_{i,j} \in X \qquad (6.26)$$

すべてから成る集合 X^{nM} を考え，その要素 $\mathcal{X} := (\boldsymbol{x}_1, \boldsymbol{x}_2, \ldots, \boldsymbol{x}_M)$ に

$$\left.\begin{array}{l} p_{\boldsymbol{X}}\bigl(\boldsymbol{x} = (x_1, x_2, \ldots, x_n)\bigr) = \displaystyle\prod_{j=1}^{n} p_X(x_j), \\[1em] p(\mathcal{X}) = \displaystyle\prod_{i=1}^{M} p_{\boldsymbol{X}}(\boldsymbol{x}_i) \end{array}\right\} \qquad (6.27)$$

によって確率分布を導入する (式 (6.20) 参照)．このとき，X^{nM} の要素 $\mathcal{X} = (\boldsymbol{x}_1, \boldsymbol{x}_2, \ldots, \boldsymbol{x}_M)$ は，符号長 n，符号語数 M の符号 $\mathcal{X} = \{\boldsymbol{x}_1, \boldsymbol{x}_2, \ldots, \boldsymbol{x}_M\}$ とみることができる[†1]．また，$\displaystyle\sum_{x \in X} p_X(x) = 1$ であるとき，式 (6.27) で与えられる符号語 $\boldsymbol{x}_i$，符号 $\mathcal{X} = (\boldsymbol{x}_1, \boldsymbol{x}_2, \ldots, \boldsymbol{x}_M)$ の確率に関して，

$$\left.\begin{array}{l} \displaystyle\sum_{\boldsymbol{x} \in X^n} p_{\boldsymbol{X}}(\boldsymbol{x}) = \sum_{\boldsymbol{x} \in X^n} \prod_{j=1}^{n} p_X(x_j) = \sum_{x_1 \in X} \cdots \sum_{x_M \in X} \prod_{j=1}^{n} p_X(x_j) = 1, \\[1em] \displaystyle\sum_{\boldsymbol{x}_i \in X^n} \sum_{\boldsymbol{x}_j \in X^n} p_{\boldsymbol{X}}(\boldsymbol{x}_i) p_{\boldsymbol{X}}(\boldsymbol{x}_j) = 1, \cdots\cdots \\[1em] \cdots\cdots, \displaystyle\sum_{\mathcal{X} \in X^{nM}} p(\mathcal{X}) = \sum_{\boldsymbol{x}_1 \in X^n} \cdots \sum_{\boldsymbol{x}_M \in X^n} \prod_{i=1}^{M} p_{\boldsymbol{X}}(\boldsymbol{x}_i) = 1 \end{array}\right\} \qquad (6.28)$$

などが成立することに注意しておく．

ランダム符号化は，符号 $\mathcal{X} = (\boldsymbol{x}_1, \boldsymbol{x}_2, \ldots, \boldsymbol{x}_M) \in X^{nM}$ の確率変数として与えられる評価量 $Z(\mathcal{X})$ について，確率分布が式 (6.27) で与えられるすべての符号 $\mathcal{X} = (\boldsymbol{x}_1, \boldsymbol{x}_2, \ldots, \boldsymbol{x}_M) \in X^{nM}$ に対する平均

[†1] **(1)** 長さ n のベクトル $\boldsymbol{x}_i$ の連接 $(\boldsymbol{x}_1, \boldsymbol{x}_2, \ldots, \boldsymbol{x}_M)$ と同じベクトルの集合 $\{\boldsymbol{x}_1, \boldsymbol{x}_2, \ldots, \boldsymbol{x}_M\}$ を，混同して同じ記号 $\mathcal{X}$ で表し，便宜上どちらも「符号」と呼ぶ．
(2) 符号 $\mathcal{X}$ としては，符号語がすべて等しい符号など，一意復号可能でない符号も含める．また，符号語の順番が異なる符号は別の符号と見なす．

$$\overline{Z(\mathcal{X})} := \sum_{\mathcal{X} \in X^{nM}} Z(\mathcal{X}) p(\mathcal{X})$$

$$= \sum_{\boldsymbol{x}_1 \in X^n} \cdots \sum_{\boldsymbol{x}_M \in X^n} Z(\boldsymbol{x}_1, \boldsymbol{x}_2, \ldots, \boldsymbol{x}_M) \prod_{i=1}^M p_{\boldsymbol{X}}(\boldsymbol{x}_i) \tag{6.29}$$

をとる考え方である．この平均値 $\overline{Z(\mathcal{X})}$ が求まれば，$\overline{Z(\mathcal{X})}$ 以下 (あるいは以上) の値 $Z(\mathcal{X}_0)$ を達成する符号 $\mathcal{X}_0$ が少なくとも一つ存在することがいえる．

ここで，Z として復号誤り確率 $P(\mathrm{E}\,|\,\boldsymbol{x}_m)$ を考え，「ランダム符号化による平均 (全符号に関する平均)」$\overline{P(\mathrm{E}\,|\,\boldsymbol{x}_m)}$ を求めると次の結果が得られる．

定理〔6.3.7〕 $P(\mathrm{E}\,|\,\boldsymbol{x}_m)$ の，全符号に関する平均 $\overline{P(\mathrm{E}\,|\,\boldsymbol{x}_m)}$ は，

$$\left. \begin{aligned} \overline{P(\mathrm{E}\,|\,\boldsymbol{x}_m)} &\leq (M-1)^\rho \sum_{\boldsymbol{y} \in Y^n} \left[\sum_{\boldsymbol{x} \in X^n} p_{\boldsymbol{X}}(\boldsymbol{x}) A_{\boldsymbol{y}}(\boldsymbol{x}) \right]^{1+\rho} \\ A_{\boldsymbol{y}}(\boldsymbol{x}) &:= p_{\boldsymbol{Y}|\boldsymbol{X}}(\boldsymbol{y}|\boldsymbol{x})^{\frac{1}{1+\rho}}, \quad 0 < \rho \leq 1 \end{aligned} \right\} \tag{6.30}$$

によって上から抑えられる．(m によらない上界であることに注意)．

(証明) 式 (6.25) の両辺で，全符号に関する平均をとる．簡単のため，式 (6.30) の $A_{\boldsymbol{y}}(\boldsymbol{x})$ に加えて，$B_{\boldsymbol{y}}(m) := \sum_{i \neq m} A_{\boldsymbol{y}}(\boldsymbol{x}_i)$ を導入すると，式 (6.25) の右辺は，$\sum_{\boldsymbol{y}} A_{\boldsymbol{y}}(\boldsymbol{x}_m) [B_{\boldsymbol{y}}(m)]^\rho$ と書かれる．ここで，まず，「和の平均」は「平均の和」に等しいことから，

$$\overline{\sum_{\boldsymbol{y}} A_{\boldsymbol{y}}(\boldsymbol{x}_m) [B_{\boldsymbol{y}}(m)]^\rho} = \sum_{\boldsymbol{y}} \overline{A_{\boldsymbol{y}}(\boldsymbol{x}_m) [B_{\boldsymbol{y}}(m)]^\rho}$$

が成立する．次に，符号 $\mathcal{X} := (\boldsymbol{x}_1, \boldsymbol{x}_2, \ldots, \boldsymbol{x}_M)$ の確率が，「$p(\mathcal{X}) = \prod_i p_{\boldsymbol{X}}(\boldsymbol{x}_i) = p_{\boldsymbol{X}}(\boldsymbol{x}_m) \prod_{i \neq m} p_{\boldsymbol{X}}(\boldsymbol{x}_i)$」と書けることから，「積の平均」が「平均の積」に等しくなることが

$$\overline{A_{\boldsymbol{y}}(\boldsymbol{x}_m) [B_{\boldsymbol{y}}(m)]^\rho} = \sum_{\mathcal{X} \in X^{nM}} A_{\boldsymbol{y}}(\boldsymbol{x}_m) [B_{\boldsymbol{y}}(m)]^\rho p(\mathcal{X})$$

$$= \sum_{\boldsymbol{x}_m \in X^n} A_{\boldsymbol{y}}(\boldsymbol{x}_m) p_{\boldsymbol{X}}(\boldsymbol{x}_m) \sum_{\boldsymbol{x}_i \in X^n,\, i \neq m} [B_{\boldsymbol{y}}(m)]^\rho \prod_{i' \neq m} p_{\boldsymbol{X}}(\boldsymbol{x}_{i'})$$

$$=\overline{A_{\boldsymbol{y}}(\boldsymbol{x}_m)} \times \overline{[B_{\boldsymbol{y}}(m)]^{\rho}}$$

のように示される．ただし，$\sum_{\boldsymbol{x}_i, i \neq m}$ は $\sum_{\boldsymbol{x}_1} \cdots \sum_{\boldsymbol{x}_{m-1}} \sum_{\boldsymbol{x}_{m+1}} \cdots \sum_{\boldsymbol{x}_M}$ の省略である．

次に，$\overline{[B_{\boldsymbol{y}}(m)]^{\rho}} = \overline{[\sum_{i \neq m} A_{\boldsymbol{y}}(\boldsymbol{x}_i)]^{\rho}}$ に関しては，$0 < \rho \leq 1$ のとき，$\overline{[B_{\boldsymbol{y}}(m)]^{\rho}} \leq \overline{[B_{\boldsymbol{y}}(m)]}^{\rho}$ が成立する[†1]．さらに，$B_{\boldsymbol{y}}(m) = \sum_{i \neq m} A_{\boldsymbol{y}}(\boldsymbol{x}_i)$ の中身に関して再び「和の平均」が「平均の和」に等しいことを使って，

$$\overline{P(\mathrm{E}\,|\,\boldsymbol{x}_m)} \leq \sum_{\boldsymbol{y} \in Y^n} \overline{A_{\boldsymbol{y}}(\boldsymbol{x}_m)} \left[\sum_{i \neq m} \overline{A_{\boldsymbol{y}}(\boldsymbol{x}_i)} \right]^{\rho} \tag{6.31}$$

が得られる．ここで，

$$\begin{aligned}
\overline{A_{\boldsymbol{y}}(\boldsymbol{x}_m)} &= \overline{p_{\boldsymbol{Y}|\boldsymbol{X}}(\boldsymbol{y}|\boldsymbol{x}_m)^{\frac{1}{1+\rho}}} \\
&= \sum_{\boldsymbol{x}_1 \in X^n} \cdots \sum_{\boldsymbol{x}_M \in X^n} p_{\boldsymbol{Y}|\boldsymbol{X}}(\boldsymbol{y}|\boldsymbol{x}_m)^{\frac{1}{1+\rho}} \prod_i p_{\boldsymbol{X}}(\boldsymbol{x}_i) \\
&= \sum_{\boldsymbol{x}_m \in X^n} p_{\boldsymbol{Y}|\boldsymbol{X}}(\boldsymbol{y}|\boldsymbol{x}_m)^{\frac{1}{1+\rho}} p_{\boldsymbol{X}}(\boldsymbol{x}_m) \\
&= \sum_{\boldsymbol{x} \in X^n} p_{\boldsymbol{Y}|\boldsymbol{X}}(\boldsymbol{y}|\boldsymbol{x})^{\frac{1}{1+\rho}} p_{\boldsymbol{X}}(\boldsymbol{x}) = \overline{A_{\boldsymbol{y}}(\boldsymbol{x})}
\end{aligned} \tag{6.32}$$

が成り立つから，式 (6.31) の $\boldsymbol{x}_m$ および $\boldsymbol{x}_i$ はいずれも $\boldsymbol{x}$ とおくことができ，所望の結果である式 (6.30) が，次のように得られる：

$$\overline{P(\mathrm{E}\,|\,\boldsymbol{x}_m)} \leq \sum_{\boldsymbol{y} \in Y^n} \overline{A_{\boldsymbol{y}}(\boldsymbol{x})} \left[(M-1) \overline{A_{\boldsymbol{y}}(\boldsymbol{x})} \right]^{\rho} = (M-1)^{\rho} \sum_{\boldsymbol{y} \in Y^n} \left[\overline{A_{\boldsymbol{y}}(\boldsymbol{x})} \right]^{1+\rho}.$$

系〔6.3.8〕 通信路が無記憶で，式 (6.19) および式 (6.27) が成立するならば，式 (6.30) は次のように書き直される：

$$\overline{P(\mathrm{E}\,|\,\boldsymbol{x}_m)} \leq (M-1)^{\rho} \left[\sum_{y \in Y} \left[\sum_{x \in X} p_X(x) p_{Y|X}(y|x)^{\frac{1}{1+\rho}} \right]^{1+\rho} \right]^n,$$
$$0 \leq \rho \leq 1. \tag{6.33}$$

(証明) 式 (6.30) に，式 (6.19)，(6.27) を代入すれば，

[†1] $f(u) := u^{\rho}\ (0 < \rho \leq 1)$ とすれば $f''(u) \leq 0$ であり，補題〔4.7.3〕により $f(u)$ は上に凸となる．よって，$f(u) := u^{\rho}$ に対して 1 次元のイェンゼンの不等式 (4.66) が成立し，その式で $u_i := A_{\boldsymbol{y}}(\boldsymbol{x}_i)$ とし，θ_i を $\boldsymbol{x}_i$ の確率とおいて，この結果が得られる．

$$\sum_{\boldsymbol{y}\in Y^n}\Big[\sum_{\boldsymbol{x}\in X^n}p_{\boldsymbol{X}}(\boldsymbol{x})p_{Y|\boldsymbol{X}}(\boldsymbol{y}|\boldsymbol{x})^{\frac{1}{1+\rho}}\Big]^{1+\rho}$$

$$=\sum_{y_1\in Y}\cdots\sum_{y_n\in Y}\Big[\sum_{x_1\in X}\cdots\sum_{x_n\in X}\prod_{i=1}^{n}p_X(x_i)p_{Y|X}(y_i|x_i)^{\frac{1}{1+\rho}}\Big]^{1+\rho}=:(*)$$

ここで, $Q(y,x):=\sum_{x\in X}p_X(x)p_{Y|X}(y|x)^{\frac{1}{1+\rho}}$ とおけば,

$$(*)=\sum_{y_1\in Y}\cdots\sum_{y_n\in Y}\Big[Q(y_1,x_1)\cdots Q(y_n,x_n)\Big]^{1+\rho}$$

$$=\sum_{y_1\in Y}\cdots\sum_{y_n\in Y}Q(y_1,x)^{1+\rho}\cdots Q(y_n,x)^{1+\rho}=\Big[\sum_{y\in Y}Q(y,x)^{1+\rho}\Big]^n$$

$$=\Big\{\sum_{y\in Y}\Big[\sum_{x\in X}p_X(x)p_{Y|X}(y|x)^{\frac{1}{1+\rho}}\Big]^{1+\rho}\Big\}^n$$

となり, $0<\rho\leq 1$ に関して式 (6.33) が得られる. $\rho=0$ については, $(*)=1^n=1$ で, 式 (6.33) の右辺は 1 となり, 不等式は自明に成り立つ.

6.3.3 ギャラガー関数とその性質

系〔**6.3.9**〕式 (6.33) から, $\overline{P(\mathrm{E}|\boldsymbol{x})}$ の上界として

$$\left.\begin{aligned}\overline{P(\mathrm{E}|\boldsymbol{x})}&<\exp[-nE(R)]\\ E(R)&:=\max_{0\leq\rho\leq 1,\,\boldsymbol{p}}\big[E_0(\rho,\boldsymbol{p})-\rho R\big],\\ E_0(\rho,\boldsymbol{p})&:=-\ln\sum_{y\in Y}\Big[\sum_{x\in X}p_X(x)p_{Y|X}(y|x)^{\frac{1}{1+\rho}}\Big]^{1+\rho}\end{aligned}\right\} \quad (6.34)$$

が得られる. ただし, R は式 (6.18) で定義される符号化率 (符号レート), $\boldsymbol{p}$ は送信アルファベット X の各要素の出現確率を表す確率ベクトル

$$\boldsymbol{p}:=(p_X(x))_{x\in X} \tag{6.35}$$

である. $E(R)$ を信頼性関数, $E_0(\rho,\boldsymbol{p})$ をギャラガー関数と呼ぶ.

(証明) R の定義式 (6.18) より $M-1<M=e^{nR}$ である. これを式 (6.33) に代入し, $E_0(\rho,\boldsymbol{p})$ の定義を従えば, 直ちに次式が得られる:

$$\overline{P(\mathrm{E}\,|\,\boldsymbol{x})} < e^{nR\rho} \Big\{ \sum_{y \in Y} \Big[\sum_{x \in X} p_X(x) p_{Y|X}(y|x)^{\frac{1}{1+\rho}} \Big]^{1+\rho} \Big\}^n$$
$$= e^{-n[E_0(\rho,\boldsymbol{p}) - \rho R]}, \quad 0 \leqq \rho \leqq 1. \tag{6.36}$$

最後に，$\boldsymbol{p}, \rho$ に関して max をとって，より厳しい上界である式 (6.34) を得る．□

次に，ギャラガー関数 $E_0(\rho, \boldsymbol{p})$ の性質をまとめる．これに基づいて，**6.3.4** 項で通信路符号化定理 (定理〔6.3.2〕) の証明が与えられる．

補題〔6.3.10〕 式 (6.34) に与えられる ギャラガー関数 $E_0(\rho, \boldsymbol{p})$ $(0 \leqq \rho \leqq 1)$ に関して，下記が成立する．ただし，$I_0(\boldsymbol{p})$ は式 (5.21) で与えられる通信路の伝達情報量 (相互情報量) で，零でない (正) とする．

(1) $E_0(\rho = 0, \boldsymbol{p}) = 0$ かつ $\left. \dfrac{\partial E_0(\rho, \boldsymbol{p})}{\partial \rho} \right|_{\rho=0} = I_0(\boldsymbol{p})$.

(2) $E_0(\rho, \boldsymbol{p})$ は ρ の狭義単調増加関数．

(3) $0 < \rho$ のとき，$E_0(\rho, \boldsymbol{p}) > 0$.

(4) $E_0(\rho, \boldsymbol{p})$ は ρ に関して上に凸の関数．

(証明) **(1) (a)** 第 1 の関係：定義式より直ちに，

$$E_0(\rho = 0, \boldsymbol{p}) = -\ln \sum_{y \in Y} \Big[\sum_{x \in X} p_X(x) p_{Y|X}(y|x) \Big] = -\ln(1) = 0.$$

(b) 第 2 の関係：簡単のため，

$$G(y, \rho) := \sum_{x \in X} p_X(x) p_{Y|X}(y|x)^{\frac{1}{1+\rho}}, \quad F(\rho, \boldsymbol{p}) := \sum_{y \in Y} G(y, \rho)^{(1+\rho)}$$

とおいて，$E_0(\rho, \boldsymbol{p}) = -\ln F(\rho, \boldsymbol{p})$ を ρ で (偏) 微分する．すると，

$$\frac{\partial E_0(\rho, \boldsymbol{p})}{\partial \rho} = -\frac{F'(\rho, \boldsymbol{p})}{F(\rho, \boldsymbol{p})} \tag{6.37}$$

であり [†1]，容易に確かめられるように，分母については **(1)** の **(a)** と同じで，$F(\rho = 0, \boldsymbol{p}) = 1$ が成り立つ．一方，分子については

[†1] 記号 $F'(\rho, \boldsymbol{p})$ は微分の記号であるが，本節では ρ に関する (偏) 微分だけが現れるので，$\dfrac{\partial F(\rho, \boldsymbol{p})}{\partial \rho}$ の意味で，微分の記号 $F'(\rho, \boldsymbol{p})$ を流用する．

$$F'(\rho, \boldsymbol{p}) = \sum_{y \in Y} \left\{ G(y,\rho)^{(1+\rho)} \right\}' = \sum_{y \in Y} \left\{ \exp\left[(1+\rho)\ln G(y,\rho)\right] \right\}'$$

$$= \sum_{y \in Y} G(y,\rho)^{(1+\rho)} \left[\ln G(y,\rho) + (1+\rho)\frac{G'(y,\rho)}{G(y,\rho)} \right]$$

であり，さらに，

$$G'(y,\rho) = \sum_{x \in X} p_X(x) \left[p_{Y|X}(y|x)^{\frac{1}{1+\rho}} \right]'$$

$$= \sum_{x \in X} p_X(x) \left[\exp\left\{ \frac{1}{1+\rho} \ln p_{Y|X}(y|x) \right\} \right]'$$

$$= \sum_{x \in X} p_X(x) p_{Y|X}(y|x)^{\frac{1}{1+\rho}} \left[\frac{-1}{(1+\rho)^2} \ln p_{Y|X}(y|x) \right]$$

であるから，

$$F'(\rho, \boldsymbol{p}) = \sum_{y \in Y} G(y,\rho)^{(1+\rho)}$$

$$\times \left[\ln G(y,\rho) - \frac{\displaystyle\sum_{x \in X} p_X(x) p_{Y|X}(y|x)^{\frac{1}{1+\rho}} \ln p_{Y|X}(y|x)}{(1+\rho) G(y,\rho)} \right]$$

と表される．ここで，$\rho = 0$ とし，$G(y, \rho = 0) = \sum_{x \in X} p_X(x) p_{Y|X}(y|x) = p_Y(y)$ であることに注意すれば，

$$F'(0, \boldsymbol{p}) = \sum_{y \in Y} \left[p_Y(y) \ln p_Y(y) - \sum_{x \in X} p_X(x) p_{Y|X}(y|x) \ln p_{Y|X}(y|x) \right]$$

$$= -\left[H(Y) - H(Y|X) \right] = -I_0(\boldsymbol{p})$$

が得られる．よって，式 (6.37) で $F(\rho = 0, \boldsymbol{p}) = 1$ であったことに注意すれば，直ちに $\left.\dfrac{\partial E_0(\rho, \boldsymbol{p})}{\partial \rho}\right|_{\rho=0} = -F'(0, \boldsymbol{p}) = I_0(\boldsymbol{p})$ が得られる． □

(2)〜**(4)** については割愛する．(章末問題 **6.1** および文献 4), 18) を参照)．

6.3.4　符号化定理の証明

定理〔6.3.11〕 式 (6.34) で定義した信頼性関数 $E(R)$ に関して

$$E(R) = \max_{0 \leq \rho \leq 1,\, \boldsymbol{p}} \left[E_0(\rho, \boldsymbol{p}) - \rho R \right] > 0, \quad \text{for } R < C \tag{6.38}$$

が成り立つ．よって，式 (6.34) において，$\lim_{n\to\infty} \overline{P(\mathrm{E}\,|\,\boldsymbol{x})} \leq \lim_{n\to\infty} \exp[-nE(R)]$ $= 0$ が成立する [†1]．

(証明) 式 (6.38) の成立を示すには，通信路容量 C を達成する送信アルファベットの確率分布 $\boldsymbol{p} = \boldsymbol{p}_0$ に対して，

$$E_0(\rho, \boldsymbol{p}_0) - \rho R > 0 \tag{6.39}$$

を満たす実数 ρ $(0 \leq \rho \leq 1)$ が存在することを示せば十分．$C > R$ であり，補題〔6.3.10〕の **(1)** が成り立つとすると，式 (6.39) の成立はほとんど自明であるが，以下に多少形式的に述べておく．

関数 $E_0(\rho, \boldsymbol{p}_0)$ は ρ に関して微分可能であるので，テイラーの定理 (補題〔1.3.1〕) より

$$E_0(\rho, \boldsymbol{p}_0) = E_0(0, \boldsymbol{p}_0) + E_0'(0, \boldsymbol{p}_0)\rho + \frac{E_0''(c, \boldsymbol{p})}{2}\rho^2, \quad \exists c \in (0, \rho) \tag{6.40}$$

が成り立つ．このとき，補題〔6.3.10〕の **(1)** より，

$$E_0(0, \boldsymbol{p}_0) = 0, \quad E_0'(0, \boldsymbol{p}_0) = \left.\frac{\partial E_0(\rho, \boldsymbol{p}_0)}{\partial \rho}\right|_{\rho=0} = I_0(\boldsymbol{p}_0) = C \tag{6.41}$$

であるから，式 (6.40) に代入して，

$$\left.\begin{array}{l} |E_0(\rho, \boldsymbol{p}_0) - C\rho| = \dfrac{|E_0''(c, \boldsymbol{p}_0)|}{2}\rho^2 \leq \Delta \rho^2, \quad 0 < \rho \leq 1 \\ \qquad\qquad ただし，\Delta := \max_{0 \leq c \leq 1} \dfrac{|E_0''(c, \boldsymbol{p}_0)|}{2} \end{array}\right\} \tag{6.42}$$

が成り立つ．よって，

$$\begin{aligned} E_0(\rho, \boldsymbol{p}_0) - R\rho &= E_0(\rho, \boldsymbol{p}_0) - C\rho + C\rho - R\rho \\ &\geq -|E_0(\rho, \boldsymbol{p}_0) - C\rho| + (C - R)\rho \\ &\geq -\Delta \rho^2 + (C - R)\rho = \{(C - R) - \Delta \rho\}\rho \end{aligned}$$

が得られ，$\rho_0 := (C - R)/\Delta$ ($\Delta = +0$ の極限も含む) とおけば，$C - R > 0$ より $\rho_0 > 0$ で，

$$E_0(\rho, \boldsymbol{p}_0) - R\rho > 0, \quad \text{for } 0 < \rho < \min\{\rho_0, 1\}.$$

すなわち，式 (6.39) を満たす ρ $(0 < \rho < 1)$ が存在する． □

[†1] この結果，式 (6.21) において，$P(\mathrm{E}) \to 0$ $(n \to \infty)$ となる符号 $\mathcal{X}$ の存在がいえ，定理〔6.3.2〕が成立する．

補題〔6.3.10〕に挙げた性質のうち，上記定理の証明に用いたのは (**1**) だけであるが，実際には (**2**)〜(**4**) も成り立つ．これらも用いて，$E_0(\rho, \boldsymbol{p}_0)$, $R\rho$ を描くと，図 **6.2** のようになる．ただし，$E_0(\rho, \boldsymbol{p}_0) - R\rho = 0$ である点を $\rho = \rho^*$ とすると，ρ_0 は $E_0(\rho_0, \boldsymbol{p}_0) - R\rho_0 \geqq 0$ の点であるので，一般に $\rho_0 \leqq \rho^*$ である．図 **6.2** は，$\rho_0 < \rho^* < 1$ の場合を示している．

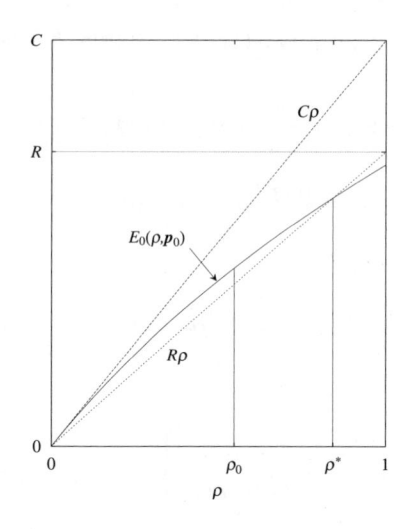

図 **6.2** ギャラガー関数 $E_0(\rho, \boldsymbol{p}_0)$ $(0 \leqq \rho \leqq 1)$

6.4　逆符号化定理

本節では，定理〔6.1.2〕の (2) として述べた，通信路「逆」符号化定理について概説する．大まかに二つの形の定理が知られており，「弱い」逆符号化定理および「強い」逆符号化定理と呼ばれている[†1]．

[†1] 「強い」，「弱い」は，包含関係が成立するなどの意味ではない[18]．「弱い」逆符号化定理が「"シンボル" 誤り確率が "零とはなり得ない"」と述べているのに対し，「強い」定理は「符号長を無限にしたとき，"符号語" 誤り確率が "1 になる"」(〔6.4.4〕) と述べている点が主な相違である．ただし，他にも設定条件に違いがある．

6.4.1 弱い逆符号化定理

〔6.4.1〕(1) 図 6.3 に示す通信システムを考える．情報源は，K 個のシンボルからなるアルファベット A を有する無記憶情報源とし，エントロピーを $H(A)$ で表す．また，情報源 A からは，τ_A [秒] ごとに一つのシンボルが発生するとする．

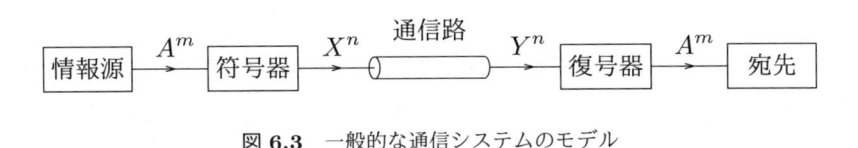

```
情報源 --A^m--> 符号器 --X^n--> 通信路 --Y^n--> 復号器 --A^m--> 宛先
```

図 6.3　一般的な通信システムのモデル

通信路は，入力アルファベットが X，出力アルファベットが Y の離散無記憶通信路 (式 (6.19)) とする．符号器は，情報源から m 個のシンボルを受け取り，それを n 個の通信路シンボルに変換して通信路へ送り出す[†1]．このとき，通信路シンボルの送出間隔は τ_C [秒] で，符号化は時間的に過不足なく行われ，「$n\tau_C = m\tau_A$」が成立するものとする．さらに，復号器は逆に，通信路出力 Y^n から情報源系列 A^m への変換を行う．

(2) この通信システムにおいては，情報源から送り出される長さ m の系列 $\boldsymbol{a} = (a_1, a_2, \ldots, a_m)\ (\in A^m)$ に対して，復号器から同じく長さ m の推定結果 $\boldsymbol{a}' = (a'_1, a'_2, \ldots, a'_m)\ (\in A^m)$ が出力され，宛先に届けられる．このとき，$a_i \neq a'_i$ である誤り確率の平均は，同時確率 $p_{AA}(a_i, a'_i)$ を用いて，

$$P_e := \frac{1}{m} \sum_{i=1}^{m} \sum_{a_i \in A} \sum_{a_i \neq a'_i} p_{AA}(a_i, a'_i) \tag{6.43}$$

と表される．この平均シンボル誤り確率 P_e に関して，下記が成立する．

[†1] ここに示す符号器は，A^m から X^n への変換すべてを含むので，情報源符号器と通信路符号器を縦続接続したシステムも包含すると解釈できる．(復号器についても同様).

定理〔6.4.2〕 すべての m, すべての符号器, 復号器に関して, 式 (6.43) で定義される, 情報源シンボルのシンボル誤り確率 P_e は,

$$P_e \log(K-1) + \mathcal{H}_2(P_e) \geq H(A) - \frac{\tau_A}{\tau_C} C \tag{6.44}$$

を満たす[†1]. ただし, C は通信路の通信路容量で, $\mathcal{H}_2(x) := -x \log x - (1-x) \log(1-x)$ である. (証明省略. 文献 18, 定理 4.3.4) などを参照されたい). □

式 (6.44) の左辺 (P_e の関数) を図示すると, 図 **6.4** のようになる. この曲線は, ($P_e = 0$ を除いて) 常に正で, $P_e = (K-1)/K$ で最大値 $\log K$ をとる (確認せよ). したがって, $H(A) - \frac{\tau_A}{\tau_C} C > 0$ とすると, 式 (6.44) が成立する P_e の範囲は, 図 **6.4** に例示しているように $P_0 \, (> 0)$ から 1 の間である. すなわち, 誤り確率 P_e は正 ($P_e \in [P_0, 1]$) で, 零にはなり得ない.

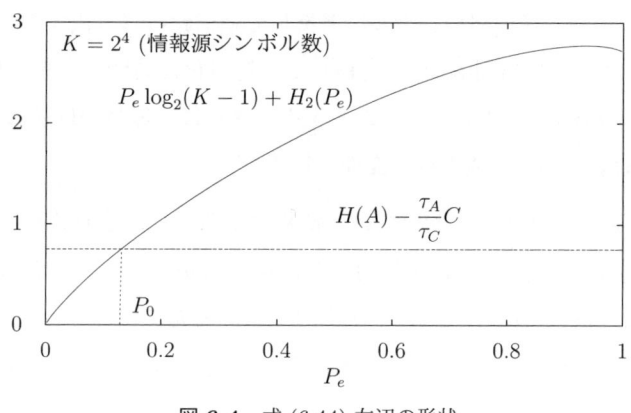

図 **6.4** 式 (6.44) 左辺の形状

〔**6.4.3**〕 上記で, (単位時間当たりの) 情報源のエントロピーが通信路容量 C に対して, $H(A) > \frac{\tau_A}{\tau_C} C$ であるときには, $A^m \to X^n$ なる変換のどれを用いても誤りのない情報伝達は不可能であることが示された. それでは, $H(A) < \frac{\tau_A}{\tau_C} C$ のときには可能といえるのであろうか? やや定性的な議論ではあるが, 答えは「イエス」である.

[†1] 対数の底は一貫していれば何でもよい. ただし, 図 **6.4** では $\log_2$ を採用している.

6.4 逆符号化定理

十分性を示す議論であるので，ここでは，変換 $A^m \to X^n$ が情報源符号器と通信路符号器の縦続接続で与えられる場合に限定して考察する．ただし，情報源符号器 B は〔3.3.5〕に示した意味で「理想的」($H(B) = \log |B|$ が成り立つ) とする．すると以下の結果が得られる．

(1) 以下簡単のため，$B = X$ (X：通信路の入力アルファベット) とする．また，情報源符号器は，情報源から τ_A [秒] ごとに発生する情報を，通信路シンボル ($\in B = X$) の系列に，時間的に過不足なく変換するものとする．すると，情報源符号器から発生するシンボルの間隔を τ_B [秒] とすると，次式が成立することになる：

$$\frac{H(A)}{\tau_A} = \frac{H(B)}{\tau_B} = \frac{\log |B|}{\tau_B}.$$

(2) 次に，通信路符号器は情報源符号器から k 個のシンボル ($\in B^k = X^k$) を受け取って，符号長 n の符号語 $\boldsymbol{x} \in X^n$ を出力する．このとき，符号語数は $M = |X|^k$ で，符号化率 R は

$$R = \frac{\log M}{n} = \frac{k \log |X|}{n} = \frac{k \log |B|}{n}$$

と表される．また，通信路には τ_C [秒] に一つの割合で $X\ (= B)$ のシンボルが送られるとすれば，「$k\tau_B = n\tau_C$」が成り立っていることになる．

(3) 最後に，通信路容量 C と符号化率 R の間には，$R < C$ なる関係が成り立つとしているから，

$$C > R = \frac{k \log |X|}{n} = \frac{\tau_C \log |B|}{\tau_B} = \frac{\tau_C}{\tau_A} H(A)$$

である．すなわち，情報源エントロピー $H(A)$ が「$H(A) < \dfrac{\tau_A}{\tau_C} C$」を満足する情報源ならば，$\tau_A$ [秒] ごとに発生する情報シンボルを，通信路容量が C で，τ_C [秒] ごとに一つの通信路シンボルを伝達する通信路を用いて，誤りなく伝達可能，ということになる．

6.4.2 強い逆符号化定理

〔**6.4.4**〕「強い」逆符号化定理は，次のように述べられる：

> 符号語の発生確率が等しい，符号長 n の「ブロック符号」を用いる通信システムにおいて，$R > C$ ならば，どんな符号ならびに復号領域を用いても，(符号語) 誤り確率 P_E は，$P_E \to 1\ (n \to \infty)$ となる．

ただし，$P_E \to 1\ (n \to \infty)$ の証明に関しては，誤り確率が 1 に漸近するスピードの評価に関して，複数の結果が得られている．例えば，有本 [4),33] は，前節に示したギャラガーの方法を拡張する形で誤り指数を求め，誤り確率が指数関数的なスピードで 1 に漸近する下界を導いている．一方，次に紹介する Wolfowitz の古典的下界 [18] は，$1 - 1/n$ のスピードで 1 に漸近する緩いものであるが，チェビシェフの不等式から簡単に導出されるという特徴を持つ．

定理〔6.4.5〕 (Wolfowitz) 符号化率が R で，各符号語の発生確率が等しいブロック符号を用い，任意の復号領域を用いて復号を行う通信システムを考える．ただし，通信路は無記憶とする．すると，この通信システムの (符号語) 誤り確率 P_E に関して，

$$P_E \geq 1 - \frac{4A}{n(R-C)^2} - \exp\left[-\frac{n(R-C)}{2}\right] \tag{6.45}$$

が成り立つ．ただし，$A > 0$ は符号長 n によらない定数である．この結果，$R > C$ ならば，すべてのブロック符号とすべての復号領域に関して，符号長 $n \to \infty$ のとき，$P_E \to 1$ が成立する．(証明は次項に与える)．

〔**6.4.6**〕式 (6.45) の証明： 用いるブロック符号を $\mathcal{C} = \{\boldsymbol{x}_1, \boldsymbol{x}_2, \ldots \boldsymbol{x}_M\}\ (\subset X^n, p(\boldsymbol{x}_m) = 1/M)$，復号領域を $\{R(\boldsymbol{x})\}_{\boldsymbol{x} \in \mathcal{C}}$ とする．すると，この通信システムで正しい復号が行われる確率 $P^R(\mathrm{C})$ は，式 (6.4) (前段の表現) から，

$$\begin{aligned} P^R(\mathrm{C}) &= \sum_{\boldsymbol{x} \in \mathcal{C}} \sum_{\boldsymbol{y} \in R(\boldsymbol{x})} p_{\boldsymbol{XY}}(\boldsymbol{x}, \boldsymbol{y}) = \sum_{\boldsymbol{x} \in \mathcal{C}} \sum_{\boldsymbol{y} \in R(\boldsymbol{x})} p_{\boldsymbol{Y}|\boldsymbol{X}}(\boldsymbol{y}|\boldsymbol{x}) p_{\boldsymbol{X}}(\boldsymbol{x}) \\ &= \frac{1}{M} \sum_{m=1}^{M} \sum_{\boldsymbol{y} \in R(\boldsymbol{x}_m)} p_{\boldsymbol{Y}|\boldsymbol{X}}(\boldsymbol{y}|\boldsymbol{x}_m) \end{aligned} \tag{6.46}$$

で与えられる．ここで，$I(\boldsymbol{x}; \boldsymbol{y})\ (\boldsymbol{x} \in X^n, \boldsymbol{y} \in Y^n)$ を，

$$I(\boldsymbol{x};\boldsymbol{y}) := \sum_{i=1}^{n} I(x_i; y_i), \quad I(x_i; y_i) := \log \frac{p_{Y|X}(y_i|x_i)}{p_Y(y_i)} \tag{6.47}$$

で定義し[†1]，$\boldsymbol{x}_m (\in \mathcal{C})$ を符号語，C を通信路容量として，

$$Q_m := \{\boldsymbol{y} \in Y^n \mid I(\boldsymbol{x}_m; \boldsymbol{y}) > n(C+\varepsilon)\}, \quad \varepsilon > 0 \tag{6.48}$$

とおく．ここで，集合に関する一般的関係 $A = (A \cap B) \cup (A \cap B^{\mathrm{C}})$ を，$A := R(\boldsymbol{x}_m)$，$B := Q_m$ として式 (6.46) に適用すれば，

$$\begin{aligned}
MP^R(\mathrm{C}) &= \sum_{m=1}^{M} \sum_{\boldsymbol{y} \in R(\boldsymbol{x}_m) \cap Q_m} p_{\boldsymbol{Y}|\boldsymbol{X}}(\boldsymbol{y}|\boldsymbol{x}_m) \\
&+ \sum_{m=1}^{M} \sum_{\boldsymbol{y} \in R(\boldsymbol{x}_m) \cap Q_m^{\mathrm{C}}} p_{\boldsymbol{Y}|\boldsymbol{X}}(\boldsymbol{y}|\boldsymbol{x}_m)
\end{aligned} \tag{6.49}$$

と表される．ただし，Q_m^{C} は Q_m の補集合 $(Y^n \setminus Q_m)$ を表す．

以下，式 (6.49) の二つの項の上界を導き，その和により全体の上界を求める．

(a) 式 (6.49) 第 2 項の上界： $Q_m^{\mathrm{C}} := \{\boldsymbol{y} \in Y^n \mid I(\boldsymbol{x}_m; \boldsymbol{y}) \leqq n(C+\varepsilon)\}$ より，

$$\frac{p_{\boldsymbol{Y}|\boldsymbol{X}}(\boldsymbol{y}|\boldsymbol{x}_m)}{p_{\boldsymbol{Y}}(\boldsymbol{y})} = \exp\{I(\boldsymbol{x}_m; \boldsymbol{y})\} \leqq \exp\{n(C+\varepsilon)\}, \quad \boldsymbol{y} \in Q_m^{\mathrm{C}}$$

が成り立つことに注意すれば，

$$\begin{aligned}
\text{式 (6.49) 第 2 項} &= \sum_{m=1}^{M} \sum_{\boldsymbol{y} \in R(\boldsymbol{x}_m) \cap Q_m^{\mathrm{C}}} p_{\boldsymbol{Y}}(\boldsymbol{y}) \exp\{I(\boldsymbol{x}_m; \boldsymbol{y})\} \\
&\leqq \sum_{m=1}^{M} \sum_{\boldsymbol{y} \in R(\boldsymbol{x}_m) \cap Q_m^{\mathrm{C}}} p_{\boldsymbol{Y}}(\boldsymbol{y}) \exp\{n(C+\varepsilon)\} \\
&\leqq \exp\{n(C+\varepsilon)\} \sum_{m=1}^{M} \sum_{\boldsymbol{y} \in R(\boldsymbol{x}_m)} p_{\boldsymbol{Y}}(\boldsymbol{y})
\end{aligned}$$

[†1] **(1)** 式 (6.47) の $I(x_i; y_i)$ と式 (5.6) の $I(x_j; y_k)$ は関数的には同じであるが，変数 x, y の添字の意味が異なっているので注意されたい．式 (6.47) の添字 i は時刻の添字であるが，式 (5.6) の添字 j, k はアルファベット内のシンボル番号を表す添字である．
(2) 情報源ならびに通信路が無記憶であるとの仮定より，$I(\boldsymbol{x}; \boldsymbol{y}) = \log \dfrac{p_{\boldsymbol{Y}|\boldsymbol{X}}(\boldsymbol{y}|\boldsymbol{x})}{p_{\boldsymbol{Y}}(\boldsymbol{y})}$
$= \sum_{i=1}^{n} \log \dfrac{p_{Y|X}(y_i|x_i)}{p_Y(y_i)} = \sum_{i=1}^{n} I(x_i; y_i)$ が成立する．

$$= \exp\{n(C+\varepsilon)\} \sum_{\boldsymbol{y} \in \cup_{m=1}^{M} R(\boldsymbol{x}_m)} p_{\boldsymbol{Y}}(\boldsymbol{y}) = \exp\{n(C+\varepsilon)\} \tag{6.50}$$

が導かれる. ただし, 上式の最後二つの等号は, $\{R(\boldsymbol{x}_m)\}_{m=1}^{M}$ が Y^n の「分割」であることと, その結果, 確率の和が 1 になることによっている.

(b-1) 式 (6.49) 第 1 項の上界: 自明な不等式

$$\sum_{\boldsymbol{y} \in R(\boldsymbol{x}_m) \cap Q_m} p_{\boldsymbol{Y}|\boldsymbol{X}}(\boldsymbol{y}|\boldsymbol{x}_m) \leq \sum_{\boldsymbol{y} \in Q_m} p_{\boldsymbol{Y}|\boldsymbol{X}}(\boldsymbol{y}|\boldsymbol{x}_m) \tag{6.51}$$

が成り立つ. ここで, $I(\boldsymbol{x}_m; \boldsymbol{y})$ を, 固定した $\boldsymbol{x}_m$ に対して, 値が式 (6.47) で定義され, その (生起) 確率が $p_{\boldsymbol{Y}|\boldsymbol{X}}(\boldsymbol{y}|\boldsymbol{x}_m)$ で与えられるような ($\boldsymbol{y}$ の) 確率変数と考える. すると, Q_m の定義 (式 (6.48)) から, 式 (6.51) の右辺は,

$$\sum_{\boldsymbol{y} \in Q_m} p_{\boldsymbol{Y}|\boldsymbol{X}}(\boldsymbol{y}|\boldsymbol{x}_m) = \Pr\left[I(\boldsymbol{x}_m; \boldsymbol{y}) > n(C+\varepsilon) \,\big|\, \boldsymbol{x}_m\right] \tag{6.52}$$

と書かれる. ($\Pr[A]$ は, 事象 A の確率を表す).

ここで, 確率変数 $I(\boldsymbol{x}_m; \boldsymbol{y})$ の ($\boldsymbol{x}_m$ は固定した, $\boldsymbol{y}$ に関する) 平均を考え, $\overline{I(\boldsymbol{x}_m; \boldsymbol{y})}$ で表す. すると, 式 (6.47) より, $\boldsymbol{x}_m = (x_{m,1}, x_{m,2}, \ldots, x_{m,n})$, $\boldsymbol{y} = (y_1, y_2, \ldots, y_n)$ として,

$$\overline{I(\boldsymbol{x}_m; \boldsymbol{y})} := \sum_{\boldsymbol{y} \in Y^n} p_{\boldsymbol{Y}|\boldsymbol{X}}(\boldsymbol{y}|\boldsymbol{x}_m) I(\boldsymbol{x}_m; \boldsymbol{y})$$

$$= \sum_{\boldsymbol{y} \in Y^n} \prod_{i=1}^{n} p_{Y|X}(y_i|x_{m,i}) \sum_{j=1}^{n} I(x_{m,j}; y_j)$$

$$= \sum_{j=1}^{n} \sum_{\boldsymbol{y} \in Y^n} \prod_{i=1}^{n} p_{Y|X}(y_i|x_{m,i}) I(x_{m,j}; y_j)$$

が得られる. ここで, $\sum_{\boldsymbol{y} \in Y^n} = \sum_{y_1 \in Y} \sum_{y_2 \in Y} \cdots \sum_{y_n \in Y}$ ならびに $\sum_{y_i \in Y} p_{Y|X}(y_i|x_{m,i}) = 1$ に注意すれば,

$$\overline{I(\boldsymbol{x}_m; \boldsymbol{y})} = \sum_{j=1}^{n} \sum_{y_j \in Y} p_{Y|X}(y_j|x_{m,j}) I(x_{m,j}; y_j)$$

$$\leq n \max_{j} \left[\sum_{y_j \in Y} p_{Y|X}(y_j|x_{m,j}) \log \frac{p_{Y|X}(y_i|x_{m,j})}{p_Y(y_j)} \right]$$

が得られる. 最後に, 定理〔5.2.5〕の式 (5.23) より, 通信路容量 C に対して, 上式 [ ] 部分に関して, [ ] $\leq C$ が成立することに注意すれば, 次が得られる:

6.4 逆符号化定理

$$\overline{I(\boldsymbol{x}_m; \boldsymbol{y})} \leq nC. \tag{6.53}$$

(b-2) 補題〔1.3.16〕に示した，チェビシェフの不等式によれば，確率変数 Z の平均を $\overline{Z}$，分散を $\sigma^2 := \overline{(Z - \overline{Z})^2}$ とすると，$\epsilon > 0$ に対して，

$$\Pr\left[|Z - \overline{Z}| \geq \epsilon\right] \leq \frac{\sigma^2}{\epsilon^2} \tag{6.54}$$

が成立した．これを，確率変数 $Z(\boldsymbol{y}) := I(\boldsymbol{x}_m; \boldsymbol{y})$ に対して適用する．すると，$\overline{I(\boldsymbol{x}_m; \boldsymbol{y})} \leq nC$ (式 (6.53)) より，式 (6.52) の右辺に関して，

$$\Pr\left[I(\boldsymbol{x}_m; \boldsymbol{y}) > n\varepsilon + nC \,|\, \boldsymbol{x}_m\right] \leq \Pr\left[I(\boldsymbol{x}_m; \boldsymbol{y}) > n\varepsilon + \overline{I(\boldsymbol{x}_m; \boldsymbol{y})} \,|\, \boldsymbol{x}_m\right]$$
$$\leq \Pr\left[\left|I(\boldsymbol{x}_m; \boldsymbol{y}) - \overline{I(\boldsymbol{x}_m; \boldsymbol{y})}\right| > n\varepsilon \,|\, \boldsymbol{x}_m\right] \leq \frac{\sigma^2}{n^2\varepsilon^2}$$

が成立する．よって，再び式 (6.52) より次式が得られる：

$$\sum_{\boldsymbol{y} \in Q_m} p_{\boldsymbol{Y}|\boldsymbol{X}}(\boldsymbol{y}|\boldsymbol{x}_m) \leq \frac{\sigma^2}{n^2\varepsilon^2}. \tag{6.55}$$

次に，$Z(\boldsymbol{y}) := I(\boldsymbol{x}_m; \boldsymbol{y})$ の分散 σ^2 を，$\sigma^2 = \overline{Z^2} - \overline{Z}^2$ により求める：

$$\overline{Z^2} = \overline{I(\boldsymbol{x}_m; \boldsymbol{y})^2} = \overline{\sum_{j=1}^n \sum_{k=1}^n I(x_{m,j}; y_j) I(x_{m,k}; y_k)}$$
$$= \sum_{j=1}^n \overline{I(x_{m,j}; y_j)^2} + \sum_{j=1}^n \sum_{k \neq j} \overline{I(x_{m,j}; y_j)} \cdot \overline{I(x_{m,k}; y_k)},$$
$$\overline{Z}^2 = \overline{I(\boldsymbol{x}_m; \boldsymbol{y})}^2 = \sum_{j=1}^n \sum_{k=1}^n \overline{I(x_{m,j}; y_j)} \cdot \overline{I(x_{m,k}; y_k)}$$

より，

$$\left.\begin{array}{l} \sigma^2 = \overline{Z^2} - \overline{Z}^2 = \displaystyle\sum_{j=1}^n \left[\overline{I(x_{m,j}; y_j)^2} - \overline{I(x_{m,j}; y_j)}^2\right] \leq nA, \\ A := \displaystyle\max_m \max_j \left[\overline{I(x_{m,j}; y_j)^2} - \overline{I(x_{m,j}; y_j)}^2\right] \end{array}\right\} \tag{6.56}$$

が得られる．よって，式 (6.55) に代入して，

$$\sum_{\boldsymbol{y} \in Q_m} p_{\boldsymbol{Y}|\boldsymbol{X}}(\boldsymbol{y}|\boldsymbol{x}_m) \leq \frac{\sigma^2}{n^2\varepsilon^2} \leq \frac{A}{n\varepsilon^2}. \tag{6.57}$$

ここで，A (式 (6.56)) は，通信路出力アルファベット Y に関する $Z_j := I(x_{m,j}; y_j)$ の分散の上界であり，「符号長 n によらない定数」である．

(c) 以上で得られた，式 (6.49) の第 1 項の上界 (式 (6.57) の M 倍)，ならびに第 2 項の上界 (式 (6.50)) を用いると，式 (6.49) より，$P^R(\mathrm{C})$ の上界

$$P^R(\mathrm{C}) \leqq \frac{A}{n\varepsilon^2} + \frac{\exp\{n(C+\varepsilon)\}}{M}$$

が得られる (復号領域 $\{R(\boldsymbol{x})\}_{\boldsymbol{x} \in \mathcal{C}}$ によらないことに注意)．したがって，符号化率が R である，任意のブロック符号の誤り確率に関して，

$$P_E = 1 - P^R(\mathrm{C}) \geqq 1 - \frac{A}{n\varepsilon^2} - \frac{\exp\{n(C+\varepsilon)\}}{M} \tag{6.58}$$

が成立する．ここで，$\varepsilon := (R-C)/2 > 0$ とおき，$M = e^{nR}$ に注意すれば，直ちに式 (6.45) が得られる．

6.5 簡単な誤り訂正符号

通信路符号化定理〔6.3.2〕の証明には，ブロック符号に対する最尤復号を用いた．最尤復号法や (さらに一般的な) 最大事後確率復号法においては，受信語 $\boldsymbol{y}$ を受信したとき，すべての符号語 $\boldsymbol{x} \in \mathcal{C}$ に対して，尤度 $p_{\boldsymbol{Y}|\boldsymbol{X}}(\boldsymbol{y} \mid \boldsymbol{x})$ や事後確率 $p_{\boldsymbol{X}|\boldsymbol{Y}}(\boldsymbol{x} \mid \boldsymbol{y})$ を計算し，それが最大になる符号語 $\boldsymbol{x}$ を探す必要がある．符号を r 元 $[n, k]$ 符号 (p.**124** 脚注 **2** の **(2)** 参照) とすると，調べるべき符号語の数は r^{nR} ($R := k/n$) に昇り，符号長 n の指数オーダになる．したがって，最尤復号法などは，数百ビットの符号長でさえ実現困難である．

このため，現実には符号長 n の多項式オーダの計算量で実行可能な復号法が求められる．そのような条件を満たす復号法の一つが，本節で触れる「限界距離復号法」であり，もう一つが，次節で概説する「Sum-Product 復号法」である．本節では，「限界距離復号法」に属す復号法が適用可能な，**誤り訂正符号**の簡単な例について見ておく．詳しくは文献 6), 34)～36) などを参照されたい．

6.5.1 有　限　体

〔**6.5.1**〕ここまでの議論では，通信路アルファベットに加減乗除などの演算が定義されていることは特に仮定しなかった．加減乗除の演算が定義された (数の) 集合を，**体**という．**有理数体**，**実数体**，**複素数体**などは，我々がよく知っている (と思っている) 体の例である．実際の通信システムの多くでは，以下の節で概説する誤り訂正符号などの恩恵が受けられるように，演算が可能なアルファベットが導入されている．離散通信路などの，有限アルファベットを取り扱う場面では，要素数が有限の体 (**有限体**：**8.8.1** 項参照) が用いられる．

有限体は，本質的に以下の二つによって与えられる (章末問題 **6.2** 参照).

(1) p を素数とし，$\mathbb{F}_p := \{0, 1, 2, \ldots, p-1\}$ とおいて，演算の結果は "p で割った余り" (「$\bmod p$ による演算」) とする．すると，$\mathbb{F}_p$ は要素数が p の有限体になる．

(2) 一つの有限体 $\mathbb{F}$ の要素を係数とする k 次の**既約多項式**[†1] を $p(x)$ とし，$\mathbb{F}_{p(x)}$ で，$k-1$ 次以下の $\mathbb{F}$ 係数多項式の全体を表す．そして，演算の結果は "$p(x)$ で割った余り" (「$\bmod p(x)$ による演算」) とする．すると，$\mathbb{F}_{p(x)}$ は，要素数 $|\mathbb{F}|^k$ (素数のべき乗) の有限体になる．(有限体は以上ですべてである).

以下，本節では，通信路の入出力アルファベット X, Y は一つの有限体 $\mathbb{F}$ に等しいとする．

6.5.2　距離，重みと限界距離復号法

符号語ベクトル ($\in X^n$) や受信語ベクトル ($\in Y^n$) の間の近さ (遠さ) を測る数学的尺度が距離である．また，(一つの) ベクトルの大きさを測る数学的尺度が重みである．以下簡単のため，X^n や Y^n を V で表す．

〔**6.5.2**〕**距離の公理**：集合 V が与えられ，$V \times V$ から実数 $\mathbb{R}$ への写像 d が

[†1] 因数分解のできない多項式をこう呼ぶ．整数でいうところの "素数" に対応する．有限体係数の多項式では，すべての次数について既約多項式が存在する．

(1) $d(\boldsymbol{a},\boldsymbol{b}) \geqq 0$, 等号は $\boldsymbol{a}=\boldsymbol{b}$ のときに限る

(2) $d(\boldsymbol{a},\boldsymbol{b}) = d(\boldsymbol{b},\boldsymbol{a})$

(3) $d(\boldsymbol{a},\boldsymbol{c}) \leqq d(\boldsymbol{a},\boldsymbol{b}) + d(\boldsymbol{b},\boldsymbol{c})$　　（三角不等式）

の3条件を満たすとき，d を**距離**という．

〔**6.5.3**〕**重みの公理**： 加群[†1] V から実数 $\mathbb{R}$ への写像 W が

(1) $W(\boldsymbol{a}) \geqq 0$, 等号は $\boldsymbol{a}=\boldsymbol{0}$ のときに限る

(2) $W(-\boldsymbol{a}) = W(\boldsymbol{a})$

(3) $W(\boldsymbol{a}+\boldsymbol{b}) \leqq W(\boldsymbol{a}) + W(\boldsymbol{b})$　　（三角不等式）

の3条件を満たすとき，W を**重み**という．

〔**6.5.4**〕重みは加群 V の上で定義されるのに対し，距離にはそのような制約はない．その意味で，重みに比べて距離のほうがより一般的な広い概念といえる．重み W が定義されているとき，

$$d(\boldsymbol{a},\boldsymbol{b}) := W(\boldsymbol{a}-\boldsymbol{b}) \tag{6.59}$$

とおけば，d は距離となる (章末問題 **6.3** 参照)．

〔**6.5.5**〕通信理論などにおいて重要な距離と重みに，**ハミング距離** $d_H(\boldsymbol{a},\boldsymbol{b})$ と**ハミング重み** $W_H(\boldsymbol{a})$ がある．これらは，ベクトル $\boldsymbol{a},\boldsymbol{b}\,(\in \mathbb{F}^n)$ に対して，

$$\left.\begin{aligned}d_H(\boldsymbol{a},\boldsymbol{b}) &:= 「\boldsymbol{a} と \boldsymbol{b} の相異なる要素の数」, \\ W_H(\boldsymbol{a}) &:= 「\boldsymbol{a} の零でない要素の数」\end{aligned}\right\} \tag{6.60}$$

として定義され，距離ならびに重みの条件を満たす (章末問題 **6.4** 参照)．

〔**6.5.6**〕**符号の最小距離**：ブロック符号 $\mathcal{C} \subset \mathbb{F}^n$ が与えられたとき，

$$d_{\min} := \min_{\substack{\boldsymbol{x},\boldsymbol{y}\in\mathcal{C} \\ \boldsymbol{x}\neq\boldsymbol{y}}}\{d_H(\boldsymbol{x},\boldsymbol{y})\}, \quad w_{\min} := \min_{\substack{\boldsymbol{x}\in\mathcal{C} \\ \boldsymbol{x}\neq\boldsymbol{0}}}\{W_H(\boldsymbol{x})\} \tag{6.61}$$

を，符号 $\mathcal{C}$ の**最小ハミング距離**ならびに**最小ハミング重み**という．

[†1] 加減算の定義された集合．**加法群**ともいう．より詳しくは〔**8.8.1**〕を参照．

〔**6.5.7**〕**限界距離復号法**：最小 (ハミング) 距離が $d_{\min}$ である符号 $\mathcal{C}$ が与えられたとき，$\mathcal{C}$ の各符号語 $\boldsymbol{x}_m$ に対して，受信語の集合 $U(\boldsymbol{x}_m)$ を

$$U(\boldsymbol{x}_m) := \left\{ \boldsymbol{y} \in Y^N \mid d_H(\boldsymbol{y}, \boldsymbol{x}_m) \leq \lfloor (d_{\min} - 1)/2 \rfloor \right\} \quad (6.62)$$

で定義し，受信語 $\boldsymbol{y}$ が $U(\boldsymbol{x}_m)$ に属すとき，$\boldsymbol{x}_m\ (\in \mathcal{C})$ を推定送信符号語とする復号法を**限界距離復号法**という[†1]．限界距離復号法は，符号語から $\lfloor (d_{\min} - 1)/2 \rfloor$ 以内の距離にある受信語を正しく訂正する復号法 (誤り訂正符号) を与える ($d_{\min}$ が大きいほど誤り訂正能力は大きい)．

6.5.3 加法的通信路と限界距離復号

〔**6.5.8**〕送信符号語 $\boldsymbol{x}_m$ に対して，受信語 $\boldsymbol{y}$ が，誤りベクトル $\boldsymbol{e}$ の加算

$$\boldsymbol{y} = \boldsymbol{x}_m + \boldsymbol{e}, \quad \boldsymbol{y},\ \boldsymbol{x}_m,\ \boldsymbol{e} \in \mathbb{F}^n$$

によって与えられる通信路を**加法的通信路**という．この場合，ベクトルに加 (減) 算が定義されているので，式 (6.59) に示したように，距離は重みによって定義することができる．すると，次式が成り立つ：

$$d_H(\boldsymbol{y}, \boldsymbol{x}_m) := W_H(\boldsymbol{y} - \boldsymbol{x}_m) = W_H(\boldsymbol{e}). \quad (6.63)$$

また，実際の通信路の多くで成立する状況として，誤りベクトル $\boldsymbol{e}$ の発生確率が送信符号語 $\boldsymbol{x}_m$ によらない，すなわち，「$p_{\boldsymbol{E}|\boldsymbol{X}}(\boldsymbol{e}|\boldsymbol{x}) = p_{\boldsymbol{E}}(\boldsymbol{e})$」である場合を考える．すると，通信路入出力ベクトルの遷移確率に関して，

$$p_{\boldsymbol{Y}|\boldsymbol{X}}(\boldsymbol{y}|\boldsymbol{x}) = p_{\boldsymbol{Y}|\boldsymbol{X}}(\boldsymbol{x} + \boldsymbol{e}|\boldsymbol{x}) = p_{\boldsymbol{E}|\boldsymbol{X}}(\boldsymbol{e}|\boldsymbol{x}) = p_{\boldsymbol{E}}(\boldsymbol{e}) \quad (6.64)$$

が成立する．さらに，誤りベクトル $\boldsymbol{e}$ の重みと発生確率に関して，

[†1] 特別の場合を除いて，$\{U(\boldsymbol{x}_i)\}_i$ は式 (6.2) に定義した Y^n の分割とはならない．$U(\boldsymbol{x}_i) \cap U(\boldsymbol{x}_j) = \emptyset\ (i \neq j)$ は成り立つが，$\bigcup_i U(\boldsymbol{x}_i) = Y^n$ は成立するとは限らない．限界距離復号法は，$Y^n \setminus \bigcup_i U(\boldsymbol{x}_i)$ に属する受信語に対しては，何を推定送信符号語としてもよい (例えば符号語をランダムに選んで出力する)．

$$W_H(e_1) < W_H(e_2) \iff p_E(e_1) > p_E(e_2) \tag{6.65}$$

が成立するとする (章末問題 **6.5** 参照).

〔**6.5.9**〕 上記の式 (6.63), (6.64), (6.65) が成立する状況を考えると, 式 (6.62) の領域 $\{U(\bm{x}_m)\}_m$ で定められる限界距離復号の復号規則は, $\bm{y} \in \bigcup_m U(\bm{x}_m)$ ($\subseteq Y^n$) を受信したときには,

「$p_{\bm{Y}|\bm{X}}(\bm{y}|\bm{x}_m)$ の値が大きな符号語 $\bm{x}_m$ を推定送信語とする」

ことになる. したがって, 仮に「$\bigcup_m U(\bm{x}_m) = Y^n$」が成立し, $\{U(\bm{x}_m)\}_m$ が受信語空間 Y^n の「分割」になっていれば[†1], 限界距離復号法は式 (6.11) に述べた最尤復号に等しくなる (一般には, $\bigcup_m U(\bm{x}_m)$ に含まれない Y^n の領域が残り, 最尤復号には劣る).

6.5.4 単一誤り訂正符号 (ハミング符号)

〔**6.5.10**〕 上に述べた限界距離復号法の利点は, 最尤復号法に比べて復号計算量が大幅に小さいことにある. 次に述べるハミング符号や, その一般化と考えられる BCH (Bose-Chaudhuri-Hocquenghem) 符号や RS (Reed-Solomon) 符号では, 符号長 n の多項式 ($\lesssim n^3$) オーダの計算量で実行可能な復号アルゴリズムが知られている. 詳しくは文献 6), 34)〜36) などを参照されたい.

符号長 n の誤り訂正ブロック符号は, k 個の情報シンボルに $n-k$ 個の**冗長シンボル**を付け加えて構成される. ここでは, 最も簡単な, $\mathbb{F}_2 = \{0,1\}$ 上で構成される **2 元単一誤り訂正符号**である, ハミング符号について見ておく. 次の例は, ハミング [7,4,3] 符号[†2] と呼ばれる符号で, 零ベクトルでない長さ 3 の 2 元列ベクトルすべてを並べて得られる行列 (**パリティ検査行列**と呼ばれる)

[†1] このような符号は**完全符号**と呼ばれる[36]. 次項 (**6.5.4 項**) に紹介する (2 元) ハミング符号は数少ない完全符号の一例である.

[†2] 符号長 n, 情報シンボル長 k に加えて, 符号の最小距離 $d_{\min}$ を並べて, "$[n, k, d_{\min}]$ 符号" のように表すことが多い.

$$H = \begin{pmatrix} 1\,0\,0 \vdots 1\,0\,1\,1 \\ 0\,1\,0 \vdots 1\,1\,1\,0 \\ 0\,0\,1 \vdots 0\,1\,1\,1 \end{pmatrix} = (I, P) \qquad (6.66)$$

を用いて，

$$\mathcal{C} = \{ \boldsymbol{c} = (c_0, c_1, \ldots, c_6) \mid \boldsymbol{c}H^T = \boldsymbol{0},\ c_i \in \mathbb{F}_2 \} \qquad (6.67)$$

により定義される．ただし，H^T は行列 H の転置を表す．

式 (6.66), (6.67) で与えられるハミング [7,4,3] 符号は，

$$H = (I, P),\quad \boldsymbol{c} = (\boldsymbol{p}, \boldsymbol{i}),\quad \boldsymbol{p} = (p_0, p_1, p_2),\quad \boldsymbol{i} = (i_0, i_1, i_2, i_3) \quad (6.68)$$

とおくと，$\boldsymbol{c}H^T = (\boldsymbol{p}, \boldsymbol{i}) \begin{pmatrix} I \\ P^T \end{pmatrix} = \boldsymbol{p} + \boldsymbol{i}P^T = \boldsymbol{0}$ であることより，

$$\therefore\ \boldsymbol{p} = -\boldsymbol{i}P^T,\ \text{すなわち，}\ \boldsymbol{c} = \boldsymbol{i}(-P^T, I) =: \boldsymbol{i}G$$

のように表すこともできる．このとき，$G := (-P^T, I)$ を**生成行列**という．式 (6.66) の H に対応する生成行列は

$$G = (-P^T, I) = \begin{pmatrix} 1\,1\,0 \vdots 1\,0\,0\,0 \\ 0\,1\,1 \vdots 0\,1\,0\,0 \\ 1\,1\,1 \vdots 0\,0\,1\,0 \\ 1\,0\,1 \vdots 0\,0\,0\,1 \end{pmatrix} \qquad (6.69)$$

で与えられる ($\mathbb{F}_2$ では $-1 = 1$ であることに注意)．したがって，例えば，情報ベクトル $\boldsymbol{i} = (1111)$ に対する符号語は，$\boldsymbol{c} = \boldsymbol{i}G = (1111111)$ となる．

〔6.5.11〕いま，上記の符号語 $\boldsymbol{c} = (1111111)$ が送信されて，1 ビット目の 1 が 0 に誤った受信語 $\boldsymbol{r} = (0111111)$ が受信されたとしよう．このとき，誤り訂正の操作は以下のように行われる．

まず，シンドロームと呼ばれる $\boldsymbol{s} := \boldsymbol{r}H^T$ を計算する．この例の場合，$\boldsymbol{s} = (100)$ となり，パリティ検査行列 H の 1 列目と一致する．この結果から，受信語 $\boldsymbol{r}$ の 1 ビット目が誤っていたと判定し，次のように訂正する：

$r = (0111111) \to (11111111)$.

〔**6.5.12**〕このような誤り訂正が可能となるのは次のようなメカニズムによっている．上の例の場合，符号語の 1 ビット目が誤るということは，送信語 c に誤りベクトル $e = (1000000)$ が加わって，受信語 $r = c + e$ が受信されると表現できる．このとき，シンドローム s は

$$s = rH^T = (c+e)H^T = cH^T + eH^T = eH^T$$

となる (符号の定義式 (6.67) より $cH^T = 0$ であることに注意)．したがって，誤りがなければシンドロームは 0 である．一方，k ビット目に誤りがあれば，シンドローム s として H^T の k 行目 (H の k 列目) が得られる．ハミング [7,4,3] 符号のパリティ検査行列 H は，零でない長さ 3 の 2 元列ベクトルすべてを並べたもので，その列はすべて異なっている．したがって，誤りが 1 個以下ならば，どのビットに誤りが生じたかを特定できるのである．

6.6 低密度パリティ検査 (LDPC) 符号

前節に続き，本節では，符号長 n の多項式オーダの計算量で復号が可能な「低密度パリティ検査 (LDPC) 符号」とその復号法である「Sum-Product アルゴリズム」について概説する．詳細は文献 37), 38) などを参照されたい．

6.6.1 LDPC 符号と Sum-Product アルゴリズム

〔**6.6.1**〕パリティ検査行列とそのグラフ表現：**6.5.4** 項の式 (6.67) に述べたように，線形符号はパリティ検査行列 H によって定義することができる．いま，次のパリティ検査行列 H で定義される 2 元符号を考えよう．ただし，後の説明の都合上，少し複雑な行・列番号を付しているので注意いただきたい．

6.6 低密度パリティ検査 (LDPC) 符号

$$H = \begin{array}{c} \\ c_1^{(0)} \\ c_2^{(0)} \\ c_3^{(1)} \\ c_4^{(1)} \\ c_5^{(1)} \\ c_6^{(1)} \\ c_7^{(2)} \\ c_8^{(2)} \\ c_9^{(2)} \\ c_{10}^{(2)} \end{array} \begin{pmatrix} v_1^{(0)} & v_2^{(1)} & v_3^{(1)} & v_4^{(1)} & v_5^{(1)} & v_6^{(2)} & v_7^{(2)} & v_8^{(2)} & v_9^{(2)} & v_{10}^{(2)} & v_{11}^{(2)} & v_{12}^{(2)} & v_{13}^{(2)} & v_{14}^{(3)} & v_{15}^{(3)} \\ 1 & 1 & 1 & 0 & 0 & 0 & 0 & 0 & 0 & 0 & 0 & 0 & 0 & 0 & 0 \\ 1 & 0 & 0 & 1 & 1 & 0 & 0 & 0 & 0 & 0 & 0 & 0 & 0 & 0 & 0 \\ 0 & 1 & 0 & 0 & 0 & 1 & 1 & 0 & 0 & 0 & 0 & 0 & 0 & 0 & 0 \\ 0 & 0 & 1 & 0 & 0 & 0 & 0 & 1 & 1 & 0 & 0 & 0 & 0 & 0 & 0 \\ 0 & 0 & 0 & 1 & 0 & 0 & 0 & 0 & 0 & 1 & 1 & 0 & 0 & 0 & 0 \\ 0 & 0 & 0 & 0 & 1 & 0 & 0 & 0 & 0 & 0 & 0 & 1 & 1 & 0 & 0 \\ 0 & 0 & 0 & 0 & 0 & 1 & 0 & 1 & 0 & 0 & 0 & 0 & 0 & 1 & 0 \\ 0 & 0 & 0 & 0 & 0 & 0 & 1 & 0 & 1 & 0 & 0 & 0 & 0 & 1 & 0 \\ 0 & 0 & 0 & 0 & 0 & 0 & 0 & 0 & 0 & 1 & 0 & 1 & 0 & 0 & 1 \\ 0 & 0 & 0 & 0 & 0 & 0 & 0 & 0 & 0 & 0 & 1 & 0 & 1 & 0 & 1 \end{pmatrix} \quad (6.70)$$

ここで,パリティ検査行列 $H = (h_{ij})$ は,〔3.2.4〕に概説した「グラフ」により一意に表現できることに注意する.すなわち,H の行を表すノードの集合を $C := \{c_1, \ldots, c_m\}$,列を表すノードの集合を $V := \{v_1, \ldots, v_n\}$ として,$h_{ij} = 1$ ならば c_i と v_j を結ぶ枝/辺 (c_i, v_j) を置く.パリティ検査行列 $H = (h_{ij})$ に対してこのようにして作られるグラフ $G_H = (C \cup V, E := \{(c_i, v_j) \mid h_{ij} = 1\})$ は,H の**タナーグラフ**[†1] と呼ばれる.V の要素を**変数ノード**,C の要素を**チェックノード**という.式 (6.70) で与えられるパリティ検査行列 H のタナーグラフ G_H を図 **6.5** に示す.白丸が変数ノード,黒四角がチェックノードである.

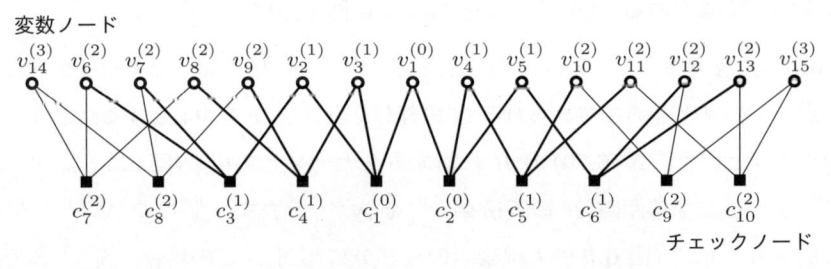

図 **6.5** 式 (6.70) で与えられるパリティ検査行列 H のタナーグラフ G_H

[†1] グラフ表現を用いた符号の構成法や復号法を研究した R.M. Tanner に因んだ呼び名.

〔**6.6.2**〕**低密度パリティ検査 (LDPC：Low-Density Parity-Check) 符号**：一つのノードに接続する枝の数を，そのノードの**次数**という．また，行列 H の行ベクトル，列ベクトルの非零の要素数 (すなわちハミング重み) をそれぞれ，**行重み，列重み**という．**図 6.5** に示したタナーグラフ G_H は，変数ノードの次数が 2，チェックノードの次数が 3 のグラフになっている．これは，パリティ検査行列 H の列重みが 2，行重みが 3 であることに対応している．

一般にタナーグラフ G_H において，変数ノードの次数 (H の列重み) が I，チェックノードの次数 (H の行重み) が J であるパリティ検査行列は，(I,J) **正則パリティ検査行列**と呼ばれる．このとき，行列 H のサイズを $m \times n$ とすると，タナーグラフ G_H では，「$m =$ チェックノード c_i の数」，「$n =$ 変数ノード v_j の数」であり，「H の非零の要素数 $= G_H$ の枝の総数 $= nI = mJ$」が成り立つ．よって，H の非零要素の割合 (密度) は，「$\delta := nI/mn = I/m = J/n$」で与えられ，$I, J$ が n によらず一定ならば，符号長 $n\, (= mJ/I) \to \infty$ のとき，$\delta \to 0$ が成立する．このように，符号長 $n \to \infty$ のとき，非零要素の密度が $\delta \to 0$ となるような行列 (の系列) を**疎行列** (の系列) という．そして，疎行列をパリティ検査行列として定義される線形符号を**低密度パリティ検査 (LDPC：Low-Density Parity-Check) 符号**と呼ぶ．特に，(I,J) 正則パリティ検査行列によって定義される LDPC 符号を (I,J) **正則 LDPC 符号**と呼ぶ．

〔**6.6.3**〕**復号木**：グラフ $G = (V,E)$ において，$v \in V$ を始点とする長さ d 以下の道 (パス) の和集合で与えられる G の部分グラフを，v を中心とする距離 d の**近傍グラフ**という．式 (6.70) の H に対するタナーグラフ G_H (図 **6.5**) において，$v_1^{(0)}$ を中心とする距離 2ℓ の近傍グラフを $\mathcal{N}^{(\ell)}$ で表す．$\mathcal{N}^{(0)} \subseteq \mathcal{N}^{(1)} \subseteq \mathcal{N}^{(2)}$ を図 **6.6** に示す (図 **6.5** の太線表示の枝部分に相当)．この場合，$\mathcal{N}^{(2)}$ までが「木」になっており，$\mathcal{N}^{(3)}\,(\supseteq \mathcal{N}^{(2)})$ は「木」にならない．「木」である近傍グラフを「**近傍木**」，またこれを復号に用いるときには**復号木**などと呼ぶ．以下，一つ定めた変数ノードを中心とする最大の近傍木を $\mathcal{N}^{(\lambda)}$ とする (λ の定義)．

さて，$v_1^{(0)}$ をルート (根) とする図 **6.6** の近傍木 $\mathcal{N}^{(\ell)}$ ($\ell = 0, 1, 2$) に含まれ

6.6 低密度パリティ検査 (LDPC) 符号

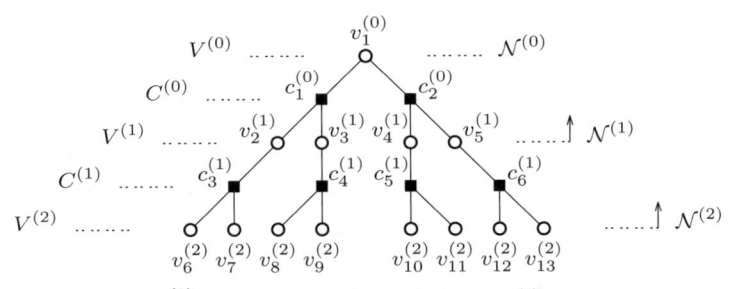

図 6.6 $v_1^{(0)} = v_j$ を中心とする近傍グラフ $\mathcal{N}^{(\ell)}$ ($\ell = 0, 1, 2$)

る変数ノード,チェックノードの集合を,ルート $v_1^{(0)}$ からの距離に従って,

$$\left.\begin{array}{l} V^{(0)} := \{v_1^{(0)}\}, \; C^{(0)} := \{c_1^{(0)}, c_2^{(0)}\}, \; V^{(1)} := \{v_2^{(1)}, \ldots, v_5^{(1)}\}, \\ C^{(1)} := \{c_3^{(1)}, \ldots, c_6^{(1)}\}, \; V^{(2)} := \{v_6^{(2)}, \ldots, v_{13}^{(2)}\} \end{array}\right\}$$

のように表す.さらに,近傍木 $\mathcal{N}^{(\ell)}$ に含まれる変数ノード全体の集合を $\widetilde{V}^{(\ell)}$ で表す.すると,$\mathcal{N}^{(\ell)}$ が木であることから

$$\widetilde{V}^{(\ell)} = \widetilde{V}^{(\ell-1)} \sqcup V^{(\ell)}, \quad \ell = 1, 2, \ldots, \lambda \tag{6.71}$$

が成立する.ただし,$\sqcup$ は集合の直和を表す.簡単にわかるように,$V^{(\ell)}$,$C^{(\ell)}$ の要素数は

$$\left.\begin{array}{l} |V^{(0)}| = 1, \quad |C^{(0)}| = I, \\ |V^{(\ell)}| = |C^{(\ell-1)}|(J-1), \quad |C^{(\ell)}| = |V^{(\ell)}|(I-1), \quad 0 < \ell \leq \lambda \end{array}\right\}$$

で与えられ,$|V^{(\ell)}|$,$|\widetilde{V}^{(\ell)}|$ に関して,

$$\left.\begin{array}{l} |V^{(\ell)}| = I(I-1)^{\ell-1}(J-1)^{\ell}, \quad |\widetilde{V}^{(\ell)}| = \sum_{k=0}^{\ell} |V^{(k)}|, \\ |\widetilde{V}^{(\ell)}| \simeq K \cdot A^{\ell}, \quad A := (I-1)(J-1), \quad K := 1 + \dfrac{J}{A-1} \end{array}\right\} \tag{6.72}$$

が成り立つ[†1].よって,最大の近傍木 $\mathcal{N}^{(\lambda)}$ が n 個の変数ノードすべてを含むとすると,$n \simeq K \cdot A^{\lambda}$ が成立し,λ は次式で与えられることになる[†2]:

[†1] 式 (6.72) の 1 行目より,$|\widetilde{V}^{(\ell)}| = \frac{I}{I-1}\sum_{k=0}^{\ell} A^k = \frac{I}{I-1}\frac{A^{\ell+1}-1}{A-1}$.ここで $A^{\ell+1}-1 \simeq A^{\ell+1}$ と近似すれば直ちに式 (6.72) の 2 行目が得られる.

[†2] 式 (6.70) の例では,変数ノードの総数 $n = 15$ に対して $|\widetilde{V}^{(\lambda=2)}| = 13$ であり,近傍木 $\mathcal{N}^{(\lambda)}$ によって大部分の変数ノードが覆われている.

$$\lambda \simeq \log_A n - \log_A K \simeq \log_A n. \tag{6.73}$$

なお，符号語 $\boldsymbol{x}$ ならびに受信語 $\boldsymbol{y}$ の要素番号は，式 (6.70) の行列 H の列番号 $v_j^{(\ell)}$ に対応しているので，同じインデックスを用いて $x_j^{(\ell)}$, $y_j^{(\ell)}$ などと表すものとする．また，変数ノードの集合 $V^{(\ell)}$, $\widetilde{V}^{(\ell)}$ に対応する要素からなる符号語の部分ベクトルを，$\boldsymbol{x}^{(\ell)}$, $\widetilde{\boldsymbol{x}}^{(\ell)}$ のように表す．例えば，ここで考えている式 (6.70) の H で $\ell = 1, 2$ の場合をみると，

$$\left. \begin{array}{l} \widetilde{\boldsymbol{x}}^{(1)} = (x_1^{(0)}, x_2^{(1)}, \ldots, x_5^{(1)}), \\ \widetilde{\boldsymbol{x}}^{(2)} = (x_1^{(0)}, x_2^{(1)}, \ldots, x_5^{(1)}, x_6^{(2)}, \ldots, x_{13}^{(2)}) \end{array} \right\} \tag{6.74}$$

などである．さらに，$\widetilde{\boldsymbol{x}}^{(\ell)}$ から $x_1^{(0)}$ を取り除いたベクトルを $\widetilde{\boldsymbol{x}}^{(\ell)} \setminus x_1^{(0)}$ で表す．同じく $\ell = 2$ のときを例示すると，下記のようになる：

$$\widetilde{\boldsymbol{x}}^{(2)} \setminus x_1^{(0)} := (x_2^{(1)}, \ldots, x_5^{(1)}, x_6^{(2)}, \ldots, x_{13}^{(2)}).$$

〔**6.6.4**〕**符号語ビットの事後確率**：本節で紹介する **Sum-Product** アルゴリズム[39)] は，上に述べた「低密度パリティ検査 (LDPC) 符号」の高性能な復号アルゴリズムとして知られ，符号長 n に対して，およそ $O(n \log n)$ [†1] 程度の計算量で実行可能と考えられる．

Sum-Product アルゴリズムに至る主要な着想は次の 2 点にある．第 1 は，受信語 $\boldsymbol{y} = (y_1, \ldots, y_n)$ に対する推定送信語 $\boldsymbol{x} = (x_1, \ldots, x_n)$ の推定規則を，符号語 $\boldsymbol{x}$ の事後確率 $p_{\boldsymbol{Y}|\boldsymbol{Y}}(\boldsymbol{x} \mid \boldsymbol{y})$ の最大化ではなく，その各ビット x_j ($j = 1, 2, \ldots, n$) の事後確率

$$p_{X_j|\boldsymbol{Y}}(x_j \mid \boldsymbol{y}), \quad x_j = 0, 1 \tag{6.75}$$

の最大化とした点である[†2]．$\boldsymbol{x}$ 全体を問題にすると，調べるべき事後確率の数が n の指数オーダ (2^{nR}, $R := k/n$．k は情報ビット長) となるのに対し，式

[†1] ランダウ (Landau) の記号．符号長 n の関数である復号の計算量 $f(n)$ が，$g(n) := n \log n$ に対して $\lim_{n \to \infty} f(n)/g(n)$ が有界であるとき，$f(n) = O(g(n))$ と表す．

[†2] $\boldsymbol{y}$ を用いた復号法の中で，ビット誤り確率を最小とする復号法である．

(6.75) とすることにより，その数は n に激減する．さらに，〔6.6.7〕に示すように，式 (6.75) の事後確率の計算は，$x_1, x_2, \ldots, x_n$ に対してまとめて行うことができ，$x_1, x_2, \ldots, x_n$ 全体の復号に要する計算量が $O(n \log n)$ 程度で済むと評価されるのである．

第 2 の点は，式 (6.75) で取り扱う受信語 $\boldsymbol{y}$ や送信語 $\boldsymbol{x}$ の代わりに，符号語ビット x_j に対応する変数ノード v_j [†1] を中心とする最大の近傍木 $\mathcal{N}^{(\lambda)}$ に含まれる符号語の部分ベクトル $\widetilde{\boldsymbol{y}}^{(\lambda)}, \widetilde{\boldsymbol{x}}^{(\lambda)}$ を考えるとした点である．より正確にいえば，パリティ検査行列 H の $\mathcal{N}^{(\lambda)}$ に対応する部分を $H^{(\lambda)}$ で表し[†2]，$H^{(\lambda)}$ で定義される符号語 $\widetilde{\boldsymbol{x}}^{(\lambda)}$ を考えるのである．こうすることにより，式 (6.75) の計算が，復号木 $\mathcal{N}^{(\lambda)}$ に沿って途中計算結果を順次伝えていくアルゴリズムとして記述できることが示される．ただし，〔6.6.6〕以下に述べるように，実際の適用では，H 全体に対してアルゴリズムを適用することが行われる．

それではまず，式 (6.75) の事後確率において，符号語 $\boldsymbol{x}$，受信語 $\boldsymbol{y}$ を，$v_1^{(0)}$ の最大の近傍木 $\mathcal{N}^{(\lambda)}$ で定まる $\widetilde{\boldsymbol{x}}^{(\lambda)}, \widetilde{\boldsymbol{y}}^{(\lambda)}$ で置き換えて得られる

$$p_{X_1^{(0)}|\widetilde{\boldsymbol{Y}}^{(\lambda)}}(x_1^{(0)}|\widetilde{\boldsymbol{y}}^{(\lambda)}), \quad x_1^{(0)} = 0, 1 \tag{6.76}$$

がどのように展開され，表現されるかを，式 (6.70) に与えた $(I=2, J=3)$ 正則符号 (図 **6.5**，すなわち $\mathcal{N}^{(\lambda)}$ は図 **6.6**) について見ることにする．ただし，以下混同の恐れがない限り，$p_A(a)$ を $p(a)$ のように略記する．

(0) 周辺確率の考えとベイズの定理 (〔1.3.8〕参照) を用いると，式 (6.76) は符号語 $\widetilde{\boldsymbol{x}}^{(\lambda)}$ を媒介にして，次のように変形される．ただし，$\sum_{\boldsymbol{x}}$ はすべての 2 元ベクトル $\boldsymbol{x} \in \{0,1\}^{|\boldsymbol{x}|}$ に関する総和を表すものとする (以下同様)：

$$\begin{aligned} p(x_1^{(0)} \mid \widetilde{\boldsymbol{y}}^{(\lambda)}) &= \sum_{\widetilde{\boldsymbol{x}}^{(\lambda)} \setminus x_1^{(0)}} p(\widetilde{\boldsymbol{x}}^{(\lambda)} | \widetilde{\boldsymbol{y}}^{(\lambda)}) \\ &= p(\widetilde{\boldsymbol{y}}^{(\lambda)})^{-1} \sum_{\widetilde{\boldsymbol{x}}^{(\lambda)} \setminus x_1^{(0)}} p(\widetilde{\boldsymbol{x}}^{(\lambda)}) p(\widetilde{\boldsymbol{y}}^{(\lambda)} | \widetilde{\boldsymbol{x}}^{(\lambda)}). \end{aligned} \tag{6.77}$$

[†1] H の列を適当に入れ替えれば，任意の j に対して $v_1^{(0)} := v_j$ と考えることができ，同じ議論が成立する．ただし，木の深さ λ は同じとは限らない．

[†2] 式 (6.70) の H に対し，図 **6.6** の $\mathcal{N}^{(\lambda)}$ に対応する $H^{(\lambda=2)}$ は，式 (6.70) で網掛けをした 6 行，13 列の部分行列となる．

(1) 式 (6.77) で,$p(\widetilde{\boldsymbol{y}}^{(\lambda)})^{-1}$ は $x_1^{(0)} = 0, 1$ で共通であり,$p(x_1^{(0)} = 0 \mid \widetilde{\boldsymbol{y}}^{(\lambda)})$ と $p(x_1^{(0)} = 1 \mid \widetilde{\boldsymbol{y}}^{(\lambda)})$ の大小比較にあたっては無視できる.次の $p(\widetilde{\boldsymbol{x}}^{(\lambda)})$ において,$\widetilde{\boldsymbol{x}}^{(\lambda)}$ が符号語となる条件は「$\widetilde{\boldsymbol{x}}^{(\lambda)}(H^{(\lambda)})^T = \boldsymbol{0}$」である.ここで,パリティ検査条件を表現する関数

$$\phi(a: b_1 \cdots b_{J-1}) := \begin{cases} 1, & \text{if } \sum_{i=1}^{J-1} b_i = a \pmod{2}, \\ 0, & \text{if } \sum_{i=1}^{J-1} b_i \neq a \pmod{2} \end{cases}$$

を導入する.すると,$H^{(\lambda=2)}$ の第 1 行目の条件は,$\phi(x_1^{(0)} : x_2^{(1)} x_3^{(1)}) = 1$ と表される.これは,図 **6.6** のチェックノード $c_1^{(0)}$ に接続する三つの変数ノード $v_1^{(0)}, v_2^{(1)}, v_3^{(1)}$ に対応する符号語の要素 $x_1^{(0)}, x_2^{(1)}, x_3^{(1)} (\in \mathbb{F}_2)$ が,パリティ検査条件を満たすことを表している.このような条件が,$H^{(\lambda=2)}$ には六つ (6 行) あり,図 **6.6** では,$c_1^{(0)}, c_2^{(0)}, c_3^{(1)}, \ldots, c_6^{(1)}$ の六つのチェックノードに対応している.$\widetilde{\boldsymbol{x}}^{(2)} (\in \mathbb{F}_2^{13})$ が符号語になるのは,これら六つのパリティ検査条件がすべて満たされるときである.よって,符号語が等確率で生起すると仮定し,符号語の数を $M^{(\lambda=2)}$ とすると,式 (6.77) の $p(\widetilde{\boldsymbol{x}}^{(2)})$ は,

$$p(\widetilde{\boldsymbol{x}}^{(2)}) = (M^{(2)})^{-1} \{ \phi(x_1^{(0)} : x_2^{(1)} x_3^{(1)}) \phi(x_2^{(1)} : x_6^{(2)} x_7^{(2)}) \phi(x_3^{(1)} : x_8^{(2)} x_9^{(2)}) \}$$
$$\times \{ \phi(x_1^{(0)} : x_4^{(1)} x_5^{(1)}) \phi(x_4^{(1)} : x_{10}^{(2)} x_{11}^{(2)}) \phi(x_5^{(1)} : x_{12}^{(2)} x_{13}^{(2)}) \}$$

と書き表される.ただし,項の順番を図 **6.6** の復号木の構造に合わせる形に整理している (以下同様).

(2) 一方,式 (6.77) の総和に現れる $p(\widetilde{\boldsymbol{y}}^{(2)} | \widetilde{\boldsymbol{x}}^{(2)})$ は,通信路が無記憶 (式 (6.19)) であることから,単純に次のように表される:

$p(y_1^{(0)} | x_1^{(0)})$
$\times \{ p(y_2^{(1)} | x_2^{(1)}) p(y_3^{(1)} | x_3^{(1)}) p(y_6^{(2)} | x_6^{(2)}) p(y_7^{(2)} | x_7^{(2)}) p(y_8^{(2)} | x_8^{(2)}) p(y_9^{(2)} | x_9^{(2)}) \}$
$\times \{ p(y_4^{(1)} | x_4^{(1)}) p(y_5^{(1)} | x_5^{(1)}) p(y_{10}^{(2)} | x_{10}^{(2)}) p(y_{11}^{(2)} | x_{11}^{(2)}) p(y_{12}^{(2)} | x_{12}^{(2)}) p(y_{13}^{(2)} | x_{13}^{(2)}) \}.$

(3) 以上の **(1)**,**(2)** の積により,式 (6.77) の総和部分に現れる確率は,

6.6 低密度パリティ検査 (LDPC) 符号

$$M^{(\lambda=2)} \cdot p(\widetilde{\boldsymbol{x}}^{(\lambda=2)}) p(\widetilde{\boldsymbol{y}}^{(\lambda=2)} | \widetilde{\boldsymbol{x}}^{(\lambda=2)})$$
$$= p(y_1^{(0)} | x_1^{(0)})$$
$$\times \phi(x_1^{(0)} : x_2^{(1)} x_3^{(1)}) \, p(y_2^{(1)} | x_2^{(1)}) \, \phi(x_2^{(1)} : x_6^{(2)} x_7^{(2)}) \, p(y_6^{(2)} | x_6^{(2)}) p(y_7^{(2)} | x_7^{(2)})$$
$$\times p(y_3^{(1)} | x_3^{(1)}) \, \phi(x_3^{(1)} : x_8^{(2)} x_9^{(2)}) \, p(y_8^{(2)} | x_8^{(2)}) p(y_9^{(2)} | x_9^{(2)})$$
$$\times \phi(x_1^{(0)} : x_4^{(1)} x_5^{(1)}) \, p(y_4^{(1)} | x_4^{(1)}) \, \phi(x_4^{(1)} : x_{10}^{(2)} x_{11}^{(2)}) \, p(y_{10}^{(2)} | x_{10}^{(2)}) p(y_{11}^{(2)} | x_{11}^{(2)})$$
$$\times p(y_5^{(1)} | x_5^{(1)}) \, \phi(x_5^{(1)} : x_{12}^{(2)} x_{13}^{(2)}) \, p(y_{12}^{(2)} | x_{12}^{(2)}) p(y_{13}^{(2)} | x_{13}^{(2)})$$

と表される. よって, この式の両辺で総和 $\sum_{\widetilde{\boldsymbol{x}}^{(\lambda=2)} \setminus x_1^{(0)}}$ をとり, 右辺では「総和の変数が分離する」ことに注意すれば, 式 (6.77) $(\lambda=2)$ は,

$$p(x_1^{(0)} | \widetilde{\boldsymbol{y}}^{(2)}) = p(\widetilde{\boldsymbol{y}}^{(2)})^{-1} \sum_{\widetilde{\boldsymbol{x}}^{(2)} \setminus x_1^{(0)}} p(\widetilde{\boldsymbol{x}}^{(2)}) \, p(\widetilde{\boldsymbol{y}}^{(2)} | \widetilde{\boldsymbol{x}}^{(2)})$$

$$= A^{(2)} \underline{p(y_1^{(0)} | x_1^{(0)})}$$
$$\times \Bigg[\sum_{x_2^{(1)} x_3^{(1)}} \phi(x_1^{(0)} : x_2^{(1)} x_3^{(1)})$$
$$\times \underline{p(y_2^{(1)} | x_2^{(1)})} \sum_{x_6^{(2)} x_7^{(2)}} \phi(x_2^{(1)} : x_6^{(2)} x_7^{(2)}) \, \underline{p(y_6^{(2)} | x_6^{(2)})} \, \underline{p(y_7^{(2)} | x_7^{(2)})} \quad (*1)$$
$$\times \underline{p(y_3^{(1)} | x_3^{(1)})} \sum_{x_8^{(2)} x_9^{(2)}} \phi(x_3^{(1)} : x_8^{(2)} x_9^{(2)}) \, \underline{p(y_8^{(2)} | x_8^{(2)})} \, \underline{p(y_9^{(2)} | x_9^{(2)})} \Bigg] \quad (*2)$$
$$\times \Bigg[\sum_{x_4^{(1)} x_5^{(1)}} \phi(x_1^{(0)} : x_4^{(1)} x_5^{(1)})$$
$$\times \underline{p(y_4^{(1)} | x_4^{(1)})} \sum_{x_{10}^{(2)} x_{11}^{(2)}} \phi(x_4^{(1)} : x_{10}^{(2)} x_{11}^{(2)}) \, \underline{p(y_{10}^{(2)} | x_{10}^{(2)})} \, \underline{p(y_{11}^{(2)} | x_{11}^{(2)})} \quad (*3)$$
$$\times \underline{p(y_5^{(1)} | x_5^{(1)})} \sum_{x_{12}^{(2)} x_{13}^{(2)}} \phi(x_5^{(1)} : x_{12}^{(2)} x_{13}^{(2)}) \, \underline{p(y_{12}^{(2)} | x_{12}^{(2)})} \, \underline{p(y_{13}^{(2)} | x_{13}^{(2)})} \Bigg] \quad (*4)$$

$$\tag{6.78}$$

と表される. ただし, $A^{(\lambda)} := \left\{ p(\widetilde{\boldsymbol{y}}^{(\lambda)}) M^{(\lambda)} \right\}^{-1}$ $(\lambda=2)$ である.

式 (6.78) は, 受信語 $\widetilde{\boldsymbol{y}}^{(\lambda=2)} = (y_1^{(0)}, y_2^{(1)}, \ldots, y_5^{(1)}, y_6^{(2)}, \ldots, y_{13}^{(2)})$ が与えられたとき, $\widetilde{\boldsymbol{x}}^{(\lambda=2)} = (x_1^{(0)}, x_2^{(1)}, \ldots, x_5^{(1)}, x_6^{(2)}, \ldots, x_{13}^{(2)}) \, (\in \{0,1\}^{n=13})$ を定めれば[†1], 通信路遷移確率 $p(y_j^{(\ell)} | x_j^{(\ell)})$ と $\phi(x_i^{(\ell-1)} : x_{j_1}^{(\ell)} \cdots x_{j_2}^{(\ell)}) \, (\ell = \lambda, \lambda-1, \ldots, 1, 0)$ がすべて決まり, 式の右(うしろ)から左(前)へ順に計算できる. 式

[†1] 式 (6.78) の状態では, 2^n 個の $\widetilde{\boldsymbol{x}}^{(\lambda=2)}$ について計算する必要があるが,〔6.6.7〕に示すように, 符号長 n の線形オーダの計算量で済むアルゴリズムが構築できる.

(6.78) は，図 **6.6** に示した復号木 $\mathcal{N}^{(\lambda=2)}$ と完全に対応する構造を有しており，その計算は，この復号木の「葉 (先端ノード)」から「根 (ルート)」へ「(式 (6.78) の) 途中計算結果 (「メッセージ」と呼ぶ)」を次々に伝えていく[†1]，Sum-Product アルゴリズムと呼ばれる次の計算法により，組織的に計算されるのである．

〔6.6.5〕Sum-Product アルゴリズム (A)：本項では，式 (6.78) の計算が，図 **6.6** に示した復号木に沿ってなされることを示す．ただし，一般の場合との対応が見えるように，図 **6.6** の復号木の各ノードを，(I, J) 正則符号の場合について一般的な形で図 **6.7** に示している (図 **6.5** の形で提示)．図 **6.7 (1)** は，チェックノード $c_i^{(\ell-1)}$ に接続する変数ノードを示しており，

$$V_{[i]}^{(\ell)} := \{v_j^{(\ell-1)}, v_{j_1}^{(\ell)}, \ldots, v_{j_{J-1}}^{(\ell)}\}, \quad V_{[i,j]}^{(\ell)} := V_{[i]}^{(\ell)} \setminus \{v_j^{(\ell-1)}\} \quad (6.79)$$

である[†2]．$V_{[i,j]}^{(\ell)}$ は <u>入力</u> 変数ノードの集合であり，$v_j^{(\ell-1)}$ は <u>出力</u> 変数ノードを表す．また，**(2)** は変数ノード $v_j^{(\ell)}$ に接続するチェックノードを示しており，

$$C_{[j]}^{(\ell)} := \{c_i^{(\ell-1)}, c_{i_1}^{(\ell)}, \ldots, c_{i_{I-1}}^{(\ell)}\}, \quad C_{[j,i]}^{(\ell)} := C_{[j]}^{(\ell)} \setminus \{c_i^{(\ell-1)}\}. \quad (6.80)$$

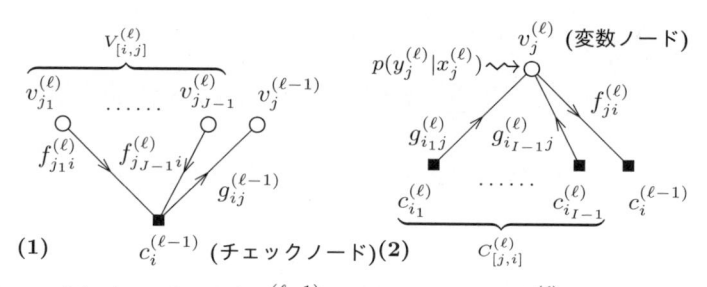

図 **6.7** **(1)** チェックノード $c_i^{(\ell-1)}$ への入力メッセージ $\{f_{j_k i}^{(\ell)}\}_k$ と出力メッセージ $g_{ij}^{(\ell-1)}$，**(2)** 変数ノード $v_j^{(\ell)}$ への入力メッセージ $\{g_{i_k j}^{(\ell)}\}_k$ と出力メッセージ $f_{ji}^{(\ell)}$．

[†1] この計算法に由来して，Sum-Product アルゴリズムは，メッセージパシング(message passing) アルゴリズム，**Belief Propagation (BP)** 復号法などと呼ばれることもある．

[†2] 図 **6.7 (1)** (式 (6.79)) は，パリティ検査行列 $H^{(\lambda)}$ の第 i 行を見たとき，第 $j, j_1, \ldots, j_{J-1}$ 列の要素が非零であることを表している．同様に，図 **6.7 (2)** (式 (6.80)) は，$H^{(\lambda)}$ の第 j 列を見たとき，第 $i, i_1, \ldots, i_{I-1}$ 行の要素が非零であることを表す．

6.6 低密度パリティ検査 (LDPC) 符号

である.$C_{[j,i]}^{(\ell)}$ は 入力 チェックノードの集合であり,$c_i^{(\ell-1)}$ は 出力 チェックノードを表す.これらと式 (6.71) の $V^{(\ell)}$,$C^{(\ell)}$ の関係は次のようである:

$$V^{(\ell)} = \bigsqcup_i V_{[i,j]}^{(\ell)}, \quad C^{(\ell)} = \bigsqcup_j C_{[j,i]}^{(\ell)}. \tag{6.81}$$

ここで,図 **6.7** に示すように,変数ノード $v_j^{(\ell)}$ ($\in V^{(\ell)}$) からチェックノード $c_i^{(\ell-1)}$ ($\in C^{(\ell-1)}$) へ至る枝にメッセージと呼ばれる変数 $f_{ji}^{(\ell)}$ を,チェックノード $c_i^{(\ell)}$ ($\in C^{(\ell)}$) から変数ノード $v_j^{(\ell)}$ ($\in V^{(\ell)}$) へ至る枝にメッセージ $g_{ij}^{(\ell)}$ を割り付ける[†1]:

$$f_{ji}^{(\ell)}(x_j^{(\ell)}) : v_j^{(\ell)} \to c_i^{(\ell-1)}, \quad g_{ij}^{(\ell)}(x_j^{(\ell)}) : c_i^{(\ell)} \to v_j^{(\ell)}. \tag{6.82}$$

そして,次の **(0)**〜**(3)** に示す計算規則に従って前段のメッセージ(と $p(y_j^{(\ell)}|x_j^{(\ell)})$)から後段のメッセージを計算し,そのメッセージを「復号木」に沿って「葉から根へ」順に受け渡し,最後に符号語ビットの事後確率を求めるのが,Sum-Product アルゴリズムである.

- **(0)** 先端変数ノード $v_j^{(\lambda)}$ ($\in V^{(\lambda)}$) からのメッセージ $f_{ji}^{(\lambda)}(x_j^{(\lambda)})$ の初期化:
  図 **6.7** において,$\ell = \lambda$ の場合は特別に,メッセージ $f_{ji}^{(\lambda)}(x_j^{(\lambda)})$ を

$$f_{ji}^{(\lambda)}(x_j^{(\lambda)}) := p(y_j^{(\lambda)}|x_j^{(\lambda)}), \quad x_j^{(\lambda)} = 0, 1 \tag{6.83}$$

により定め[†2],**(1)** へ進む.

  - 式 (6.78) (図 **6.6**) の例の場合:$\lambda = 2$ であり,式 (6.83) により,$f_{ji}^{(2)}(x_j^{(2)}) := p(y_j^{(2)}|x_j^{(2)})$ ($j = 6, 7, \ldots, 13$) となる.これにより,式 (6.78) の $(*_1)$〜$(*_4)$ の各総和の右側二つの下線部が定まる.

[†1] (1) 後述のように,$f_{ji}^{(\ell)}$ の計算には遷移確率 $p(y_j^{(\ell)}|x_j^{(\ell)})$ が使われる.このため,図 **6.7 (2)** では,メッセージ $\{g_{i_k j}^{(\ell)}\}_k$ 以外の入力 $p(y_j^{(\ell)}|x_j^{(\ell)})$ を加えている.
(2) メッセージ $f_{ji}^{(\ell)}$,$g_{ij}^{(\ell)}$ は,式 (6.78) の途中計算結果であることからわかるように,$x_j^{(\ell)} = 0, 1$ の関数となる.したがって,以下,$f_{ji}^{(\ell)}(x_j^{(\ell)})$,$g_{ij}^{(\ell)}(x_j^{(\ell)})$ などと表す.

[†2] (1) 式 (6.83) は $\ell = \lambda$ における変数ノード処理と見なせ,後述の式 (6.85) で,前段からの入力メッセージを「$g_{i_k j}^{(\ell=\lambda)} = 1$」とした場合になっている.
(2) 式 (6.83),(6.85) から明らかに $f_{ji}^{(\ell)}(x_j^{(\ell)})$ は i によらない.

(1) チェックノード $c_i^{(\ell-1)}$ $(\ell = \lambda, \ldots, 2, 1)$ における処理：図 **6.7 (1)** のチェックノード $c_i^{(\ell-1)} \in C^{(\ell-1)}$ では，前段変数ノード $v_{j_k}^{(\ell)} \in V_{[i,j]}^{(\ell)}$ からのメッセージ $\{f_{j_k i}^{(\ell)}(x_{j_k}^{(\ell)})\}_{k=1}^{J-1}$ を受け取って，$v_j^{(\ell-1)}$ へのメッセージ $g_{ij}^{(\ell-1)}(x_j^{(\ell-1)})$ を次式により定める [†1]：

$$g_{ij}^{(\ell-1)}(x_j^{(\ell-1)})$$
$$:= \sum_{x_{j_1}^{(\ell)} \cdots x_{j_{J-1}}^{(\ell)} \in \{0,1\}^{J-1}} \phi(x_j^{(\ell-1)} : x_{j_1}^{(\ell)} \cdots x_{j_{J-1}}^{(\ell)}) \prod_{k=1}^{J-1} f_{j_k i}^{(\ell)}(x_{j_k}^{(\ell)}). \quad (6.84)$$

このあと，$\ell - 1 > 0$ ならば **(2)** へ，$\ell - 1 = 0$ ならば **(3)** へ進む．

- 式 (6.78)（図 **6.6**）の例の場合：1巡目では $\ell - 1 = \lambda - 1 = 1$ であり，図 **6.6** の $c_i^{(1)} \in C^{(1)}$ $(i = 3 \sim 6)$ からのメッセージ $g_{ij}^{(1)}(x_j^{(1)})$ が

$$g_{ij}^{(1)}(x_j^{(1)}) := \sum_{x_{j_1}^{(2)} x_{j_2}^{(2)}} \phi(x_j^{(1)} : x_{j_1}^{(2)} x_{j_2}^{(2)}) \prod_{k=1,2} f_{j_k i}^{(2)}(x_{j_k}^{(2)}), \; i = 3 \sim 6$$

で定められる．これにより，式 (6.78) の $(*_1) \sim (*_4)$ 各行の総和部分までが計算される．このあと，$\ell - 1 = 1 > 0$ なので **(2)** へ進む．

(2) (中間) 変数ノード $v_j^{(\ell)}$ $(\ell = \lambda, \ldots, 2, 1)$ における処理：図 **6.7 (2)** の (中間) 変数ノード $v_j^{(\ell)} \in V^{(\ell)}$ では，前段チェックノード $c_{i_k}^{(\ell)} \in C_{[j,i]}^{(\ell)}$ からのメッセージ $\{g_{i_k j}^{(\ell)}(x_j^{(\ell)})\}_{k=1}^{I-1}$ と $p(y_j^{(\ell)}|x_j^{(\ell)})$ を受け取って，$c_i^{(\ell-1)}$ へ伝えるメッセージ $f_{ji}^{(\ell)}(x_j^{(\ell)})$ を次式により定め，**(1)** へ戻る：

$$f_{ji}^{(\ell)}(x_j^{(\ell)}) := p(y_j^{(\ell)}|x_j^{(\ell)}) \prod_{k=1}^{I-1} g_{i_k j}^{(\ell)}(x_j^{(\ell)}). \quad (6.85)$$

- 式 (6.78)（図 **6.6**）の例の場合：1巡目では $\ell = \lambda - 1 = 1$ であり，式 (6.85) により，式 (6.78) の $(*_\eta)$ $(\eta = 1 \sim 4)$ で示す各1行全体

$$f_{ji}^{(1)}(x_j^{(1)}) = p(y_j^{(1)}|x_j^{(1)}) \cdot g_{i_1 j}^{(1)}(x_j^{(1)})$$

が計算される．ただし，ここの例では $I - 1 = 1$ であるため，式 (6.85) の $\prod_k$ 部分の項数が一つになっている．このあと，**(1)** へ戻る．

[†1] 式 (6.84) 右辺は，周辺化 $\left(\sum_{x_{j_1}^{(\ell)} \cdots x_{j_{J-1}}^{(\ell)} \in \{0,1\}^{J-1}}\right)$ により，$x_j^{(\ell-1)}$ だけの関数となる．このため，式 (6.84) は $g_{ij}^{(\ell-1)}(x_j^{(\ell-1)})$ と書くことができる．

再度訪れた (1) では，$\ell-1=0$ であり，図 **6.6** の $c_i^{(0)} \in C^{(0)}$ $(i=1,2)$ からのメッセージ $g_{ij}^{(0)}(x_j^{(0)})$ が，式 (6.84) より次式で定められる：

$$g_{ij}^{(0)}(x_j^{(0)}) := \sum_{x_{j_1}^{(1)} x_{j_2}^{(1)}} \phi(x_j^{(0)} : x_{j_1}^{(1)} x_{j_2}^{(1)}) \prod_{k=1,2} f_{j_k i}^{(1)}(x_{j_k}^{(1)}), \quad i=1,2.$$

これにより，式 (6.78) の $(*_1), (*_2)$ ならびに $(*_3), (*_4)$ を含む二つの総和部分が計算される．このあと，$\ell-1=0$ なので，**(3)** へ進む．

(3) ルート変数ノード $v_j^{(0)}$ における処理とビット ($x_j^{(0)}$) 判定：アルゴリズムが本ステップに至るのは，**(1)** で $\ell-1=0$ となったときであり，ルート変数ノード $v_j^{(0)}$ では，前段チェックノード $c_{i_k}^{(0)} \in C^{(0)}$ からのメッセージ $\{g_{i_k j}^{(0)}(x_j^{(0)})\}_{k=1}^I$ と $p(y_j^{(0)}|x_j^{(0)})$ を受け取って，ビット判定のためのメッセージ $\overline{f}_j^{(0)}(x_j^{(0)})$ を次式により定める[†1]：

$$\overline{f}_j^{(0)}(x_j^{(0)}) := p(y_j^{(0)}|x_j^{(0)}) \prod_{k=1}^{I} g_{i_k j}^{(0)}(x_j^{(0)}). \tag{6.86}$$

式 (6.86) の結果は，$x_j^{(0)}$ の事後確率 (式 (6.76)) の定数倍になっている．したがって，$\overline{f}_j^{(0)}(x_j^{(0)}=0)$ と $\overline{f}_j^{(0)}(x_j^{(0)}=1)$ の大きいほうを選んで，$x_j^{(0)}$ の推定値 (0 or 1) を求めることができる．

- 式 (6.78) (図 **6.6**) の例の場合：式 (6.86) で $j=1$, $I=2$ であり，この $\overline{f}_j^{(0)}(x_1^{(0)})$ により，式 (6.78) の $1/A^{(2)}$ 倍が求まる．

〔6.6.6〕式 (6.78) に関して上に説明した Sum-Product アルゴリズムは，すべての符号語ビット x_j に適用され，上記と同じ議論が成立する (p.**153** 脚注 **1** 参照)．逆に，すべての x_j $(j=1\sim n)$ に対して同様の計算が行われるとき，その中には同時に並行して計算可能な要素があり，計算時間の短縮が可能となる．また，上記 Sum-Product アルゴリズムの計算は，図 **6.7** に示される一つひとつのノードにおけるメッセージの局所的計算であり，v_j の近傍 $\mathcal{N}^{(\lambda)}$ が木であることとは直接関係していない．$\mathcal{N}^{(\lambda)}$ が木であれば，結果として，事後確

[†1] 中間変数ノードの式 (6.85) との違いに注意．ルート変数ノードの式 (6.86) では，図 **6.7**(2) で，I 個すべてのチェックノード $c_{i_1}^{(0)}, \ldots, c_{i_I}^{(0)}$ が入力ノードになっている．

率 $p_{X_j|Y}(x_j|\boldsymbol{y})$ が求まるということである．もちろん，「木」でない場合は，「木」である場合 (MAP 復号) に比べて性能が劣化する．

このように，Sum-Product アルゴリズムが図 **6.7**(すなわち図 **6.5**) に表示される各ノードにおける局所的アルゴリズムであることを考えると，アルゴリズムの記述において，ノード番号 (パリティ検査行列 H の行・列番号) に「木」の深さを表す添字 "ℓ" は必要ない．H の「行 (チェックノード) 番号 i」と「列 (変数ノード) 番号 j」を普通に $i=1,2,\ldots,m$，$j=1,2,\ldots,n$ と振り，図 **6.5** でチェックノードを c_i，変数ノードを v_j としてよい．このとき，図 **6.7** に示される入出力メッセージ表すノード番号，すなわち式 (6.79)，(6.80) は

$$\left.\begin{array}{l}V_{[i]} := \{v_j, v_{j_1}, \ldots, v_{j_{J-1}}\},\ V_{[i,j]} := V_{[i]} \setminus \{v_j\}, \\ C_{[j]} := \{c_i, c_{i_1}, \ldots, c_{i_{I-1}}\},\ C_{[j,i]} := C_{[j]} \setminus \{c_i\}.\end{array}\right\} \quad (6.87)$$

と書かれる (p. **156** 脚注 **2** に再度注意)．

このとき，上記 [6.6.5] で用いたメッセージは，パリティ検査行列 H で $h_{ij} \neq 0$ である (i,j) に関して，$t := \lambda - \ell$ をアルゴリズムの繰り返し回数として，

$$f_{ji}^{(t)}(x_j),\quad g_{ij}^{(t+1)}(x_j),\quad t := \lambda - \ell,\quad t = 0, 1, \ldots, \lambda, \ldots \quad (6.88)$$

と表すことができる[†1]．ここで，**(a)** $f_{ji}^{(t)}(\cdot)$, $g_{ij}^{(t+1)}(\cdot)$ では，添字 j で変数 x_j が特定できる，**(b)** $h_{ij} \neq 0$ であるすべての (i,j) に対してメッセージ $f_{ji}^{(t)}(x_j^{(t)})$，$g_{ij}^{(t+1)}(x_j^{(t+1)})$ を尽くすことにより，すべての復号木に対する上記 [6.6.5] の式 (6.82) に現れるメッセージが網羅される，などが成立することに注意する．また，以下ではメッセージを，

$$f_{ji}^{(t)}(0) + f_{ji}^{(t)}(1) = g_{ji}^{(t+1)}(0) + g_{ji}^{(t+1)}(1) = 1,\quad t = 0, 1, \ldots \quad (6.89)$$

が成立するように「正規化」するものとする．

[†1] [6.6.5] で述べた，復号木 $\mathcal{N}^{(\lambda)}$ に基づく基本アルゴリズムとの関係がわかるように $t := \lambda - \ell$ とおいたが，本項のアルゴリズムではもはや復号木 $\mathcal{N}^{(\lambda)}$ を前提としていないので，$t = 0, 1, 2, \ldots$ は単純に繰り返し回数と考えてよい．

〔**6.6.7**〕 **Sum-Product アルゴリズム (B)** (一般形)：式 (6.88)，(6.89) で与えられる正規化されたメッセージ $f_{ji}^{(t)}(x_j)$, $g_{ij}^{(t+1)}(x_j)$ を，$h_{ij} \neq 1$ であるすべての (i,j) に関して，下記により反復更新する．ただし，式 (6.90)，(6.93)，(6.94) において，$\mu_j^{(t)}$ は，式 (6.89) の正規化条件を成立させるための定数である．また，ノード番号の表記は，式 (6.87)（図 **6.7** 参照）に準ずるものとする．

(0) 初期化：$\boldsymbol{y} = (y_1, \ldots, y_n)$ を受信し，$f_{ji}^{(t=0)}(x_j)$ を次式で定める[†1]：

$$f_{ji}^{(0)}(x_j) := \mu_j^{(0)} \cdot p(y_j \mid x_j), \quad x_j \in \{0,1\}, \quad j = 1, 2, \ldots, n. \tag{6.90}$$

(1) 行（チェックノード）処理（図 **6.7**(1)，p.**156** 脚注 **2** 参照）：$g_{ij}^{(t+1)}(x_j)$ $(t \geq 0)$ を次式で定める（計算には式 (6.92) を使用）[†2]：

$$g_{ij}^{(t+1)}(x_j) := \sum_{x_{j_1} \cdots x_{j_{J-1}}} \phi(x_j : x_{j_1} \cdots x_{j_{J-1}}) \prod_{k=1}^{J-1} f_{j_k i}^{(t)}(x_{j_k}) \tag{6.91}$$

$$= \frac{1}{2}\Big(1 + (-1)^{x_j} \prod_{k=1}^{J-1} \big(f_{j_k i}^{(t)}(0) - f_{j_k i}^{(t)}(1)\big)\Big). \tag{6.92}$$

(2) 列（変数ノード）処理（図 **6.7**(2)，p.**156** 脚注 **2** 参照）：$f_{ji}^{(t)}(x_j)$ $(t \geq 1)$ を次式で定める：

$$f_{ji}^{(t)}(x_j) := \mu_j^{(t)} \cdot p(y_j \mid x_j) \prod_{k=1}^{I-1} g_{i_k j}^{(t)}(x_j). \tag{6.93}$$

(3) シンボル推定と停止判定：$j = 1, 2, \ldots, n$ に対して，

$$\overline{f}_j^{(t)}(x_j) = \mu_j^{(t)} \cdot p(y_j \mid x_j) \prod_{k=1}^{I} g_{i_k j}^{(t)}(x_j) \tag{6.94}$$

[†1] 式 (6.90)，(6.93) より明らかに $f_{ji}^{(t)}(x_j)$ は i によらない．p.**157** 脚注 **2 (2)** 参照．
[†2] 「式 (6.91) = 式 (6.92)」の成立は本アルゴリズムにとって本質的である．証明は〔6.6.8〕に与える．式 (6.91) の計算量は総和 $\sum_{x_{j_1} \cdots x_{j_{J-1}}}$ の項数で決まり，2^{J-1} (J の指数オーダ) である．一方，式 (6.92) ではそれが $\prod_{k=1}^{J-1}$ の項数 $J-1$ (J の線形オーダ) に激減している．よって計算は式 (6.92) で行う．また，式 (6.92) より，$g_{ij}^{(t+1)}(0) + g_{ij}^{(t+1)}(1) = 1$, $g_{ij}^{(t+1)}(x_j) \geq 0$ の成立が確認できる．

を計算し (式 (6.93) と積の項数だけが異なる．p. **159** 脚注 **1** 参照)，第 j シンボルの推定値 $\widehat{x}_j^{(t)}$ を次により定める：

$$\widehat{x}_j^{(t)} = \begin{cases} 0, & \overline{f}_j^{(t)}(0) > \overline{f}_j^{(t)}(1), \\ 1, & \overline{f}_j^{(t)}(0) < \overline{f}_j^{(t)}(1). \end{cases} \tag{6.95}$$

ただし，$\overline{f}_j^{(t)}(0) = \overline{f}_j^{(t)}(1)$ の場合には，$\widehat{x}_j^{(t)}$ は 0 と 1 を等確率で選ぶ．

停止判定： 得られた $\widehat{\boldsymbol{x}}^{(t)} := (\widehat{x}_1^{(t)}, \ldots, \widehat{x}_n^{(t)})$ が $\widehat{\boldsymbol{x}}^{(t)} H^T = \boldsymbol{0}$ を満たせば，$\widehat{\boldsymbol{x}}^{(t)}$ を推定送信語として終了．そうでなければ，t を一つ増して **(1)** へ戻る．ただし，符号語が必ず得られるという保証はないので，t があらかじめ定めた上限 λ_0 を超えたときには「復号不能」として停止する[†1]．

計算量： Sum-Product アルゴリズム (B) の計算量は次のように評価される．

(a) p. **161** 脚注 **1** に注意すれば，ステップ **(0)**，**(2)** と **(3)** の式 (6.94) で計算すべきメッセージは i によらず，その数は各々 n である．一方，ステップ **(1)** (式 (6.92)) で計算されるメッセージの数は，$h_{ij} \neq 0$ である (i,j) の個数 $nI(=mJ)$ で与えられる．いずれも，符号長 n の線形オーダである．さらに，一つのメッセージを計算する計算量は，式 (6.90)，(6.92)，(6.93)，(6.94) から明らかなように，いずれも I or J 程度 (定数) 以下である．また **(3)** の $\widehat{\boldsymbol{x}}^{(t)} H^T$ の計算に必要な計算量は H が疎行列であることからやはり n の線形オーダとなる[†2]．よって，四つのステップ全体で必要な計算量も n の線形オーダである．なお，各ステップにおけるメッセージの計算は，各 (i,j) に関して並列 (同時) に処理可能であることに注意しておく．

(b) 推定送信語が得られるまでに必要なステップ **(1)**～**(3)** の繰り返し回数は，式 (6.73) に与えられる復号木の深さ「$\lambda \simeq \log_A n$」$(A := (I-1)(J-1))$

[†1] 応用や状況によってさまざまであるが，例えば λ_0 は λ (式 (6.73)) の数倍程度に選ばれる．

[†2] $\widehat{\boldsymbol{x}}^{(t)} H^T$ の各要素は，非零要素数が J である H^T の各列の要素の部分和で与えられるから，和の計算回数はたかだか J 回である．よって，$\widehat{\boldsymbol{x}}^{(t)} H^T$ 全体で必要な計算量 (和の計算回数) もたかだか mJ ($= nI : n$ の定数倍) である．

が一つの妥当な目安になる [†1].

(c) 以上の (a), (b) より, 一符号語の復号に必要な全計算量は,「$n\lambda \simeq n\log_A n$」のオーダと評価される.

〔6.6.8〕 **式 (6.92) の証明**: $x_j = 0$ の場合を示すが $x_j = 1$ の場合もまったく同様である. $\prod_{k=1}^{J-1}\left(f_{j_k i}^{(t)}(x_{j_k}=0) - f_{j_k i}^{(t)}(x_{j_k}=1)\right)$ の展開を考え, 係数が "+" の項と "−" の項に分ける. すると, 式 (6.91) の $g_{ij}^{(t+1)}(x_j)$ に対して,

$$\prod_{k=1}^{J-1}\left(f_{j_k i}^{(t)}(0) \pm f_{j_k i}^{(t)}(1)\right) = g_{ij}^{(t+1)}(0) \pm g_{ij}^{(t+1)}(1) \quad \text{(複号同順)} \quad (6.96)$$

の成立することが導かれる (章末問題 **6.7** 参照). これより直ちに所望の結果,

$$2\,g_{ij}^{(t+1)}(0) = \{g_{ij}^{(t+1)}(0) + g_{ij}^{(t+1)}(1)\} + \{g_{ij}^{(t+1)}(0) - g_{ij}^{(t+1)}(1)\}$$
$$= \prod_{k=1}^{J-1}\left(f_{j_k i}^{(t)}(0) + f_{j_k i}^{(t)}(1)\right) + \prod_{k=1}^{J-1}\left(f_{j_k i}^{(t)}(0) - f_{j_k i}^{(t)}(1)\right)$$
$$= 1 + \prod_{k=1}^{J-1}\left(f_{j_k i}^{(t)}(0) - f_{j_k i}^{(t)}(1)\right)$$

が得られる. ただし, $f_{j_k i}^{(t)}(0) + f_{j_k i}^{(t)}(1) = 1$ を用いている.

6.6.2 2元消失通信路 (BEC) における性能評価

〔6.6.9〕 **BEC に対する Sum-Product 復号**: Sum-Product アルゴリズムを用いた LDPC 符号の有効性は一般の無記憶通信路に対して示されているが, ここでは簡単のため, 2 元消失通信路 (BEC) に対してその有効性を説明する.

通信路が BEC の場合, 式 (6.88), (6.89) に与えた正規化されたメッセージの, $x_j = 0$ と $x_j = 1$ に対する値をペアにしたベクトル

$$\boldsymbol{f}_{ji}^{(t)} := (f_{ji}^{(t)}(0), f_{ji}^{(t)}(1)), \quad \boldsymbol{g}_{ij}^{(t)} := (g_{ij}^{(t)}(0), g_{ij}^{(t)}(1)) \quad (6.97)$$

[†1] 本項で述べた一般形では,「復号木」を前提としていないが, 基本のアイデアに立ち戻れば, 復号木の深さ λ が繰り返し回数の妥当な目安であり, 実験的にも支持される.

を考えると便利である．これらのベクトルは，$(1,0),(0,1),(\frac{1}{2},\frac{1}{2})$ のいずれかをとることが示される（〔6.6.10〕参照）．以下，表記の簡単のため，

$$(1,0) =: \mathbf{0}, \quad (0,1) =: \mathbf{1}, \quad \left(\tfrac{1}{2},\tfrac{1}{2}\right) =: \mathbf{?} \tag{6.98}$$

と略記する．すると，BEC に対する Sum-Product アルゴリズムは，$h_{ij} \neq 0$ である (i,j) に対して，メッセージベクトル $\boldsymbol{f}_{ji}^{(t)}, \boldsymbol{g}_{ij}^{(t)} (\in \{\mathbf{0},\mathbf{1},\mathbf{?}\})$ を反復更新するアルゴリズムとして，次のように表される（正当性については〔6.6.10〕で説明する）．なお，入出力ノードの表記については，式 (6.87)（図 **6.7** 参照）に準ずるものとする．

(0) 初期化：BEC に対して，式 (6.90) を行うと，次が得られる[†1]：

$$\boldsymbol{f}_{ji}^{(0)} = \mu_j \cdot \bigl(p(y_j|x_j=0), p(y_j|x_j=1)\bigr) =: \mathbf{y}_j. \tag{6.99}$$

(1) 行処理：BEC に対して式 (6.92) と行うと，次式となる ($t \geq 0$)：

$$\boldsymbol{g}_{ij}^{(t+1)} = \begin{cases} \sum_{k=1}^{J-1} \boldsymbol{f}_{j_k i}^{(t)}, & F_{[i,j]}^{(t)} \text{ が ? を含まないとき}, \\ \mathbf{?}, & F_{[i,j]}^{(t)} \text{ が ? を含むとき}. \end{cases} \tag{6.100}$$

ただし，$F_{[i,j]}^{(t)}$ は入力メッセージの集合

$$F_{[i,j]}^{(t)} := \{\boldsymbol{f}_{j_1 i}^{(t)}, \boldsymbol{f}_{j_2 i}^{(t)}, \ldots, \boldsymbol{f}_{j_{J-1} i}^{(t)}\} \tag{6.101}$$

であり，和は，$\mathbf{0}+\mathbf{0} = \mathbf{1}+\mathbf{1} = \mathbf{0}, \mathbf{0}+\mathbf{1} = \mathbf{1}+\mathbf{0} = \mathbf{1}$ に従うとする[†2]．

(2) 列処理：BEC に対して式 (6.93) を行うと，次式となる ($t \geq 1$)：

$$\boldsymbol{f}_{ji}^{(t)} = \begin{cases} \mathbf{0}, & G_{[j,i]}^{(t)} \text{ が } \mathbf{0} \text{ を含むとき}, \\ \mathbf{1}, & G_{[j,i]}^{(t)} \text{ が } \mathbf{1} \text{ を含むとき}, \\ \mathbf{?}, & G_{[j,i]}^{(t)} \text{ が ? だけから成るとき}. \end{cases} \tag{6.102}$$

[†1] p.**161** 脚注 **1** に述べたように，式 (6.99), (6.102) の $\boldsymbol{f}_{ji}^{(t)}$ は i によらない．

[†2] $\{0,1\}$ に対する mod 2 の和と形式的に同一．ここでは mod **2** による和とも表す．

ただし，$G_{[j,i]}^{(t)}$ は次式で与えられる入力メッセージの集合である：

$$\left.\begin{array}{l}G_{[j]}^{(t)} := \{\mathbf{y}_j, \mathbf{g}_{i_1 j}^{(t)}, \ldots, \mathbf{g}_{i_{I-1} j}^{(t)}, \mathbf{g}_{ij}^{(t)}\}, \\ G_{[j,i]}^{(t)} := G_{[j]}^{(t)} \setminus \{\mathbf{g}_{ij}^{(t)}\}.\end{array}\right\} \quad (6.103)$$

(3) シンボル判定：x_j $(j = 1, 2 \ldots, n)$ の推定値 $\widehat{x}_j^{(t)}$ $(t \geq 1)$ を

$$\widehat{x}_j^{(t)} = \begin{cases} 0, & G_{[j]}^{(t)} \text{ が } \mathbf{0} \text{ を含むとき}, \\ 1, & G_{[j]}^{(t)} \text{ が } \mathbf{1} \text{ を含むとき}, \\ ?, & G_{[j]}^{(t)} \text{ が } \mathbf{?} \text{ だけから成るとき} \end{cases} \quad (6.104)$$

により定める[†1]．この後の「停止判定」は，〔6.6.7〕のステップ **(3)** に述べたとおりである．

〔**6.6.10**〕上記の **(0)**〜**(3)** は，〔6.6.7〕の **(0)**〜**(3)** を BEC の場合について書き直したものである．以下にそうなっていることの概略を説明する．

(0) 式 (6.90) が式 (6.99) になること：式 (6.99) 自体は自明であるが，$\mathbf{f}_{ji}^{(0)} = \mathbf{y}_j \in \{\mathbf{0}, \mathbf{1}, \mathbf{?}\}$ が成り立つこと，また，$y_j = 0, 1, ?$ に応じて順に $\mathbf{y}_j = \mathbf{0}, \mathbf{1}, \mathbf{?}$ となることも容易に確認できる[†2]．

(1) 式 (6.92) が式 (6.100) になること $(t \geq 0)$（証明は下記 **(1-a)**）：

(1-a) $\mathbf{?} \notin F_{[i,j]}^{(t)}$，すなわち $F_{[i,j]}^{(t)}$ が $\mathbf{0}, \mathbf{1}$ だけから成るならば，式 (6.92) の積部分 $\prod_{k=1}^{J-1}$ の値は，$\mathbf{1} = (0, 1)$ の数が偶数のとき $+1$，奇数のとき -1 となる．その結果，出力メッセージ $\mathbf{g}_{ij}^{(t+1)}$ は，入力メッセージ $\mathbf{1}$ の数が偶数のとき $\mathbf{0} = (1, 0)$，奇数のとき $\mathbf{1} = (0, 1)$ となり，この結果は，式 (6.100) の第 1 式の和 $\sum_{k=1}^{J-1} f_{j_k i}^{(t)} \pmod{2}$ に等しい．

一方，$\mathbf{?} := (1/2, 1/2) \in F_{[i,j]}^{(t)}$ ならば，式 (6.92) の積部分 $\prod_{k=1}^{J-1}$ の値は 0 であり，$g_{ij}^{(t+1)}(0) = g_{ij}^{(t+1)}(1) = 1/2$ となり，式 (6.100) の第 2 式が成立する．

[†1] 式 (6.104) の第 3 式は，式 (6.94) で $\overline{f}_j^{(t)}(0) = \overline{f}_j^{(t)}(1)$ が成立する場合（$\widehat{x}_j^{(t)} = 0, 1$ を等確率で選択）を，「$\widehat{x}_j^{(t)} =?$」と表しただけ（したがって実体は「$\widehat{x}_j^{(t)} = 0$ or 1」）である．

[†2] BEC のとき，$(p_{Y_j|X_j}(0|0), p_{Y_j|X_j}(0|1)) = (1-\varepsilon, 0)$，$(p_{Y_j|X_j}(1|0), p_{Y_j|X_j}(1|1)) = (0, 1-\varepsilon)$，$(p_{Y_j|X_j}(?|0), p_{Y_j|X_j}(?|1)) = (\varepsilon, \varepsilon)$ である．

(1-b) さらに次が成立する：式 (6.100) の計算結果を含む式 (6.103) の集合 $G_{[j]}^{(t+1)}$ ($\supset G_{[j,i]}^{(t+1)}$) は，「$\mathbf{x}_j$ と ? だけから成る」．ただし，$\mathbf{x}_j := (x_j + 1, x_j) \pmod 2$ [†1] :

$\mathbf{y}_j, \boldsymbol{g}_{ij}^{(t+1)} \in \{\mathbf{x}_j, ?\}$ を示せばよい．BEC であることより「$y_j = x_j$ or ?」，すなわち「$\mathbf{y}_j \in \{\mathbf{x}_j, ?\}$」が成り立つ．したがって，式 (6.99) より $\boldsymbol{f}_{ji}^{(t=0)} = \mathbf{y}_j \in \{\mathbf{x}_j, ?\}$ である．(後の **(2-b)** に述べるように，$t \geq 1$ に対しても $\boldsymbol{f}_{ji}^{(t)} \in \{\mathbf{x}_j, ?\}$ が成立する)．ここで，式 (6.100) において $\boldsymbol{g}_{ij}^{(t+1)} \notin \{\mathbf{x}_j, ?\}$ であったと仮定しよう．すると，$\boldsymbol{g}_{ij}^{(t+1)} \in \{\mathbf{0, 1, ?}\}$ であることより，$\boldsymbol{g}_{ij}^{(t+1)} = \mathbf{x}_j + \mathbf{1} (\neq ?)$ でなければならない．これが成立するのは，式 (6.100) の第 1 式で，$\boldsymbol{g}_{ij}^{(t+1)} = \sum_{k=1}^{J-1} \boldsymbol{f}_{j_k i}^{(t)} = \mathbf{x}_j + \mathbf{1}$ が成立する場合である．このとき，$\boldsymbol{f}_{j_k i}^{(t)} \neq ?$ であるから，式 (6.99)（あるいは後述の **(2-b)**）において $\boldsymbol{f}_{j_k i}^{(t)} (= \mathbf{y}_{j_k}) = \mathbf{x}_{j_k}$ が成立する．よって，$\boldsymbol{g}_{ij}^{(t+1)} = \sum_{k=1}^{J-1} \boldsymbol{f}_{j_k i}^{(t)} = \sum_{k=1}^{J-1} \mathbf{x}_{j_k} = \mathbf{x}_j + \mathbf{1}$ $\pmod 2$ が成り立たなければならない．しかるに，$x_j = 0, 1$ と $\mathbf{x}_j = \mathbf{0, 1}$ は，加法の演算規則も含めて完全に対応していたから，上の関係は，$\sum_{k=1}^{J-1} x_{j_k} = x_j + 1 \pmod 2$ を意味する．しかし，これは符号語が満たす i 行目のパリティ検査式 $\sum_{k=1}^{J-1} x_{j_k} = x_j$ $\pmod 2$ に矛盾する．すなわち，仮定が誤りであり，$\boldsymbol{g}_{ij}^{(t+1)} \in \{\mathbf{x}_j, ?\}$ が成立する．

(2) 式 (6.93) が式 (6.102) になること ($t \geq 1$)（証明は下記 **(2-a)**）：

(2-a) 上記 **(1-b)** に示したように，$G_{[j,i]}^{(t)}$ ($\subset G_{[j]}^{(t)}$) は，$\mathbf{x}_j (= \mathbf{0}$ or $\mathbf{1})$ と ? だけから成る．すなわち，$G_{[j,i]}^{(t)}$ の要素の可能な組み合わせは，(i)「$(\mathbf{x}_j =) \mathbf{0}$ と ?」，(ii)「$(\mathbf{x}_j =) \mathbf{1}$ と ?」，(iii)「すべて ?」の三つに限られる．よって，$G_{[j,i]}^{(t)}$ 内のメッセージベクトルに対する「積」を

$$\mathbf{x} \cdot ? = ? \cdot \mathbf{x} = \mathbf{x} \cdot \mathbf{x} = \mathbf{x}, \quad ? \cdot ? = ?, \quad \text{ただし } \mathbf{x} := \mathbf{0} \text{ or } \mathbf{1} \tag{6.105}$$

によって定義する (本質的にベクトルの要素ごとの積) と [†2]，式 (6.93) は

$$\boldsymbol{f}_{ji}^{(t)} = \mathbf{y}_j \prod_{k=1}^{I-1} \boldsymbol{g}_{i_k j}^{(t)} \tag{6.106}$$

と表される (各自確認せよ)．これより，直ちに式 (6.102) の成立が示される．式 (6.106) において，入力メッセージの集合 $G_{[j,i]}^{(t)}$ が (i) であれば，式 (6.105) の第 1 式より，式 (6.102) の第 1 式 $\boldsymbol{f}_{ji}^{(t)} = \mathbf{x}_j = \mathbf{0}$ が得られる．同様に (ii) であれば，式 (6.102) の第 2 式 $\boldsymbol{f}_{ji}^{(t)} = \mathbf{x}_j = \mathbf{1}$ が得られる．さらに (iii) であれば，式 (6.105) の第 2 式より，式 (6.102) の第 3 式 $\boldsymbol{f}_{ji}^{(t)} = ?$ が得られる．

(2-b) 上記 **(2-a)** より，「$\boldsymbol{f}_{ji}^{(t)} \in \{\mathbf{x}_j, ?\}$」が成立する．

[†1] $x_j = 0, 1$ に応じて $\mathbf{x}_j = \mathbf{0, 1}$ が成立する．また，「$\mathbf{x}_j$ と ?」は，「$\mathbf{x}_j = \mathbf{0}$ と ?」あるいは「$\mathbf{x}_j = \mathbf{1}$ と ?」のいずれかであることを意味する．

[†2] $\mathbf{0} \cdot \mathbf{1}$ や $\mathbf{1} \cdot \mathbf{0}$ は現れないことに注意．

(3) 式 (6.94), (6.95) が式 (6.104) になること (証明は下記 **(3-a)**):

(3-a) 式 (6.94) は式 (6.93) と本質的に変わりない (入力メッセージの集合が, $G_{[j,i]}^{(t)}$ から $G_{[j]}^{(t)}$ に拡大しただけ). よって, 式 (6.102) において, $G_{[j,i]}^{(t)}$, $\boldsymbol{f}_{ji}^{(t)}$ を各々 $G_{[j]}^{(t)}$, $\overline{\boldsymbol{f}}_j^{(t)} := (\overline{f}_j^{(t)}(0), \overline{f}_j^{(t)}(1))$ (式 (6.94) 参照) で置き換えた関係が成立する. また, 式 (6.94) の $\overline{f}_j^{(t)}(x_j)$ から式 (6.95) によって推定シンボル $\widehat{x}_j^{(t)}$ を決定することは, $\overline{\boldsymbol{f}}_j^{(t)} = \boldsymbol{0}, \boldsymbol{1}, \boldsymbol{?}$ に対応して $\widehat{x}_j^{(t)} = 0, 1, ?$ とおく ($\widehat{x}_j^{(t)} = ?$ の意味は p. **165** 脚注 **1**) ことに他ならなず, 式 (6.104) が成立する.

(3-b) 上記 **(3-a)** より, **(2-b)** に述べたのと同じく,「$\overline{\boldsymbol{f}}_j^{(t)} \in \{\mathbf{x}_j, \boldsymbol{?}\}$」が成立する. よって, 式 (6.104) において $\widehat{x}_j^{(t)} = x_j$ or ? ($\widehat{x}_j^{(t)} \neq x_j + 1$) が成立し, 次が成り立つ:

$$\text{「BECでは, } \widehat{x}_j^{(t)} = ? \text{ でなければ, 復号結果は正しい」.} \tag{6.107}$$

以上の **(1)**〜**(3)** の議論を繰り返すことにより, $t = 0, 1, 2, \ldots$ に対して式 (6.100), (6.102), (6.104) の成立することが導かれる (帰納法).

〔6.6.11〕BEC における LDPC 符号の性能解析: 符号長 n が十分大きいとして解析を行う. より正確には, アルゴリズムの繰り返し回数 $t \leq \lambda$ に対して n が十分大きく, 任意の変数ノード v_j に対する近傍グラフ $\mathcal{N}^{(\lambda)}$ が「木」であると仮定できるとする [†1]. すると,〔6.6.9〕に述べたアルゴリズムの「行処理」ならびに「列処理」の各段階で扱うメッセージの集合

$$\left.\begin{aligned}F^{(t)} &:= \bigcup_i F_{[i,j]}^{(t)} \quad (0 \leq t \leq \lambda - 1), \\ G^{(t')} &:= \bigcup_j G_{[j,i]}^{(t')} \quad (1 \leq t' \leq \lambda - 1), \quad G^{(\lambda)} := \bigcup_j G_{[j]}^{(\lambda)}\end{aligned}\right\} \tag{6.108}$$

各々の要素に関して, 次が成立する (証明は後の〔6.6.16〕に与える) [†2].

$$\left.\begin{aligned}&F^{(t)}, G^{(t+1)} \ (0 \leq t \leq \lambda - 1) \text{ の各々について, 要素が} \\ &\text{「? である」か「? でない (¬?)」か, は独立な事象である.}\end{aligned}\right\} \tag{6.109}$$

以下, $\boldsymbol{f}_{ji}^{(t)} = ?$ である確率を $\alpha^{(t)}$, $\boldsymbol{g}_{ij}^{(t+1)} = ?$ である確率を $\beta^{(t+1)}$ で表す. すると, 以下の **(0)**〜**(3)** が成り立つ. ただし, 消失確率が $\epsilon = 1, 0$ の BEC

[†1] 変数ノード v_j および λ を固定したとき, n を大きくすれば, v_j の近傍グラフ $\mathcal{N}^{(\lambda)}$ が「木」にならない確率 p を小さくできることは直感的には想像しやすい. 実際, p は $O(1/n)$ 以下となることが示される [40, 付録 A].

[†2] $F_{[i,j]}^{(t)}$ は式 (6.101), $G_{[j,i]}^{(t)}$, $G_{[j]}^{(t)}$ は式 (6.103) で与えられる. $F^{(t)}, G^{(t)}$ は図 **6.6** の復号木で見ると, 各横 1 列に配置する枝に割り振られたメッセージの集合に対応する.

は自明であるので，以下 $\epsilon \in (0,1)$ とする．また，$t \to \infty$ とする漸近論は，$t \to \infty$ に応じて $\lambda \to \infty$, $n \to \infty$ とする議論であることに注意する．

(0) 初期化 (式 (6.99)) では，「$\alpha^{(t=0)} = \epsilon$」となる [†1]．

(1) 行処理 (式 (6.100)) では，$J-1$ 個の $\{\boldsymbol{f}_{j'i}^{(t)}\}_{j'}$ のうち一つでも **?** となると，$\boldsymbol{g}_{ij}^{(t+1)} = $ **?** となる．一方，$\{\boldsymbol{f}_{j'i}^{(t)}\}_{j'}$ がすべて **?** でない確率は，式 (6.109) に述べた独立性から $(1-\alpha^{(t)})^{J-1}$ で与えられる．よって，$\boldsymbol{g}_{ij}^{(t+1)} = $ **?** となる確率 $\beta^{(t+1)}$ は，これを 1 から差し引いて，

$$\beta^{(t+1)} = 1 - (1 - \alpha^{(t)})^{J-1}. \tag{6.110}$$

(2) 列処理 (式 (6.102)) では，$G_{[j,i]}^{(t)}$ の要素のすべてが **?** のときに，$\boldsymbol{f}_{ji}^{(t)} = $ **?** となる．よって，式 (6.109) に述べた，$G_{[j,i]}^{(t)}$ の要素に関する独立性より，

$$\alpha^{(t)} = \epsilon \cdot (\beta^{(t)})^{I-1}. \tag{6.111}$$

(3) 式 (6.104) のシンボル判定結果で $\widehat{x}_j^{(t)} = $ **?** である確率を $\gamma^{(t)}$ とすれば，$\gamma^{(t)}$ は，列処理の場合とまったく同様にして，次式で与えられる：

$$\gamma^{(t)} := \epsilon \cdot (\beta^{(t)})^I. \tag{6.112}$$

〔**6.6.12**〕 **アルゴリズムの収束**：式 (6.107) に示したように，BEC では $\widehat{x}_j = $ **?** でなければ復号結果は正しい．したがって，$\widehat{x}_j = $ **?** である確率 $\gamma^{(t)}$ が，$t \to \infty$ のとき 0 に収束するならば，誤りのない復号が達成される．また，式 (6.111), (6.112) より，$\lim_{t \to \infty} \gamma^{(t)} = 0$ と $\lim_{t \to \infty} \alpha^{(t)} = 0$ は同値である．よって，以下では，$\{\alpha^{(t)}\}_{t \geq 0}$ について考える．すると，式 (6.110), (6.111) より，

$$\alpha^{(t+1)} = f_\epsilon(\alpha^{(t)}), \quad f_\epsilon(x) := \epsilon \cdot \left(1 - (1-x)^{J-1}\right)^{I-1} \tag{6.113}$$

[†1] 符号語の生起は等確率とする．すると，線形符号であることから，符号語シンボル 0, 1 の発生も等確率となり (章末問題 **6.8** 参照)，$\boldsymbol{f}_{ji}^{(t=0)}$ が **0** および **1** となる確率は共に $(1-\epsilon)/2$，$\boldsymbol{f}_{ji}^{(t=0)} = $ **?** となる確率は ϵ となる．

が成立し，$\{\alpha^{(t)}\}_{t \geq 0}$ (初期値：$\alpha^{(0)} = \epsilon$) は，$[0, \epsilon]$ に属す，$f_\epsilon(x)$ の「最大の不動点[†1] に収束」する．

(証明) (1) 簡単にわかるように，$f_\epsilon(x)$ は $x \in (0, 1)$ において連続微分可能で

$$f'_\epsilon(x) = \epsilon(I-1)(J-1)\bigl(1-(1-x)^{J-1}\bigr)^{I-2}(1-x)^{J-2} > 0$$

となる．すなわち，$f_\epsilon(x)$ は単調増大関数で，$f_\epsilon(0) = 0$，$f_\epsilon(1) = \epsilon$ である．

(2) 上記より，$\epsilon = f_\epsilon(1) > f_\epsilon(x)$ $(x \in (0,1))$ である．よって，$\alpha^{(0)} := \epsilon \in (0,1)$ に対して $\epsilon = \alpha^{(0)} > f_\epsilon(\alpha^{(0)}) =: \alpha^{(1)}$ が成立し，$f_\epsilon(x)$ が増加関数であることから，$\alpha^{(1)} := f_\epsilon(\alpha^{(0)}) > f_\epsilon(\alpha^{(1)}) =: \alpha^{(2)}$ が成立する．以下同様にして，

$$\epsilon = \alpha^{(0)} > \alpha^{(1)} > \cdots > \alpha^{(t)} > \alpha^{(t+1)} > \cdots$$

が成立し，$\{\alpha^{(t)}\}_{t \geq 0}$ は，正の単調減少列となる．よって，$\{\alpha^{(t)}\}_{t \geq 0}$ は非負の値 $\alpha^{(\infty)}$ に収束し，$f_\epsilon(x)$ が連続であることより $\alpha^{(\infty)} = f_\epsilon(\alpha^{(\infty)})$ が成立する．明らかに，$\alpha^{(\infty)}$ は，$[0, \epsilon]$ に属す，$f_\epsilon(x)$ の最大の不動点である． ☐

〔**6.6.13**〕 **BEC の復号閾値**：$\gamma^{(t)} \to 0$ が成立する消失確率 ϵ の上限

$$\epsilon^* := \sup A, \quad A := \{\epsilon \in [0,1] \mid \lim_{t \to \infty} \gamma^{(t)} = 0\} \tag{6.114}$$

を BEC の**復号閾値**と呼ぶ．この復号閾値 ϵ^* は，次のようにも表される：

$$\left.\begin{aligned}
&\epsilon^* = \sup B = \inf B', \\
&B := \{\epsilon \in [0,1] \mid x = f_\epsilon(x) \text{ が } x \in (0,1] \text{ に解を持たない }\}, \\
&B' := \{\epsilon \in [0,1] \mid x = f_\epsilon(x) \text{ が } x \in (0,1] \text{ に解を持つ }\}.
\end{aligned}\right\} \tag{6.115}$$

(証明) (1) $\epsilon^* := \sup A = \sup B$ であること：$A = B$ を示せば十分．

$A \subseteq B$ であること：$\epsilon \in A$ とすれば，$\alpha^{(0)} = \varepsilon$ に対して，$0 = \gamma^{(\infty)} = \alpha^{(\infty)}$ である．〔6.6.12〕で見たように，$\alpha^{(\infty)}$ は $f_\epsilon(x)$ の，$[0, \epsilon]$ における最大の不動点であり，$\alpha^{(\infty)} = 0$ は，この不動点が 0 であることを意味する．すなわち，$x = f_\epsilon(x)$ は $x \in (0, 1]$ に解を持たない．よって，$\epsilon \in B$ が成立する．

$B \subseteq A$ であること：常に，0 は $f_\epsilon(x)$ の不動点である．よって，$\epsilon \in B$ のとき，B の定義 (式 (6.115)) は，$f_\epsilon(x)$ の (最大の) 不動点が 0 (だけ) であることを表して

[†1] $f(x) = x$ を満たす x を，関数 $f(x)$ の不動点と呼ぶ．

いる.再び〔6.6.12〕で見たところにより,これは $\alpha^{(\infty)} = 0$ が成立すること,すなわち,$\epsilon \in A$ が成立することを意味する.

(2) 式 (6.115) で $\sup B = \inf B'$ であること:B' は B の補集合 $(B' = [0,1] \setminus B)$ である.よって,$B = [0, \epsilon^*)$ (あるいは $[0, \epsilon^*]$) がいえれば十分である[†1].これを示すために,$0 < \epsilon_1 < \epsilon < 1$ とするとき,$x = f_\epsilon(x)$ が $x \in (0,1]$ に解を持たないにもかかわらず,$f_{\epsilon_1}(x)$ が,$x_1 = f_{\epsilon_1}(x_1)$, $x_1 \in (0,1]$ なる不動点を持ったとして,矛盾を導く.このとき,$f_1(x_1) = x_1/\epsilon_1$ が成り立つ[†2]から,

$$f_\epsilon(x_1) = \epsilon f_1(x_1) = \frac{\epsilon x_1}{\epsilon_1} > x_1$$

が得られる.しかるに,$f_\epsilon(1) = \epsilon$ であるから,$x_1 < x_0 < 1$ なる x_0 が存在して,$x_0 = f_\epsilon(x_0)$ が成立しなければならない (図 **6.8** 参照).これは最初の,$x = f_\epsilon(x)$ が $x \in (0,1]$ に解を持たないとした仮定に反する.

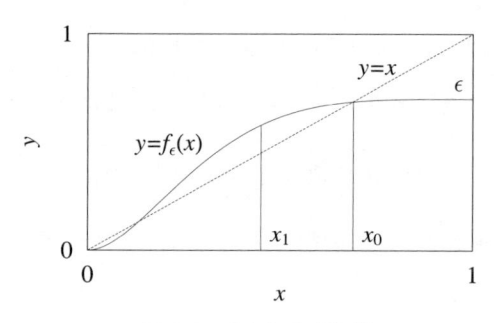

図 **6.8** $f_\epsilon(x)$ の 形 状

〔**6.6.14**〕式 (6.115) の第 2 式により,BEC の復号閾値 ϵ^* は,$\epsilon = x/f_1(x)$ の最小値で与えられる.すなわち,

$$\epsilon^* = \inf_{x \in [0,1]} \frac{x}{f_1(x)} = \inf_{x \in [0,1]} \frac{x}{(1-(1-x)^{J-1})^{I-1}}$$
$$= \inf_{y \in [0,1]} g(y), \quad g(y) := \frac{1-y}{(1-y^{J-1})^{I-1}}, \quad y := 1-x. \quad (6.116)$$

[†1] このとき,$B' = [\epsilon^*, 1]$ (あるいは $(\epsilon^*, 1]$) が成り立ち,$\sup B = \inf B' = \epsilon^*$ となる.
[†2] $f_\epsilon(x)$ の定義 (式 (6.113)) より,$f_\epsilon(x) = \epsilon f_1(x)$ と書かれることに注意.

この ϵ^* は，次のように求められる．$g(y)$ $(y \in (0,1))$ の極値を求めるために，$g'(y)$ と同じ符号 $(\pm)$ を有する関数 $h(y) := (1-y^{J-1})^I g'(y)$ を計算すると，

$$h(y) = -(A-1)y^{J-1} + Ay^{J-2} - 1, \quad A := (J-1)(I-1)$$

となり，$h(0) = -1$, $h(1) = 0$ である．さらに，

$$h'(y) := -\{(A-1)y - (I-1)(J-2)\}(J-1)y^{J-3}$$

であり，$h'(y) = 0$ の解は，0 と $y_0 := \dfrac{(I-1)(J-2)}{A-1}$ で与えられる．

これより，$I \geq 3$ のときには $0 < y_0 < 1$ が成立し，$h(y)$ の形状は図 **6.9** のようになる．そして，図に示す $0 < y^* < y_0$ が存在して，$g(y)$ は，$(0, y^*)$ で単調減少，$(y^*, 1)$ で単調増大で，y^* で最小値 $\epsilon^* = g(y^*)$ をとる [†1]．

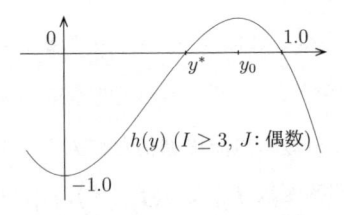

図 6.9 $h(y)$ ($I \geq 3$) の形状

表 6.1 (I, J) 正則 LDPC 符号の閾値 ϵ^*

(I, J)	ϵ^*
(2, 4)	0.333 333
(3, 6)	0.429 440 (最大)
(4, 8)	0.383 447
(5, 10)	0.341 550
(6, 12)	0.307 462
(7, 14)	0.279 751

一方，$I = 2$ のときには $y_0 = y^* = 1$ で，$h(y) < 0$, $y \in (0,1)$ となる．よって，$g(y)$ は $(0,1)$ で単調減少であり，$\epsilon^* = g(y^* = 1) = 1/(J-1)$ となる．

〔**6.6.15**〕一例として，符号化率 $R = 1/2$ である $(I, J = 2I)$ 正則 LDPC 符号に対して，式 (6.116) で与えられる BEC の復号閾値 ϵ^* を求めてみよう．上記 $h(y)$ の零点 $y^* \in (0, y_0)$ を求めれば，$\epsilon^* = g(y^*)$ により，簡単に**表 6.1** が得られる．$(I, J) = (3, 6)$ 正則符号の場合に，最も大きな復号閾値 $\epsilon^* = 0.429\,4\cdots$ が得られる．また，消失確率 ϵ がこの復号閾値 $\epsilon^* = 0.429\,4\cdots$ 前後にある BEC に対して，$\gamma^{(t)}$ の振る舞いを，図 **6.10** に示している．

[†1] $h(y)$ の零点 $y^* \in (0, y_0)$ は，2分法やニュートン法などにより，容易に求められる．

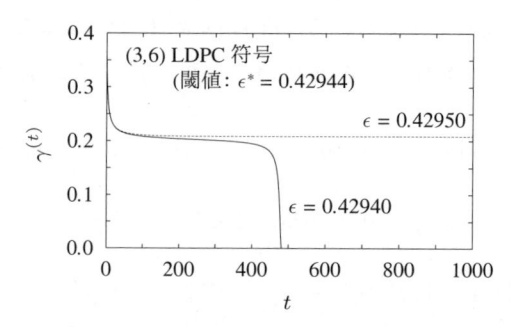

図 **6.10** 消失確率 ϵ の BEC に対する $(3,6)$
正則 LDPC 符号の復号性能

ところで，消失確率が ϵ である BEC の通信路容量は $C = 1 - \epsilon$ である（式 (5.29)）から，符号化率 $R = 1/2$ の符号の復号閾値 ϵ^* は，$R < C = 1 - \epsilon^*$ より，$\epsilon^* < 1 - R = 1/2$ に制約され，上限は $1/2$ である．そして，上記の正則 LDPC 符号では，最大の復号閾値が $\epsilon^* = 0.4294\cdots$ であった．しかし，列重みおよび行重みが非一様な LDPC 符号を考えることにより，$\epsilon^* \to 1/2$ に漸近する，$R = 1/2$ の LDPC 符号が得られている．

なお，以上の解析手法は，BSC などを含む一般の無記憶通信路に対して自然に拡張される．この解析手法は，基本的に，確率変数 $\boldsymbol{f}_{ji}^{(t)} := (f_{ji}^{(t)}(0), f_{ji}^{(t)}(1))$，$\boldsymbol{g}_{ij}^{(t)} := (g_{ij}^{(t)}(0), g_{ij}^{(t)}(1))$ の確率密度関数を，$t = 0, 1, \ldots$ に対して順次計算していく方法で，**密度発展法** (density evolution) と呼ばれている．

〔**6.6.16**〕式 (6.109) が成立することの証明：送信語を $\boldsymbol{x} = (x_1, x_2, \ldots, x_n)$，$x_j \in \{0, 1\}$，受信語 (BEC 出力) を $\boldsymbol{y} = (y_1, y_2, \ldots, y_n)$，$y_j \in \{0, 1, ?\}$ とする．また，受信シンボル y_j の値として「? であるか否か」，すなわち $a_j \in \{?, \neg?\}$，$\boldsymbol{a} := (a_1, a_2, \ldots, a_n)$ を考える．このとき，次の **(1)** が成立する．

(1) 受信語が $\boldsymbol{y} = \boldsymbol{a}$ $(a_j \in \{?, \neg?\})$ である結合確率に関して，

$$p(\boldsymbol{y} = \boldsymbol{a}) = \prod_{j=1}^{n} p(y_j = a_j) \qquad (6.117)$$

が成立する[†1]．すなわち，$y_j \in \{?, \neg?\}$ ($j = 1, 2, \ldots, n$) は独立である．

(証明) 通信路が無記憶な BEC であることから容易に，

$$p(\boldsymbol{y} = \boldsymbol{a}) = \sum_{\boldsymbol{\xi} \in \{0,1\}^n} p(\boldsymbol{y} = \boldsymbol{a}, \boldsymbol{x} = \boldsymbol{\xi})$$

$$= \sum_{\boldsymbol{\xi} \in \{0,1\}^n} p(\boldsymbol{x} = \boldsymbol{\xi}) \prod_{j=1}^{n} p(y_j = a_j | x_j = \xi_j)$$

$$\stackrel{(a)}{=} \sum_{\boldsymbol{\xi} \in \{0,1\}^n} p(\boldsymbol{x} = \boldsymbol{\xi}) \prod_{j=1}^{n} p(y_j = a_j) = \prod_{j=1}^{n} p(y_j = a_j) \tag{6.118}$$

が得られ，式 (6.117) が成立する．ただし，(a) の等号は，BEC では $y_j = a_j$ ($a_j \in \{?, \neg?\}$) と $x_j = \xi_j$ ($\xi_j \in \{0, 1\}$) は独立で，

$$p(y_j = a_j | x_j = \xi_j) = p(y_j = a_j) = \begin{cases} \varepsilon, & a_j = ?, \\ 1 - \varepsilon, & a_j = \neg? \end{cases}$$

が成立することによる (各自確認せよ)． □

(注意) 式 (6.117) は，受信シンボル y_j の値を $a_j \in \{?, \neg?\}$ としたときに成立する関係で，y_j の値として $\{0, 1, ?\}$ を考えたときには必ずしも成立しない．実際，$\boldsymbol{\xi}' = (\xi_1', \xi_2', \ldots, \xi_n') \in \{0, 1\}^n$ とすると，式 (6.118) の導出と同様にして，

$$p(\boldsymbol{y} = \boldsymbol{\xi}') = \sum_{\boldsymbol{\xi} \in \{0,1\}^n} p(\boldsymbol{x} = \boldsymbol{\xi}) \prod_{j=1}^{n} p(y_j = \xi_j' | x_j = \xi_j)$$

$$\stackrel{(b)}{=} (1 - \varepsilon)^n p(\boldsymbol{x} = \boldsymbol{\xi}') \tag{6.119}$$

が得られる．ただし，(b) の等号は，BEC では次が成立することによる：

$$p(y_j = \xi_j' | x_j = \xi_j) = \begin{cases} 1 - \varepsilon, & \xi_j = \xi_j', \\ 0, & \xi_j \neq \xi_j'. \end{cases}$$

いま，$\boldsymbol{\xi}' = (\xi_1', \xi_2', \ldots, \xi_n') \in \{0, 1\}^n$ が符号語でないとする．すると，$p(\boldsymbol{x} = \boldsymbol{\xi}') = 0$ で，式 (6.119) より「$p(\boldsymbol{y} = \boldsymbol{\xi}') = 0$」である．一方，BEC であることから，$p(y_j = \xi_j') = (1 - \epsilon) p(x_j = \xi_j')$ が成立する．よって，$\prod_{j=1}^{n} p(y_j = \xi_j') = (1 - \epsilon)^n \prod_{j=1}^{n} p(x_j = \xi_j')$．しかるに，p.**168** 脚注 **1** に述べたように，符号語の生起が等確率ならば，各ビットの生起確率も $p(x_j = 0) = p(x_j = 1) = 1/2$ となる．よっ

[†1] 両辺で周辺化を行えば直ちに得られるように，式 (6.117) は，受信語シンボルの集合 $\{y_1, y_2, \ldots, y_n\}$ の任意の部分集合に関して成立する．(以下同様)．

て，「$p(\boldsymbol{y} = \boldsymbol{\xi}') = 0 \neq ((1-\epsilon)/2)^n = \prod_{j=1}^{n} p(y_j = \xi'_j)$」となり，$y_j \in \{0, 1, ?\}$ は独立でない．

(2) さて，任意の変数ノードに対する近傍グラフ $\mathcal{N}^{(\lambda)}$ が「木」であるとすると，式 (6.117) から直ちに式 (6.109) が導かれる．図 **6.6** を例に説明する．

(2-0) $F^{(0)}$ (式 (6.108) 参照．図 **6.6** の最下段にに位置する枝に割り振られたメッセージの集合) の要素 ($\in \{?, \neg ?\}$) が独立であること：〔6.6.10〕の **(0)** に述べたように，「$y_j = ? \Leftrightarrow \mathbf{y}_j = ?$」である．よって，$a_j \in \{?, \neg ?\}$ に対応して $\mathbf{a}_j \in \{?, \neg ?\}$ とおけば，式 (6.117) より直ちに

$$p(\mathbf{y}_1 = \mathbf{a}_1, \ldots, \mathbf{y}_n = \mathbf{a}_n,) = \prod_{j=1}^{n} p(\mathbf{y}_j = \mathbf{a}_j) \tag{6.120}$$

が成り立つ．一方，式 (6.99) より $\boldsymbol{f}_{ji}^{(0)} = \mathbf{y}_j$ であるから，p. **173** 脚注 **1** に注意すれば，$\{\boldsymbol{f}_{ji}^{(0)} = \mathbf{y}_j\}_j$ の部分集合である $F^{(0)}$ の要素 ($\in \{?, \neg ?\}$) はすべて独立である．

(2-1) $G^{(1)}$ (式 (6.108) 参照．図 **6.6** の下から 2 段目に位置する枝に割り振られたメッセージの集合) の要素 ($\in \{?, \neg ?\}$) が独立であること：式 (6.100) で計算される $G^{(1)}$ の要素 $g_{ij}^{(1)}$ は，入力メッセージの集合 $F_{[i,j]}^{(0)} = \{\boldsymbol{f}_{j_1 i}^{(0)}, \ldots, \boldsymbol{f}_{j_{J-1} i}^{(0)}\}$ が **?** を含むか否かによって，**?** であるか否かが決まる．このとき，近傍グラフ $\mathcal{N}^{(\lambda)}$ が「木」であることから $F_{[i_k, j]}^{(0)} \cap F_{[i_\ell, j]}^{(0)} = \emptyset$ $(i_k \neq i_\ell)$ が成立している．また，上記 **(2-0)** より $\bigcup_{i_k} F_{[i_k, j]}^{(0)} = F^{(0)}$ の要素はすべて独立である．よって，$G^{(1)}$ の要素 ($\in \{?, \neg ?\}$) はすべて独立となる．

(2-2) $F^{(1)}$ (式 (6.108) 参照．図 **6.6** の下から 3 段目に位置する枝に割り振られたメッセージの集合) の要素 ($\in \{?, \neg ?\}$) が独立であること：容易に確かめられるように，式 (6.102) で計算される $F^{(1)}$ の要素 $\boldsymbol{f}_{j,i}^{(1)}$ に対しても **(2-1)** と同様の議論が成立し，$F^{(1)}$ の要素 ($\in \{?, \neg ?\}$) はすべて独立となる．

(3) 以下同様に，**(2-1)**, **(2-2)** の議論を t を増して帰納的に繰り返せば，$F^{(0)}, G^{(1)}$, $F^{(1)}, \ldots, F^{(\lambda-1)}, G^{(\lambda)}$ 各々について，それに属すメッセージ ($\in \{?, \neg ?\}$) の独立性が示され，式 (6.109) の成立が導かれる．($G^{(\lambda)}$ は図 **6.6** の最上段に位置する枝に割り振られたメッセージの集合に対応する．これから式 (6.104) が計算される)．

章 末 問 題

6.1 補題〔6.3.10〕の **(2)**〜**(4)** が成立することを証明せよ．

6.2 $p = 2, 3, 5$ に関して，〔6.5.1〕に示した $\mathbb{F}_p$ の加算と乗算の表を作成し，四則（加減乗除）演算ができることを確認せよ．また，多項式の係数を $\mathbb{F}_2 = \{0, 1\}$ とし，$p(x) = x^2 + x + 1$ とするとき，$\mathbb{F}_{p(x)} = \{0, 1, x, 1 + x\}$ についても同様の確認をせよ．

6.3 式 (6.59) に示すように，関数 d が重み関数 W を用いて定義されるとき，d が距離の公理を満たすことを示せ．

6.4 式 (6.60) に与えたハミング距離 d_H およびハミング重み W_H が，それぞれ距離ならびに重みの公理を満たすことを示せ．

6.5 $\varepsilon < 1/2$ である 2 元対称通信路 (BSC) に対して，式 (6.65) の関係が成立することを確認せよ．

6.6 最も簡単な 2 元「単一誤り訂正」符号：パリティ検査行列が $H = \begin{pmatrix} 1 & 0 & 1 \\ 0 & 1 & 1 \end{pmatrix}$ で与えられる 2 元線形符号を考える．

 (1) 生成行列が $G = (111)$ で与えられることを示せ．このとき，符号語は $\boldsymbol{c}_0 = (0)G = (000)$，$\boldsymbol{c}_1 = (1)G = (111)$ の 2 つ（だけ）で与えられ，明らかに「単一誤り訂正」符号となる．(この符号は，その符号語の形から「繰り返し符号」と呼ばれる)．

 (2) 一般に，符号長 $n = 2t + 1$ の「繰り返し符号」は，t 個までの誤りを訂正可能である．これを示せ．

6.7 式 (6.96) が成立することを示せ．

6.8 2 元 ($\{0, 1\}$) の線形符号において，符号語の発生が等確率とすると，符号語シンボル 0, 1 の発生確率も等確率となる．これを証明せよ．

 [ヒント：(2 元) $[n, k]$ 線形符号の生成行列 (式 (6.69) 参照) を $G = (g_{ij})$ とすると，符号語 $\boldsymbol{c} = (c_1, c_2, \ldots, c_n)$ の要素は，等確率で発生する情報ベクトル $(a_1, a_2, \ldots, a_k) \in \{0, 1\}^k$ により $c_i = \sum_{j=1}^{k} a_j g_{ij}$ と表される．このとき，少なくとも 1 項は $g_{ij} = 1$ であるとしてよい (そうでなければ，c_i は常に零で意味を持たない)．$g_{ij_1} = 1$ (他は 0) とすると，$c_i = a_{j_1}$ は明らかに 0, 1 を等確率でとる．次に $g_{ij_1} = g_{ij_2} = 1$ (他は 0) とすると，a_{j_1}, a_{j_2} が独立で 0, 1 を等確率でとるとき，$c_i = a_{j_1} + a_{j_2} \pmod{2}$ もやはり等確率で 0, 1 をとることが示される．あとは帰納法]．

7 連続情報と連続通信路

7.1 連続情報源と連続通信路

〔7.1.1〕ここまで本書では,「文字」で表される情報と,それに対応した離散(無記憶)通信路を念頭に議論を進めてきた.このような情報は,情報の取り得る「値」,すなわちアルファベットが離散的(かつ有限)で,その発生「時刻」も離散的な情報で,**離散情報**あるいは**ディジタル情報**などと呼ばれる.

一方,これと性質の異なる情報として,音声や映像などに代表される情報がある.こちらの情報は,実数値をとる,時間 t の連続関数として表され,**連続情報**あるいは**アナログ情報**などと呼ばれる[†1].また,現実の物理的通信路は,連続情報(連続信号)を入出力とする,周波数帯域が有限の通信路として表され,(帯域制限)**連続通信路**と呼ばれる.

本章では,これまで離散情報,離散通信路に対して展開してきた,エントロピー,伝達(相互)情報量,通信路容量などの議論が,連続情報,連続通信路に対してどのように述べられるかを概説する.内容は,次のように要約される.

(1) 7.2 節:まず,周波数帯域の制限された連続(アナログ)信号が「離散時間」信号(標本値系列)によって(一対一に)表現できることを示す.続いて,標本値に「量子化」という操作を施して一定の歪みを許すことにすれば,アナロ

[†1] 通信などの分野では,時間 t の関数 $f(t)$ を信号と呼ぶ.そのため,連続情報,アナログ情報の代わりに,**連続信号**,**アナログ信号**といったり,離散情報,ディジタル情報の代わりに,**離散信号**,**ディジタル信号**といったりすることもある.

グ信号を離散アルファベットの時系列である「ディジタル信号」に変換することができる[†1]．なお，現実の信号では振幅も一定の大きさに制限されるから，量子化代表値の数も有限となり，現実の「ディジタル信号」は離散情報として取り扱えることになる (その場合，通信路も離散通信路を考えればよい)．

(2) 7.3 節：(1) の議論において量子化ステップサイズを零にした極限として，連続情報のエントロピーが一定の合理性を持って定義できることを述べる．

(3) 7.4 節：最後に，(1)，(2) の結果を基に，現実の物理通信路[†2]の代表である，周波数帯域が制限され，ガウス雑音が加わる，連続通信路の伝達情報量と通信路容量を，離散通信路の場合に倣って求め，両者の比較を行う．一般に，連続通信路としての能力を最大限利用することにより，それを離散通信路として用いる[†3]場合に比べて，より大きな通信路容量が得られる．

7.2 アナログ信号からディジタル信号へ

〔**7.2.1**〕アナログ信号は，**(1)** 一定の時間間隔で**標本化** (sampling) (時間軸の離散化) を行い，**(2)** 各標本値に対して**量子化** (quantization) (振幅軸の離散化) を行う，という 2 操作により，離散標本値の時系列，すなわちディジタル信号に変換される．これら二つの操作の詳細は以下のとおりである．

〔**7.2.2**〕**標本化**：(実数値をとる) 連続信号を $x(t)$ $(-\infty < t < \infty)$ とするとき，その T_0 秒ごとの信号値

$$\ldots, x(-2T_0), x(-T_0), x(0), x(T_0), x(2T_0), \ldots$$

[†1] 日本では，ラジオ放送などは，現在でもアナログ情報をアナログ情報として放送している．しかし，ディジタル TV のように，ディジタル情報に変換することにより，高い再現性を保証する形で，情報を効率的に伝達/記録することが可能になる．

[†2] 現実の通信路としては，メタリックケーブル，光ファイバケーブルなどの有線通信路や各種の無線通信路，また種々の記録メディアなどがある．

[†3] 離散情報を入出力とする「離散通信路」は，(i) 連続通信路の入力側に，離散情報を連続情報に変換する装置を置き，(ii) 連続通信路の出力側に，連続出力を離散情報へ戻す装置を置いた，論理的通信路モデルである．

を取り出す操作を**標本化**と呼び，取り出した信号値を**標本値**という．また，T_0 を**標本化間隔**，$f_0 := 1/T_0$ を**標本化周波数**と呼ぶ．

逆に，標本値系列 $\{x(kT_0)\}_{k=-\infty}^{\infty}$ からもとの連続信号 $x(t)$ ($-\infty < t < \infty$) を復元する操作を**内挿**または**補間**という．もとの信号 $x(t)$ が完全に復元できるためには，信号 $x(t)$ が周波数帯域の制限された**帯域制限信号**であって，その帯域幅 ω_0 と標本化間隔 T_0 が一定の関係を満たすことが要請される[†1]．次の定理が基本的である[†2]．

定理〔7.2.3〕(染谷・シャノンの**標本化定理**[1),46)])：連続信号 $x(t)$ の周波数スペクトル (フーリエ変換)

$$X(\omega) = \int_{-\infty}^{\infty} x(t)e^{-j\omega t}dt, \quad j := \sqrt{-1} \tag{7.1}$$

が $|\omega| < \omega_0$ [rad/s] に帯域制限されているとする．すなわち，

$$X(\omega) = 0, \quad \text{for} \quad |\omega| \geq \omega_0. \tag{7.2}$$

このとき，$T_0 = \dfrac{\pi}{\omega_0}$ とすれば，$x(t)$ は T_0 秒ごとの標本値列 $\{x(kT_0)\}_{k=-\infty}^{\infty}$ から一意に復元できて，

$$x(t) = \sum_{k=-\infty}^{\infty} x(kT_0) \frac{\sin \omega_0(t - kT_0)}{\omega_0(t - kT_0)} \tag{7.3}$$

が成立する[†3]．ここに，$\mathrm{sinc}\,\omega_0 t := \dfrac{\sin \omega_0 t}{\omega_0 t}$ は，**内挿関数**あるいは**標本化関数**と呼ばれ，図 **7.1** に示すような形状をしている．

(証明) $x(t)$ のフーリエ変換 $X(\omega)$ (式 (7.1)) に対し，フーリエ逆変換の公式 $x(t) = \dfrac{1}{2\pi}\int_{-\infty}^{\infty} X(\omega)e^{j\omega t}d\omega$ が成立する．このとき，$x(t)$ は周波数スペクトル $X(\omega)$ が $|\omega| < \omega_0$ に制限されているので，

[†1] 標本点のとり方に関しては，もっと一般的な条件の下に議論ができる．例えば下記を参照されたい．岸，坂庭：“最小エネルギー条件を用いた標本化定理の一形式,” 電子情報通信学会論文誌，vol.J64-A, no.11, pp.900–907, Nov. 1981

[†2] フーリエ級数，フーリエ変換については既知とする．文献47)〜49) などを参照されたい．

[†3] $X(\omega)$ が式 (7.2) を満たすならば，任意の ω_0' ($\geq \omega_0$) に対して，「$X(\omega) = 0$, for $|\omega| \geq \omega_0'$」が成立する．これは，式 (7.3) 右辺において，$\omega_0 \to \omega_0'$, $T_0 \to T_0' := \pi/\omega_0'$ と置き換えても復元公式が成立することを意味している．

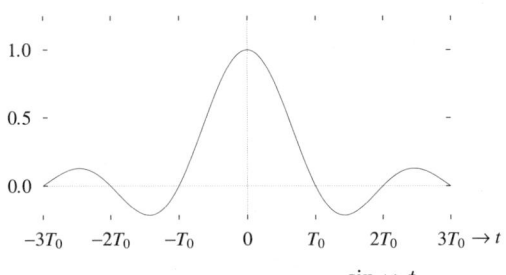

図 7.1 内挿関数 $\mathrm{sinc}\,\omega_0 t := \dfrac{\sin \omega_0 t}{\omega_0 t}$

$$x(t) = \frac{1}{2\pi}\int_{-\omega_0}^{\omega_0} X(\omega)e^{j\omega t}d\omega$$

と書ける．一方，$X(\omega)$ は $(-\omega_0, \omega_0)$ を周期とするフーリエ級数に展開できて，

$$X(\omega) = \begin{cases} \displaystyle\sum_{k=-\infty}^{\infty} c_k e^{-jkT_0\omega}, & |\omega| < \omega_0 \\ 0, & |\omega| \geqq \omega_0 \end{cases}, \quad c_k := \frac{1}{2\omega_0}\int_{-\omega_0}^{\omega_0} X(\omega)e^{jkT_0\omega}d\omega.$$

と表される．したがって

$$x(t) = \frac{1}{2\pi}\int_{-\omega_0}^{\omega_0}\Bigl(\sum_{k=-\infty}^{\infty} c_k e^{-jkT_0\omega}\Bigr)e^{j\omega t}d\omega = \frac{1}{2\pi}\sum_{k=-\infty}^{\infty} c_k \int_{-\omega_0}^{\omega_0} e^{j(t-kT_0)\omega}d\omega$$

$$= \frac{1}{2\pi}\sum_{k=-\infty}^{\infty} c_k \left.\frac{e^{j(t-kT_0)\omega}}{j(t-kT_0)}\right|_{-\omega_0}^{\omega_0} = \frac{\omega_0}{\pi}\sum_{k=-\infty}^{\infty} c_k \frac{\sin\omega_0(t-kT_0)}{\omega_0(t-kT_0)}$$

が得られる．ここで，$\dfrac{\omega_0}{\pi}c_k := \dfrac{1}{2\pi}\displaystyle\int_{-\omega_0}^{\omega_0} X(\omega)e^{jkT_0\omega}d\omega = x(kT_0)$ であることに注意すれば，直ちに式 (7.3) の成立が導かれる． □

定理〔7.2.3〕によれば，帯域制限信号 $x(t)$ の情報は，その標本値列 $\{x(kT_0)\}_{k=-\infty}^{\infty}$ にすべて含まれていることになる．また，音声や映像などの信号は，通常，有限の周波数帯域を持つ信号と考えられることに注意しておく．

〔**7.2.4**〕**量子化**：標本値を有限個 (あるいはたかだか可算無限個) の代表値に変換する操作を**量子化**という．標本値の値域を (全体を覆い，交わりのない)「区間」に分割して，各区間に含まれる標本値をその区間の代表値に対応付ける．

量子化には，図 **7.2** のように区間の幅を一定とする**線形量子化** (または一様量子化) と，区間の幅が一定でない**非線形量子化**とがある．線形量子化では，

図 7.2 量子化と補間 ($\Delta = 1$)

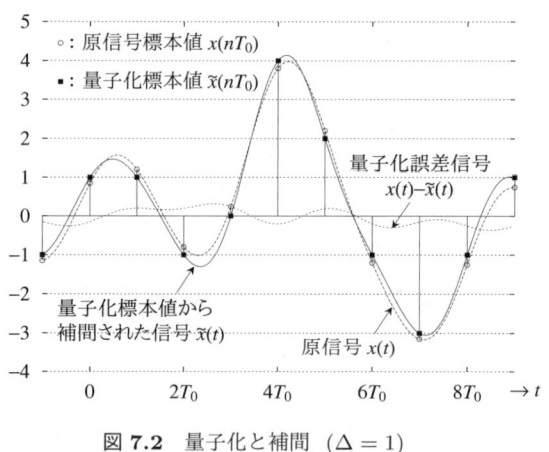

$$\left(k - \frac{1}{2}\right)\Delta \leq x < \left(k + \frac{1}{2}\right)\Delta, \quad k = 0, \pm 1, \pm 2, \ldots \tag{7.4}$$

に属す標本値 x に対して，区間の中央値 $\tilde{x} = k\Delta$ を代表値とすることが多い．Δ を**量子化ステップ幅**と呼ぶ．

量子化によって生じる歪み/誤差は，**量子化歪み**，**量子化誤差**または**量子化雑音**などと呼ばれる．量子化を行う限り量子化誤差は不可避であるが，必要に応じて量子化ステップを小さくすれば量子化誤差は任意に小さくすることができる．一方，現実の物理的信号では振幅も一定の大きさ以下に限られる．したがって，量子化ステップを定めれば量子化代表値の数も定まって，量子化標本値の表現に必要なビット数が決まる．これを**量子化ビット数**という．

このようにして，量子化誤差を許容すれば，「アナログ信号」を離散アルファベットの時系列である「ディジタル信号」に変換することができる．「ディジタル信号」に変換することのメリットは，それによって高い再現性を保証する形で効率的に情報の伝達/記録ができることにある[†1]．また，こうして得られる「ディジタル信号」は前章までに取り扱ってきた離散情報に分類でき，通信路も

[†1] 応用によって，使用する標本化周波数 f_0（周波数帯域）や量子化ビット数はさまざまである．例えば，電話では標本化周波数 $f_0 = 8$ kHz，量子化ビット数 8 ビット，音楽 CD などでは $f_0 = 44.1$ kHz，量子化ビット数 16 ビットなどが使われている．

7.3 連続標本値のエントロピー

7.3.1 連続標本値のエントロピー

周波数帯域が有限の連続信号は，一定時間間隔の標本値によって表すことができた．したがって，帯域制限連続信号のエントロピーを調べるには，その標本値のエントロピーを調べればよい．まず一つの標本値から始めよう．

〔**7.3.1**〕量子化標本値のエントロピー：信号 $x(t)$ の標本値 $x(nT_0)$ を確率変数として扱い，対応する大文字の X などで表す[†1]．また，標本値 X の確率密度関数を $p_X(x)$ とし，量子化ステップ Δ の線形量子化を考える．すると，式(7.4) の中央値で定められる量子化標本値 (代表値) $\widetilde{X}$ は離散値 $\{k\Delta\}_{k\in\mathbb{Z}}$ をとる確率変数となる．このとき，量子化標本値 $\widetilde{X}$ が $k\Delta$ である確率 $p_{\widetilde{X}}(k\Delta)$ は，量子化ステップ Δ が十分に小さいとすれば，近似的に次式で与えられる：

$$p_{\widetilde{X}}(k\Delta) := \int_{(k-\frac{1}{2})\Delta}^{(k+\frac{1}{2})\Delta} p_X(x)dx \simeq p_X(k\Delta)\Delta. \tag{7.5}$$

量子化された標本値 $\widetilde{x} \in \{k\Delta\}_{k\in\mathbb{Z}}$ は離散情報であるから，そのエントロピーは式 (2.11) の定義に従って計算され，式 (7.5) より，

$$\begin{aligned}H_\Delta(\widetilde{X}) &= -\sum_k p_{\widetilde{X}}(k\Delta)\log_2 p_{\widetilde{X}}(k\Delta) \simeq -\sum_k p_{\widetilde{X}}(k\Delta)\log_2\{p_X(k\Delta)\Delta\} \\ &= -\sum_k p_{\widetilde{X}}(k\Delta)\log_2 p_X(k\Delta) - \sum_k p_{\widetilde{X}}(k\Delta)\log_2 \Delta \\ &\simeq -\sum_k \{p_X(k\Delta)\log_2 p_X(k\Delta)\}\Delta - \log_2 \Delta \end{aligned} \tag{7.6}$$

のように書かれる[†2]．(最後の式変形で，$\sum_k p_{\widetilde{X}}(k\Delta) = 1$ を用いている)．

さて，量子化を行わない連続標本値 X のエントロピーは，式 (7.6) で $\Delta \to 0$ とした極限で与えられると考えられる．しかし，この極限は，

[†1] 混同はないと思うが，$x(t)$ のフーリエ変換 $X(\omega)$ とは別物である．
[†2] log の底については，一貫していれば何でもよいが，本章では $\log_2$ を採用する．

$$H_0(\widetilde{X}) := \lim_{\Delta \to 0} \Big[-\sum_k \{p_X(k\Delta) \log_2 p_X(k\Delta)\}\Delta - \log_2 \Delta \Big]$$

$$= -\int_{-\infty}^{\infty} p_X(x) \log_2 p_X(x) dx - \lim_{\Delta \to 0} \log_2 \Delta \tag{7.7}$$

となり，第2項は無限大に発散してしまう．したがって，このままでは意味のある議論ができない．シャノンは，式 (7.7) の発散項 (第2項) を除外して，連続標本値のエントロピー $H(X)$ を次のように定義することを提案した[†1]．

定義〔7.3.2〕 連続標本値のエントロピー： 確率密度関数 $p_X(x)$ を持つ連続標本値 X のエントロピーを，次式で定義する：

$$H(X) := -\int_{-\infty}^{\infty} p_X(x) \log_2 p_X(x) dx \quad [\text{ビット/標本値}]. \tag{7.8}$$

例〔7.3.3〕 一様分布信号： 信号の標本値 X が区間 (a, b) に一様に分布する場合，$p_X(x) = 1/(b-a)$, $x \in (a, b)$ であり，式 (7.8) より，

$$H(X) = -\int_a^b \frac{1}{b-a} \log_2 \frac{1}{b-a} dx = \log_2(b-a).$$

これからわかるように，本定義によるエントロピーは，負にもなり得る．

例〔7.3.4〕 ガウス信号： 信号標本値 X_G が，平均 μ，分散 σ^2 のガウス分布

$$p_{X_G}(x) = \frac{1}{\sqrt{2\pi\sigma^2}} \exp\Big(-\frac{(x-\mu)^2}{2\sigma^2}\Big), \quad -\infty < x < \infty \tag{7.9}$$

に従うガウス信号のエントロピー [ビット/標本値] は，

$$\begin{aligned}
H(X_G) &= \int_{-\infty}^{\infty} p_{X_G}(x) \log_2 \frac{1}{p_{X_G}(x)} dx \\
&= \int_{-\infty}^{\infty} p_{X_G}(x) \log_2 \Big[\sqrt{2\pi\sigma^2} \exp\Big(\frac{(x-\mu)^2}{2\sigma^2}\Big)\Big] dx \\
&= \log_2 \sqrt{2\pi\sigma^2} + \frac{\log_2 e}{2\sigma^2} \int_{-\infty}^{\infty} p_{X_G}(x)(x-\mu)^2 dx \\
&= \log_2 \sqrt{2\pi\sigma^2} + \frac{\log_2 e}{2} = \log_2 \sqrt{2\pi e \sigma^2}
\end{aligned} \tag{7.10}$$

と計算される ($\int_{-\infty}^{\infty}(x-\mu)^2 p_{X_G}(x) dx = \sigma^2$ を使用．章末問題 **7.1** 参照)． □

連続標本値 X のエントロピー $H(X)$ の最大値に関して，次が成立する．

[†1] このような定義の妥当性は，伝達情報量を考えるときに明らかとなる ([7.4.5] 参照)．

定理〔7.3.5〕（最大エントロピー定理）平均 μ，分散 σ^2 の連続標本値 X のエントロピー $H(X)$ は，次により上から抑えられる：

$$H(X) \leq \frac{1}{2}\log_2(2\pi e\sigma^2). \tag{7.11}$$

等号は，X の分布 $p_X(x)$ がガウス分布（式 (7.9) の $p_{X_G}(x)$）のときに成立する．

(証明) $p_X(x)$ を，分散が $\sigma^2 = \int_{-\infty}^{\infty}(x-\mu)^2 p_X(x)dx$ である任意の密度関数とするとき，$H(X) = -\int_{-\infty}^{\infty}p_X(x)\log_2 p_X(x)dx$ を最大とする $p_X(x)$ が，式 (7.9) の $p_{X_G}(x)$ で与えられることを示す．式 (2.14) に示した不等式「$\ln x \leq x-1$」より，

$$\begin{aligned}
H(X) &= -\int p_X(x)\log_2\left[p_{X_G}(x)\frac{p_X(x)}{p_{X_G}(x)}\right]dx \\
&= -\int p_X(x)\log_2 p_{X_G}(x)dx + \int p_X(x)\log_2\frac{p_{X_G}(x)}{p_X(x)}dx \\
&\leq -\int p_X(x)\log_2 p_{X_G}(x)dx + \log_2 e\int p_X(x)\left(\frac{p_{X_G}(x)}{p_X(x)}-1\right)dx \\
&= -\int p_X(x)\log_2 p_{X_G}(x)dx + \log_2 e\left[\int p_{X_G}(x)dx - \int p_X(x)dx\right] \\
&= -\int_{-\infty}^{\infty}p_X(x)\log_2 p_{X_G}(x)dx
\end{aligned}$$

が得られる．ここで，式 (7.10) の計算において，2 行目以降では，$p_{X_G}(x)$ は分散が σ^2 の密度関数であるという性質以外使っていないことに注意する．すると，上式の最後の表現は式 (7.10) に等しい．よって，式 (7.11) が成立する．

7.3.2 多次元エントロピー

〔7.3.6〕 確率変数ベクトル $\boldsymbol{X} = (X_1, X_2, \ldots, X_m)$，$\boldsymbol{Y} = (Y_1, Y_2, \ldots, Y_n)$ などに関する多次元エントロピー $H(\boldsymbol{X})$，多次元条件付きエントロピー $H(\boldsymbol{X}|\boldsymbol{Y})$ なども，式 (7.8) と同様に発散項を取り除いて，

$$\left.\begin{aligned}
H(\boldsymbol{X}) &= -\int_{\mathbb{R}^m}p_{\boldsymbol{X}}(\boldsymbol{x})\log_2 p_{\boldsymbol{X}}(\boldsymbol{x})d\boldsymbol{x}, \\
H(\boldsymbol{X}|\boldsymbol{Y}) &= -\int_{\mathbb{R}^m}\int_{\mathbb{R}^n}p_{\boldsymbol{XY}}(\boldsymbol{x},\boldsymbol{y})\log_2 p_{\boldsymbol{X}|\boldsymbol{Y}}(\boldsymbol{x}|\boldsymbol{y})d\boldsymbol{x}d\boldsymbol{y}
\end{aligned}\right\} \tag{7.12}$$

により定義する[†1]．すると，章末問題 **5.2** 式 (5.37) に示した離散的な場合と同様の関係，

$$\left.\begin{array}{l} H(\boldsymbol{XY}) = H(\boldsymbol{X}|\boldsymbol{Y}) + H(\boldsymbol{Y}) = H(\boldsymbol{Y}|\boldsymbol{X}) + H(\boldsymbol{X}), \\ H(\boldsymbol{XY}) \leq H(\boldsymbol{X}) + H(\boldsymbol{Y}), \\ H(\boldsymbol{X}|\boldsymbol{Y}) \leq H(\boldsymbol{X}), \quad H(\boldsymbol{Y}|\boldsymbol{X}) \leq H(\boldsymbol{Y}) \end{array}\right\} \quad (7.13)$$

が成立する (章末問題 **7.2**)．ただし，エントロピーの非負性が成り立たないため，$H(\boldsymbol{X}) \leq H(\boldsymbol{XY})$ などは成立しない．

7.4 帯域制限 AWGN 通信路の通信路容量

7.4.1 帯域制限 AWGN 通信路

〔**7.4.1**〕**帯域制限白色ガウス通信路**：さて，連続信号[†2] $X(t)$ による情報伝達 (通信) の話に移ろう．信号 $X(t)$ は ω_0 [rad/s] に周波数帯域制限された信号とする．また，通信路としては，最も基本的な，入力信号 $X(t)$ に対して，それと独立な**白色ガウス雑音** $Z(t)$ が加わるだけの

$$Y(t) = X(t) + Z(t) \quad (7.14)$$

で表される通信路 (加法的白色ガウス雑音 (AWGN：Additive White Gaussian

[†1] 2変数の場合について，発散項を含む式 (7.7) の段階の表現を見ておこう．X, Y の結合確率密度関数を $p_{XY}(x,y)$，またこれらの量子化値 $\widetilde{x} \in \{k\Delta_x\}_{k\in\mathbb{Z}}$，$\widetilde{y} \in \{\ell\Delta_y\}_{\ell\in\mathbb{Z}}$ の結合確率密度関数を $p_{\widetilde{X}\widetilde{Y}}(k\Delta_x, \ell\Delta_y) := \int_{(k-\frac{1}{2})\Delta_x}^{(k+\frac{1}{2})\Delta_x} \int_{(\ell-\frac{1}{2})\Delta_y}^{(\ell+\frac{1}{2})\Delta_y} p_{XY}(x,y)dxdy$ とする．すると，式 (7.5) に対応して，$p_{\widetilde{X}\widetilde{Y}}(k\Delta_x, \ell\Delta_y) \simeq p_{XY}(k\Delta_x, \ell\Delta_y)\Delta_x\Delta_y$，$p_{\widetilde{X}|\widetilde{Y}}(k\Delta_x|\ell\Delta_y) \simeq \frac{p_{XY}(k\Delta_x,\ell\Delta_y)\Delta_x\Delta_y}{p_Y(\ell\Delta_y)\Delta_y} = p_{X|Y}(k\Delta_x|\ell\Delta_y)\Delta_x$ などが得られ，式 (7.7) の段階の表現として，下記が得られる：

$$\left.\begin{array}{l} \lim_{\Delta_x \to 0}\lim_{\Delta_y \to 0} H_{\Delta_x\Delta_y}(\widetilde{X}\widetilde{Y}) = H(XY) - \lim_{\Delta_x \to 0}\log_2 \Delta_x - \lim_{\Delta_y \to 0}\log_2 \Delta_y, \\ \lim_{\Delta_x \to 0}\lim_{\Delta_y \to 0} H_{\Delta_x\Delta_y}(\widetilde{X}|\widetilde{Y}) = H(X|Y) - \lim_{\Delta_x \to 0}\log_2 \Delta_x. \end{array}\right\}$$

[†2] 時間 t の関数である信号も確率変数であるので，大文字で表す．フーリエ変換と混同しないよう注意されたい．

Noise) 通信路あるいは略して **AWGN 通信路**という) を考える [†1].

このとき，通信路の出力には $X(t)$ の帯域と同じ帯域 (だけ) を通すフィルタ[†2] を挿入できる．逆に，このようなフィルタは，$X(t)$ には何の影響も及ぼさず，妨害となる雑音電力を最小化する働きを持つため，常に挿入されると考えてよい．すると，式 (7.14) の $X(t), Y(t), Z(t)$ は最初から ω_0 [rad/s] に帯域制限された信号と考えてよく，標本値系列の (横) ベクトル $\boldsymbol{X}, \boldsymbol{Y}, \boldsymbol{Z}$ を，

$$\left.\begin{array}{l} \boldsymbol{X} = (X_1, X_2, \ldots, X_n), \\ X_i := X\big((-1)^i \lfloor i/2 \rfloor T_0\big), \quad i=1,2,\ldots,n \end{array}\right\} \quad (7.15)$$

などとして定義すれば，式 (7.14) は下記により扱うことができる[†3]：

$$\boldsymbol{Y} = \boldsymbol{X} + \boldsymbol{Z}. \quad (7.16)$$

〔**7.4.2**〕**帯域制限白色雑音**：$Z(t)$ を，$|\omega| < \omega_0$ [rad/s] に帯域制限された白色雑音 (付録 **7.5** 式 (7.50) 参照) とする．すると，次が成立する：

$$Z(t) = \sum_{n=-\infty}^{\infty} Z(nT_0)\operatorname{sinc}\omega_0(t-nT_0), \quad E[Z(kT_0)Z(\ell T_0)] = \sigma_Z^2 \delta_{k\ell}. \quad (7.17)$$

(**証明**) 第 1 式は標本化定理による ($T_0 := \pi/\omega_0$)．この結果，雑音 $Z(t)$ の相関関数 $\phi_{ZZ}(s,t) := E[Z(s)Z(t)]$ は次のように表される：

$$\phi_{ZZ}(s,t) = \sum_{m=-\infty}^{\infty}\sum_{n=-\infty}^{\infty} E[Z(mT_0)Z(nT_0)] \\ \times \operatorname{sinc}\omega_0(s-mT_0)\operatorname{sinc}\omega_0(t-nT_0). \quad (7.18)$$

一方，$Z(t)$ の電力スペクトル密度 $\Phi_{ZZ}(\omega)$ は，付録 **7.5** の式 (7.50) を ω_0 [rad/s] で帯域制限したものであり，そのフーリエ逆変換で与えられる $\phi_{ZZ}(\tau := s - t)$ は，

[†1] 理論のみならず実用の観点からも最も基本的な通信路である．特徴は以下のとおり：
(1) 入力信号 $X(t)$ がそのまま出力される無歪通信路 (後述の式 (7.45) でインパルス応答がデルタ関数 $h(t) = \delta(t)$)．(2) 相乗的雑音 (フェージング通信路のモデル) に比べ，より基本的な加法雑音のモデル．(3) 無相関を意味する，最も基本的な白色雑音．(4) 中心極限定理に依拠して得られるガウス雑音は実用的にも最も重要な雑音．
[†2] 与えられた周波数特性を実現するシステムをフィルタと呼ぶ．〔7.5.5〕参照．
[†3] 標本値は，$\boldsymbol{X} = (X(0), X(T_0), X(-T_0), X(2T_0), \ldots, X((-1)^n \lfloor n/2 \rfloor T_0))$ のようになる．すべての標本値を考えるには，この定義で $n \to \infty$ とすればよい．

$$\phi_{ZZ}(\tau := s - t) = \frac{N_0}{2} \int_{-\omega_0}^{\omega_0} e^{j\omega\tau} d\omega = \sigma_Z^2 \operatorname{sinc} \omega_0 \tau, \quad \sigma_Z^2 := \omega_0 N_0 \quad (7.19)$$

となる (付録 **7.5**). 当然のことながら，式 (7.18) と式 (7.19) は一致しなければならない．特に，$s := kT_0$, $t := \ell T_0$ とし，$\operatorname{sinc} \omega_0 (k-\ell)T_0 = 0$ $(k \neq \ell)$ (図 **7.1**) に注意すれば，式 (7.18) からは「$\phi_{ZZ}(kT_0, \ell T_0) = E[Z(kT_0)Z(\ell T_0)]$」が，また式 (7.19) ($\tau := s - t = (k-\ell)T_0$) からは「$\phi_{ZZ}((k-\ell)T_0) = \sigma_Z^2 \operatorname{sinc} \omega_0 (k-\ell)T_0 = \sigma_Z^2 \delta_{k\ell}$」が得られ，両者が等しいことから，式 (7.17) の第 2 式が得られる．

逆に式 (7.17) (第 2 式) が成立するならば，式 (7.18) と式 (7.19) ($\tau := s - t$) は完全に一致する．実際，式 (7.17) (第 2 式) が成立するとき，式 (7.18) は

$$\phi_{ZZ}(s,t) = \sigma_Z^2 \sum_{n=-\infty}^{\infty} \operatorname{sinc} \omega_0(s - nT_0) \operatorname{sinc} \omega_0(t - nT_0)$$

となるが，ここで，s を固定して $\xi(t) := \operatorname{sinc} \omega_0 (s-t)$ とおけば，$\xi(t)$ は $|\omega| < \omega_0$ [rad/s] に帯域制限された信号となり，標本化定理により，次式が得られる：

$$\xi(t) := \sum_{n=-\infty}^{\infty} \xi(nT_0) \operatorname{sinc} \omega_0(t - nT_0)$$
$$= \sum_{n=-\infty}^{\infty} \operatorname{sinc} \omega_0(s - nT_0) \operatorname{sinc} \omega_0(t - nT_0) = \frac{\phi_{ZZ}(s,t)}{\sigma_Z^2}.$$

すなわち，「$\phi_{ZZ}(s,t) = \sigma_z^2 \operatorname{sinc} \omega_0(s - t)$」(式 (7.18)=式 (7.19)) が成り立つ．

〔**7.4.3**〕**白色ガウス雑音**：平均零の確率変数 $\boldsymbol{Z} := (Z_1, Z_2, \dots, Z_n)$ に対し，

$$V := E\left[\boldsymbol{Z}^T \boldsymbol{Z}\right] \quad (7.20)$$

を $\boldsymbol{Z}$ の共分散 (covariance) 行列という[†1]．ただし，$\boldsymbol{Z}^T$ は $\boldsymbol{Z}$ (横ベクトル) の転置を表す．ここで，確率変数ベクトル $\boldsymbol{Z} := (Z_1, Z_2, \dots, Z_n)$ の結合密度関数が

$$p_{\boldsymbol{Z}}(\boldsymbol{z}) = \frac{1}{\sqrt{(2\pi)^n |V|}} \exp\left\{-\frac{1}{2} \boldsymbol{z} V^{-1} \boldsymbol{z}^T\right\}, \quad |V| \text{ は } V \text{ の行列式} \quad (7.21)$$

で与えられるとき，$\boldsymbol{Z}$ を (多次元) **ガウス変数**という．

〔**7.4.4**〕**無相関と独立性**：多次元ガウス変数 $\boldsymbol{Z}$ が無相関 $\left(E[Z_i Z_j] = \sigma_i^2 \delta_{ij}\right)$ であることと，独立 $\left(p_{\boldsymbol{Z}}(\boldsymbol{z}) = \prod_{i=1}^{n} p_{Z_i}(z_i)\right)$ であることは同値である．

[†1] 平均が $\boldsymbol{\mu} := E[\boldsymbol{Z}] \neq \boldsymbol{0}$ のときには，$\boldsymbol{Z}$ の代わりに $\boldsymbol{Z} - \boldsymbol{\mu}$ とする．

(証明) (ガウス変数に限らず) 独立であれば，$E[Z_iZ_j] = E[Z_i]E[Z_j] = 0$ $(i \neq j)$ が成り立ち，無相関となる．逆に，ガウス変数が無相関であれば，式 (7.20) の共分散行列は対角行列 $V = \mathrm{diag}(\sigma_1^2, \sigma_2^2, \ldots, \sigma_n^2)$ となり，$V^{-1} = \mathrm{diag}(1/\sigma_1^2, 1/\sigma_2^2, \ldots, 1/\sigma_n^2)$ となる．よって，式 (7.21) の密度関数 $p_{\boldsymbol{Z}}(\boldsymbol{z})$ は

$$p_{\boldsymbol{Z}}(\boldsymbol{z}) = \frac{1}{\sqrt{(2\pi)^n \prod_{i=1}^n \sigma_i^2}} \exp\left\{\sum_{i=1}^n -\frac{z_i^2}{2\sigma_i^2}\right\}$$

$$= \prod_{i=1}^n \frac{1}{\sqrt{2\pi\sigma_i^2}} \exp\left\{-\frac{z_i^2}{2\sigma_i^2}\right\} = \prod_{i=1}^n p_{Z_i}(z_i) \tag{7.22}$$

のように各成分 Z_i の密度関数 $p_{Z_i}(z_i)$ の積となり，各確率変数は独立となる．□

なお，雑音が式 (7.17) で与えられる場合，式 (7.22) において下記が成立する：

$$p_{Z_i}(z_i) = p_Z(z) = \frac{1}{\sqrt{2\pi\sigma_Z^2}} \exp\left\{-\frac{z^2}{2\sigma_Z^2}\right\}. \tag{7.23}$$

7.4.2 帯域制限 AWGN 通信路の伝達情報量

〔**7.4.5**〕**伝達情報量 (相互情報量)**：入力が $\boldsymbol{X}$，出力が $\boldsymbol{Y}$ である通信路の多次元伝達情報量を，1 次元の場合 (式 (5.9) など) の自然な拡張として，

$$I(\boldsymbol{X}; \boldsymbol{Y}) = H(\boldsymbol{Y}) - H(\boldsymbol{Y}|\boldsymbol{X}) \quad (\geq 0) \tag{7.24}$$

で定義する[†1]．式 (7.13) より $I(\boldsymbol{X}; \boldsymbol{Y}) \geq 0$ であることに注意する．□

ここで，通信路を AWGN 通信路 (式 (7.16)) とすると，次が成立する．

補題〔7.4.6〕 帯域制限 AWGN 通信路の相互情報量 $I(\boldsymbol{X}; \boldsymbol{Y})$ に関して，

$$I(\boldsymbol{X}; \boldsymbol{Y}) = H(\boldsymbol{Y}) - H(\boldsymbol{Z}) \leq \sum_{i=1}^n \left\{H(Y_i) - \log_2 \sqrt{2\pi e \sigma_Z^2}\right\} \tag{7.25}$$

が成立する．等号は $\boldsymbol{Y} = (Y_1, Y_2, \ldots, Y_n)$ の成分が独立のときに成立する．

[†1] $I(\boldsymbol{X}; \boldsymbol{Y})$ は，$H(\boldsymbol{Y})$，$H(\boldsymbol{Y}|\boldsymbol{X})$ を p.184 脚注 1 で述べた発散項を含む形で考えても発散項は相殺され，発散項を除いた定義式 (7.12) によるのと同じ結果が得られる．
　また離散通信路の場合と同様，$I(\boldsymbol{X}; \boldsymbol{Y}) = H(\boldsymbol{X}) - H(\boldsymbol{X}|\boldsymbol{Y}) = H(\boldsymbol{X}) + H(\boldsymbol{Y}) - H(\boldsymbol{XY})$ とも表される．

(証明) $Y = X + Z$ より, 「$X = x, Y = y$」 $\Leftrightarrow$ 「$X = x, Z = y - x$」である. さらに, X と Z が独立であることから「$p_{Y|X}(y|x) = p_{Z|X}(y-x|x) = p_Z(y-x)$」が成り立つ. よって,

$$\begin{aligned}
-H(Y|X) &= \int_{\mathbb{R}^n} \int_{\mathbb{R}^n} p_{XY}(x,y) \log_2 p_{Y|X}(y|x) dx dy \\
&= \int_{\mathbb{R}^n} \int_{\mathbb{R}^n} p_{Y|X}(y|x) p_X(x) \log_2 p_{Y|X}(y|x) dx dy \\
&= \int_{\mathbb{R}^n} \int_{\mathbb{R}^n} p_X(x) p_Z(y-x) \log_2 p_Z(y-x) dx dy.
\end{aligned}$$

ここで, x を固定して $z := y - x$ に関する積分を先に実行すれば,

$$H(Y|X) = -\int_{\mathbb{R}^n} p_X(x) dx \int_{\mathbb{R}^n} p_Z(z) \log_2 p_Z(z) dz = H(Z) \tag{7.26}$$

となり, 式 (7.25) の第 1 式が得られる.

次に, 式 (7.13) の第 2 式から「$H(Y) \leq \sum_i H(Y_i)$」が成立する[†1]. また, 雑音 Z が白色ガウスで式 (7.22), (7.23) が成立することより,

$$\begin{aligned}
H(Z) &= \int_{\mathbb{R}^n} p_Z(z) \log_2 p_Z(z) dz \\
&= n \int_{\mathbb{R}} p_Z(z) \log_2 p_Z(z) dz = n \log_2 \sqrt{2\pi e \sigma_Z^2}
\end{aligned}$$

が得られる (式 (7.10) を使用). 以上により, 式 (7.25) の第 2 式が得られる.

7.4.3 帯域制限 AWGN 通信路の通信路容量

〔**7.4.7**〕 帯域制限 AWGN 通信路の, 「一標本値当たり」の**通信路容量** C [ビット/標本値] は, 離散通信路の場合を単純に拡張して,

$$C = \max_{p_X(x)} \frac{I(X;Y)}{n} \tag{7.27}$$

で定義される. このとき, 次が成立する.

[†1] 式 (7.13) の $H(XY) \leq H(X) + H(Y)$ において X, Y は任意である. $X = (V_1)$, $Y = (V_2, \ldots, V_n)$ とすれば, $H(V_1, V_2, \ldots, V_n) \leq H(V_1) + H(V_2, \ldots, V_n)$ が成り立つ. これを切り返せば, $H(V_1, V_2, \ldots, V_n) \leq \sum_i H(V_i)$ が得られる.

〔**7.4.8**〕(**帯域制限**)**AWGN 通信路の通信路容量 (1)**：(平均値零の) 送信標本値 X_i の分散，すなわち平均電力 (p. **194** 脚注 **2** 参照) が

$$\frac{1}{n}\sum_{i=1}^{n} E\left[X_i^2\right] = \frac{1}{n}\sum_{i=1}^{n}\sigma_{X_i}^2 \leq \sigma_X^2 \tag{7.28}$$

で制限された AWGN 通信路の容量 C は，通信路の**信号対雑音比** [†1] σ_X^2/σ_Z^2 によって決まり，下記で与えられる [†2]：

$$C = \frac{1}{2}\log_2\left(1 + \frac{\sigma_X^2}{\sigma_Z^2}\right) \quad [\text{ビット/標本値}]. \tag{7.29}$$

(**証明**) (1) 式 (7.27) で定義される容量 C に関して，補題〔7.4.6〕式 (7.25) より，次が成立する：

$$C = \max_{p_{\boldsymbol{X}}(\boldsymbol{x})} \frac{I(\boldsymbol{X};\boldsymbol{Y})}{n} \leq \max_{p_{\boldsymbol{X}}(\boldsymbol{x})} \frac{1}{n}\sum_{i=1}^{n} H(Y_i) - \log_2\sqrt{2\pi e\sigma_Z^2}. \tag{7.30}$$

等号は，$\boldsymbol{Y} = (Y_1, Y_2, \ldots, Y_n)$ の各成分が独立のときに成立する．したがって，容量 C は，独立な Y_i に対する式 (7.30) 右辺の最大値として与えられる．

(2) ところで，通信路の雑音 $\boldsymbol{Z} = (Z_1, Z_2, \ldots, Z_n)$ は各成分がガウスの独立同一分布 (**i.i.d.**) であった (式 (7.17))．よって，通信路入力 $\boldsymbol{X} = (X_1, X_2, \ldots, X_n)$ の各成分が独立であれば，$\boldsymbol{X}$ と $\boldsymbol{Z}$ は独立であったから，$(X_1, X_2, \ldots, X_n, Z_1, Z_2, \ldots, Z_n)$ 全体が独立となり，$\boldsymbol{Y} = \boldsymbol{X} + \boldsymbol{Z}$ の各成分 $Y_i = X_i + Z_i$ も独立となる．またこのとき，〔1.3.15〕の (2) より，各標本値の分散に関して $\sigma_{Y_i}^2 = \sigma_{X_i}^2 + \sigma_{Z_i}^2$ が成立する．すると，$\sigma_{Z_i}^2$ が一定である (式 (7.17)) ことより，「$\sigma_{X_i}^2$ を定めること」と「$\sigma_{Y_i}^2$ を定めること」は等価であり，式 (7.28) の制約条件は，次の制約条件に等しい：

$$\sigma_Y^2 := \frac{1}{n}\sum_{i=1}^{n}\sigma_{Y_i}^2 \leq \sigma_X^2 + \sigma_Z^2. \tag{7.31}$$

すなわち，$\boldsymbol{X} = (X_1, X_2, \ldots, X_n)$ の各成分が独立のとき，式 (7.31) の制約条件の下に，式 (7.30) 右辺の最大値を求めれば，通信路容量 C が得られる．

(3) ここで，式 (7.30) の右辺第 1 項を考え，ひとまず $p_{\boldsymbol{X}}(\boldsymbol{x})$ に関する最大値の代わりに $p_{\boldsymbol{Y}}(\boldsymbol{y})$ に関する最大値を考える [†3]．すると，一般に

[†1] 「SN 比」，「S/N 比」，「SNR」などとも呼ばれる．
[†2] 式 (7.29) は，標本値一つを単独で考えた場合の容量でもある．
[†3] $\boldsymbol{Y} = \boldsymbol{X} + \boldsymbol{Z}$ であるので，$\boldsymbol{X}$ の分布 $p_{\boldsymbol{X}}(\boldsymbol{x})$ が任意であっても，$\boldsymbol{Y}$ の分布 $p_{\boldsymbol{Y}}(\boldsymbol{y})$ は任意ではない．式 (7.32) 右辺は，仮に $\boldsymbol{Y}$ の分布を任意としたときの最大値である．

$$\max_{p_{\boldsymbol{X}}(\boldsymbol{x})} \frac{1}{n} \sum_{i=1}^{n} H(Y_i) \leq \max_{p_{\boldsymbol{Y}}(\boldsymbol{y})} \frac{1}{n} \sum_{i=1}^{n} H(Y_i) =: A \tag{7.32}$$

であるが,定理〔7.3.5〕式 (7.11) より

$$A \leq \frac{1}{2n} \sum_{i=1}^{n} \log_2(2\pi e \sigma_{Y_i}^2) = \frac{1}{2} \log_2 \left(\prod_{i=1}^{n} 2\pi e \sigma_{Y_i}^2 \right)^{1/n} =: B \tag{7.33}$$

が成立する (等号は「Y_i がガウス分布」のとき). すると, $Y_i = X_i + Z_i$ で, Z_i がガウス分布であるから, X_i がガウス分布のとき Y_i もガウス分布となる (**1** 章章末問題 **1.5**). すなわち, X_i がガウス i.i.d. のとき,通信路出力 Y_i もガウス i.i.d. となり,式 (7.33) で等号が成立すると同時に, 式 (7.32) でも等号が成立する.

(4) 次に,式 (7.31) の制約条件の下,式 (7.33) の右辺 B に,よく知られた相加平均,相乗平均の関係[†1] を適用すれば,次が得られる[†2]:

$$B \leq \frac{1}{2} \log_2 \left(\frac{1}{n} \sum_{i=1}^{n} 2\pi e \sigma_{Y_i}^2 \right) = \frac{1}{2} \log_2 \left(2\pi e \sigma_Y^2 \right)$$
$$\leq \frac{1}{2} \log_2 \left(2\pi e (\sigma_X^2 + \sigma_Z^2) \right). \tag{7.34}$$

上式で,第 1 の等号は, $\sigma_{Y_1}^2 = \sigma_{Y_2}^2 = \cdots = \sigma_{Y_n}^2$ すなわち $\sigma_{X_1}^2 = \sigma_{X_2}^2 = \cdots = \sigma_{X_n}^2$ のときに成立し,第 2 の等号は, $\sigma_Y^2 = \sigma_X^2 + \sigma_Z^2$ のときに成立する.

(5) 以上より, $\boldsymbol{X} = (X_1, \ldots, X_n)$ がガウス i.i.d. のとき, $\max_{p_{\boldsymbol{X}}(\boldsymbol{x})} \frac{1}{n} \sum_{i=1}^{n} H(Y_i) = \frac{1}{2} \log_2 \left(2\pi e (\sigma_X^2 + \sigma_Z^2) \right)$ が成立し,式 (7.29) が得られる

〔**7.4.9**〕**帯域制限 AWGN 通信路の通信路容量 (2)**:式 (7.29) の通信路容量〔ビット/標本値〕を,単位時間当たりの容量として見てみよう.各標本値は独立なので,1 秒当たりの通信路容量は 1 秒当たりの標本値の数を数えればよい.通信路の帯域を $(-\omega_0, \omega_0)$ 〔rad/s〕とすると,標本化定理〔7.2.3〕より 1 秒当たりの標本値の数は $1/T_0 = \omega_0/\pi = 2f_0$ 個である.よって,「1 秒当たり」の通信路容量は,式 (7.29) の $1/T_0 = \omega_0/\pi$ 倍で与えられ,下記となる[†3]:

[†1] $a_i > 0$ のとき, $\left(\prod_{i=1}^{n} a_i \right)^{1/n} \leq (1/n) \sum_{i=1}^{n} a_i$. 等号条件は $a_1 = a_2 = \cdots = a_n$.
[†2] 上に凸の関数 $\log_2 x$ に対して,式 (4.66) ($\theta_i = 1/n$) を用いても同じ結果が得られる.
[†3] 例えば, $S/N = 1$ (0 dB) ならば $C = f_0$ 〔ビット/秒〕, $S/N = 1,000 \simeq 2^{10}$ (30 dB) ならば $C \simeq 10 f_0$ 〔ビット/秒〕となる.ここで,帯域 $f_0 = 4$ kHz の電話回線を考えると, $C \simeq 10 f_0 = 40$ 〔kb/s〕となる.

$$C = \frac{\omega_0}{\pi} \cdot \frac{1}{2} \log_2\left(1 + \frac{S}{N}\right) = f_0 \log_2\left(1 + \frac{S}{N}\right) \quad [\text{ビット}/\text{秒}]. \tag{7.35}$$

ところで，帯域が $(-\omega_0, \omega_0)$ で，雑音の電力スペクトル密度が一定 $(N_0/2)$ の通信路では，雑音電力は $N = \omega_0 N_0$ で与えられ，式 (7.35) の容量は，

$$C = \frac{\omega_0}{2\pi} \log_2\left(1 + \frac{S}{\omega_0 N_0}\right) \quad [\text{ビット}/\text{秒}] \tag{7.36}$$

となる．容易に確かめられるように，これは ω_0 の単調増大関数であるが，$\omega_0 \to \infty$ の極限は，ロピタルの定理 (補題〔1.3.2〕) を用いて容易に求められ，

$$C_\infty = \frac{1}{2\pi \ln 2} \frac{S}{N_0} \simeq 0.2296 \frac{S}{N_0} \quad [\text{ビット}/\text{秒}] \tag{7.37}$$

で与えられる．これが，平均送信電力が S に制限された AWGN 通信路の通信路容量の上限である．ただし，S/N_0 は 1 rad/s 当たりの値である [†1]．

7.4.4 離散的通信路との比較

〔7.4.10〕さて，〔5.1.1〕で述べたように，AWGN 通信路は BSC として用いることもできる．ここでは，AWGN 通信路を，連続通信路として用いた場合の容量 (式 (7.29)) と，BSC として用いた場合の容量を比較してみよう．

BSC として使用した場合のビット誤り率 ε は式 (5.1) で与えられたが，これはガウス通信路の信号対雑音比 S/N によって表すことができ，BSC の通信路容量 C_{BSC} [ビット/シンボル] は，次のように表される：

$$C_{\text{BSC}} = 1 - \mathcal{H}_2(\varepsilon), \quad \varepsilon = \frac{1}{\sqrt{\pi}} \int_{\left(\frac{S/N}{2}\right)^{1/2}}^\infty e^{-t^2} dt. \tag{7.38}$$

ついでながら，連続通信路と BSC の中間に位置する通信路として，通信路入力が ± 1 で，連続ガウス雑音が加わる，**2 元入力 AWGN 通信路**がある．この通信路の容量 C_{BiSo} [ビット/シンボル] は，

[†1] 1 Hz 当たりの値とすると，$C_\infty = \frac{S}{N_0} \log_2 e \simeq 1.4427 \frac{S}{N_0}$ [ビット/秒] となる．

$$C_{\text{BiSo}} = 1 - \int_{-\infty}^{\infty} p_{X_G}(x-1) \log_2 \left\{ 1 + \frac{p_{X_G}(x+1)}{p_{X_G}(x-1)} \right\} dx \qquad (7.39)$$

で与えられる (章末問題 **7.3** 参照). ただし, $p_{X_G}(x)$ は式 (7.9) で, $\mu := 0$, $\sigma^2 := \frac{1}{S/N}$ としたガウス密度関数である[†1].

図 **7.3** に, 連続 AWGN 通信路の容量 C_{CNT} (式 (7.29)), BSC の容量 C_{BSC} (式 (7.38)) ならびに C_{BiSo} (式 (7.39)) の比較を示している[†2]. C_{BSC}, C_{BiSo} は $S/N \to \infty$ において 1 ビット/標本値に漸近する. 一方, 連続ガウス通信路の容量は, $S/N \to \infty$ では $C_{\text{CNT}} \to \infty$ であり, $S/N = 3$ において 1 ビット/標本値, $S/N = 15$ において 2 ビット/標本値を達成している.

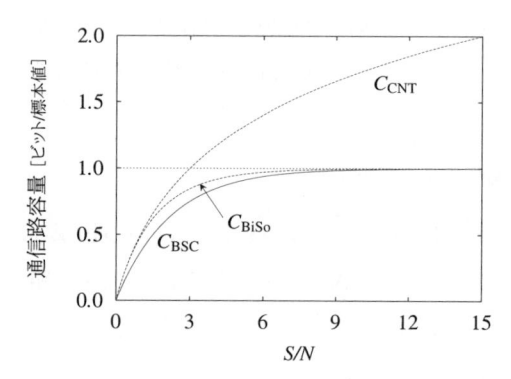

図 **7.3** 連続 AWGN 通信路の通信路容量 C_{CNT} と C_{BSC}, C_{BiSo} との比較

[†1] 式 (7.39) において, $S/N = \frac{1}{\sigma^2} \to 0$ ($\sigma^2 \to \infty$) のときには, 任意の x に対して
$$f_G(x) := \frac{p_{X_G}(x+1)}{p_{X_G}(x-1)} = \exp\left(-\frac{2x}{\sigma^2}\right) \to 1$$
となるので, $C_{\text{BiSo}} \to 0$ となることがわかる. また, $S/N = \frac{1}{\sigma^2} \to \infty$ のときには, $p_{X_G}(x) \to \delta(x)$ となることから $C_{\text{BiSo}} \to 1$ となることが導かれる.

[†2] 当然 $C_{\text{BSC}} \leq C_{\text{BiSo}} \leq C_{\text{CNT}}$ である. また, BSC と BiSo は送信シンボルが 1 ビットなので, 通信路容量も 1 ビットを超えることはない.

7.4.5 通信路符号化定理 (再掲)

〔**7.4.11**〕最後に,帯域制限 AWGN 通信路の容量の意味を確認して本章を終えよう.通信路容量の意味,すなわち通信路符号化定理は,離散通信路の場合と本質的に変わることはない.連続通信路に対しても,**6.3.1 項**の議論はほぼそのままに成立する[†1].注意すべき点は,次の二つになる.

(1) 離散通信路では送受信アルファベット X, Y が有限であったのに対し,連続通信路では共に実数の集合 $\mathbb{R}$ となる[†2].すなわち,送信器が用いる(ブロック)符号は,式 (6.17) で $X = \mathbb{R}$ とした,長さ n の実数ベクトル $\boldsymbol{x} \in \mathbb{R}^n$ を符号語とする符号になる.このとき,情報伝達速度 (あるいは符号化率) R の定義は離散通信路の場合 (式 (6.18)) と同じで,符号語の数を M とすると,「$R := \dfrac{1}{n} \log_2 M$ [ビット/標本値]」で与えられる.

(2) 送信語 $\boldsymbol{x} = (x_1, x_2 \ldots, x_n) \in \mathbb{R}^n$ には,式 (7.28) と類似の電力制限

$$\frac{1}{n} \sum_{i=1}^{n} x_i^2 \leqq \sigma_X^2 \tag{7.40}$$

が課せられる.この制約が離散通信路の場合との本質的な違いになる.

このとき,次が成立する.(逆についても同様であるがここでは割愛する).

〔**7.4.12**〕**通信路符号化定理** (再掲):「帯域制限 AWGN 通信路」を通して,式 (7.40) による送信電力制限が課せられた符号を用いて通信を行うとき,SN 比 (σ_X^2/σ_Z^2) で定まる通信路容量 C (式 (7.29)) に対して,情報伝達速度 R が「$R < C$」を満たすならば,符号語誤り率 P_E が $P_E \to 0$ $(n \to \infty)$ となる,(ブロック) 符号が存在する.

[†1] ランダム符号化を用いる証明も本質的に大きく変わるわけではないが,詳細は割愛する.例えば,文献18, 8 章), 19, 9 章) などを参照されたい.

[†2] 〔7.4.10〕に述べた 2 元入力 AWGN 通信路は入力が 2 値であり,ここでの議論には含まれない.2 元入力 AWGN 通信路の議論はむしろ BSC のそれに近い.

7.5 付録：電力スペクトル密度と白色雑音

7.5.1 相関関数

〔**7.5.1**〕「信号の各時刻における値がすべて確率変数であるような信号」を**確率過程**，**不規則過程**あるいは**不規則信号**などと呼ぶ[†1]．不規則信号 $x(s)$, $y(t)$ に対し，

$$\phi_{xy}(s,t) := E[x(s)y(t)] = \int_{-\infty}^{\infty} \int_{-\infty}^{\infty} \alpha\beta \, p_{x(s)y(t)}(\alpha,\beta) d\alpha d\beta$$

を $x(s)$ と $y(t)$ の**相互相関**といい，$\phi_{xy}(s,t) = 0$ のとき，$x(s)$ と $y(t)$ は**無相関**であるという．また，$\phi_{xx}(s,t) := E[x(s)x(t)]$ を $x(t)$ の**自己相関**といい，$\phi_{xx}(s,t) = 0$ ($s \neq t$) のとき，$x(s)$ と $x(t)$ は無相関であるという．

〔**7.5.2**〕 $E[|x(t)|^2]$ と $E[|y(t)|^2]$ が有限で，

$$\left.\begin{array}{l} E[x(t)] = \mu_x, \quad E[y(t)] = \mu_y \quad \text{(時間によらない定数)} \\ \phi_{xy}(t+\tau,t) = \phi_{xy}(\tau,0) \quad \text{(時間差 τ だけの関数)} \end{array}\right\} \quad (7.41)$$

が成立するとき，$x(t)$ と $y(t)$ は**結合弱定常**あるいは**広義定常**であるという．弱定常信号に関しては，$\phi_{xy}(\tau,0)$ を簡単に $\phi_{xy}(\tau)$ と表すことが多い．以下，この習慣に従う．

〔**7.5.3**〕 実の弱定常信号 $x(t)$ の相関関数 $\phi_{xx}(\tau)$ に関して，下記が成立する[†2]：

$$\phi_{xx}(0) = E[x^2(t)], \quad \phi_{xx}(\tau) = \phi_{xx}(-\tau), \quad \phi_{xx}(0) \geqq \phi_{xx}(\tau). \quad (7.42)$$

(**証明**) 第2の関係は，「$\phi_{xx}(\tau) = E[x(t+\tau)x(t)] = E[x(t)x(t+\tau)] = \phi_{xx}(-\tau)$」．第3の関係は，「$0 \leqq E[\{x(t+\tau) - x(t)\}^2] = 2\{\phi_{xx}(0) - \phi_{xx}(\tau)\}$」．また，第1の関係は自明である．

7.5.2 電力スペクトル密度

〔**7.5.4**〕 弱定常信号 $x(t)$ の自己相関関数 $\phi_{xx}(\tau)$ のフーリエ変換

$$\Phi_{xx}(\omega) := \int_{-\infty}^{\infty} \phi_{xx}(\tau) e^{-j\omega\tau} d\tau \quad (7.43)$$

[†1] 例えば，二つの不規則信号 $x(s), y(t)$ は，任意の i, j と任意の $s_1, \ldots, s_i, t_1, \ldots, t_j$ について，$(x(s_1), \ldots, x(s_i), y(t_1), \ldots, y(t_j))$ の結合確率が与えられれば定義される．なお，本節ではフーリエ変換との混同を避けるため，確率変数である不規則信号も小文字を用いて $x(t)$ などと表す．

[†2] $\phi_{xx}(0) = E[x^2(t)]$ は，$x(t)$ の**平均電力**を表している．

を $x(t)$ の**電力スペクトル密度**という．以下に理由を概説する (結論は〔7.5.7〕)．なお，$\phi_{xx}(-\tau) = \phi_{xx}(\tau)$ (式 (7.42)) より，「$\Phi_{xx}(-\omega) = \Phi_{xx}(\omega)$」が成立する．

〔**7.5.5**〕**線形時不変システム**：入力 $x_k(t)$ に対する出力が $y_k(t)$ であるとき，

 (i) **線形性**：入力 $\sum_k a_k x_k(t)$ に対する出力は $\sum_k a_k y_k(t)$ で与えられる

 (ii) **時不変性**：入力 $x_k(t-\tau)$ に対する出力は $y_k(t-\tau)$ で与えられる

の 2 条件が成立するシステムを**線形時不変システム**と呼ぶ．

一方，(任意の連続) 信号 $x(t)$ は，近似的に

$$x(t) \simeq \sum_k x(k\Delta) u_\Delta(t - k\Delta)\Delta, \quad u_\Delta(t) := \begin{cases} \dfrac{1}{\Delta}, & |t| \leq \dfrac{\Delta}{2}, \\ 0, & |t| > \dfrac{\Delta}{2} \end{cases} \tag{7.44}$$

と表すことができる．したがって，線形時不変システムにおいては，入力 $u_\Delta(t)$ に対する出力を $h_\Delta(t)$ とすれば，入力 $x(t)$ に対する出力 $y(t)$ は $y(t) \simeq \sum_k x(k\Delta) h_\Delta(t-k\Delta)\Delta$ と表され，$\Delta \to 0$ の極限をとって，いわゆる「線形時不変システムの基礎式」

$$y(t) = h(t) * x(t) := \int_{-\infty}^{\infty} h(t-\tau) x(\tau)\, d\tau \tag{7.45}$$

が得られる．ただし，$h(t)$ はデルタ関数 $\delta(t) = \lim_{\Delta \to 0} u_\Delta(t)$ に対する出力で，**インパルス応答**と呼ばれる．式 (7.45) の両辺をフーリエ変換すれば，周波数領域の関係

$$Y(\omega) = H(\omega) X(\omega) \tag{7.46}$$

が得られる [†1]．このとき，周波数特性 $H(\omega)$ を実現するシステムをしばしば**フィルタ**と呼ぶ．なお，線形時不変システムでは，入力が弱定常 (式 (7.41)) であれば，出力も弱定常となることが，式 (7.45) から直ちに導かれる (章末問題 **7.4**)．

〔**7.5.6**〕インパルス応答が $h(t)$ の線形時不変システムにおいて，実の弱定常入力 $x(t)$ に対する出力を $y(t)$ とする．すると，相関関数 $\phi_{xx}(\tau)$，$\phi_{yy}(\tau)$ ならびに $\phi_{xy}(\tau)$ の間に下記が成立する：

$$\left. \begin{array}{l} \phi_{yy}(\tau) = \phi_{xy}(-\tau) * h(\tau), \quad \phi_{xy}(\tau) = \phi_{xx}(-\tau) * h(\tau), \\ \phi_{yy}(\tau) = \phi_{xx}(\tau) * h(-\tau) * h(\tau). \end{array} \right\} \tag{7.47}$$

[†1] 式 (7.26) の導出と同様な考え方で，
$$Y(\omega) = \int\!\!\int h(t-\tau) x(\tau) d\tau\, e^{-j\omega t} dt$$
$$= \int h(t-\tau) e^{-j\omega(t-\tau)} dt \int x(\tau) e^{-j\omega\tau} d\tau = H(\omega) X(\omega)$$
が導かれる．

また，これらのフーリエ変換をとれば，対応する周波数領域の表現が得られる：

$$\left.\begin{array}{l}\Phi_{yy}(\omega) = \overline{H(\omega)}\Phi_{xy}(\omega), \quad \Phi_{xy}(\omega) = H(\omega)\Phi_{xx}(\omega), \\ \Phi_{yy}(\omega) = |H(\omega)|^2 \Phi_{xx}(\omega). \end{array}\right\} \quad (7.48)$$

(証明) 相関関数の定義 (式 (7.41)) に式 (7.45) を適用すれば，第 1 の関係は，

$$\begin{aligned}\phi_{yy}(\tau) &= E\left[y(t+\tau)y(t)\right] = E\left[y(t+\tau)\int x(t-\lambda)h(\lambda)\,d\lambda\right] \\ &= \int E\left[x(t-\lambda)y(t+\tau)\right]h(\lambda)\,d\lambda = \int \phi_{xy}(-\tau-\lambda)h(\lambda)\,d\lambda \\ &= \phi_{xy}(-\tau) * h(\tau)\end{aligned}$$

のように求められ，第 2 の関係 $\phi_{xy}(\tau) = E[x(t+\tau)y(t)]$ についても同様である．なお，第 2 の関係に関しては，$\phi_{xx}(-\tau) = \phi_{xx}(\tau)$ (式 (7.42)) より $\phi_{xy}(\tau) = \phi_{xx}(\tau) * h(\tau)$ も成立する．第 3 の関係は，第 2 の関係を第 1 の関係に代入して直ちに得られる．

〔**7.5.7**〕 さて，$\Delta_\omega \ll 1$ として，実のインパルス応答 $h(t)$ を有する帯域通過フィルタ

$$H(\omega) = \begin{cases} 1, & \omega_o < |\omega| < \omega_o + \Delta_\omega, \\ 0, & \text{elsewhere} \end{cases}$$

を考えると，式 (7.48) の第 3 式のフーリエ逆変換より，

$$E\left[y^2(t)\right] = \phi_{yy}(0) = \frac{1}{2\pi}\int_{-\infty}^{\infty} |H(\omega)|^2 \Phi_{xx}(\omega)\,d\omega$$

$$= \frac{1}{2\pi}\left(\int_{-\omega_0-\Delta_\omega}^{-\omega_0} + \int_{\omega_0}^{\omega_0+\Delta_\omega}\right)\Phi_{xx}(\omega)\,d\omega \simeq \frac{\Delta_\omega}{\pi}\Phi_{xx}(\omega_o) \quad (7.49)$$

が得られる ($\Phi_{xx}(-\omega) = \Phi_{xx}(\omega)$ に注意)．式 (7.49) は，$x(t)$ の，ω_o から $\omega_o+\Delta_\omega$ に含まれる角周波数 (スペクトル) 成分の平均電力が，$\Phi_{xx}(\omega_o)\Delta_\omega/\pi$ に等しいことを表している．このため，$\Phi_{xx}(\omega)$ を $x(t)$ の**電力スペクトル密度**と呼ぶ．なお，式 (7.49) において恒に $E[y^2(t)] \geq 0$ が成立することより，「$\Phi_{xx}(\omega) \geq 0$」が導かれる．

〔**7.5.8**〕 電力スペクトル密度 $\Phi_{xx}(\omega)$ が角周波数 ω によらず一定

$$\Phi_{xx}(\omega) = \frac{N_0}{2} \quad \text{(constant)} \quad (7.50)$$

である不規則信号は，最も基本的な，**白色雑音**と呼ばれる雑音である[†1]．このとき，自己相関関数は無相関 $\phi_{xx}(\tau) = \frac{N_0}{2}\delta(\tau)$ (デルタ関数の定数倍) となる．

[†1] **(1)** すべての周波数成分を含む光が白く見えることから，白色雑音と呼ばれる．
(2) 物理的に意味のある「正」周波数 (だけ) を考え，$\omega < 0$ については $\omega > 0$ に繰り入れるとしたときに，N_0 が 1 Hz 当たりの雑音電力を表すよう，式 (7.50) では $N_0/2$ としている．式 (7.49) に式 (7.50) を代入し，$\Delta_\omega = 2\pi\Delta_f$ に注意すれば，「$\frac{\Delta_\omega}{\pi}\Phi_{xx}(\omega) = \Delta_f N_0$」であり，$\Delta_f = 1$ Hz 当たりの雑音電力が N_0 となる．

章 末 問 題

7.1 $p_{X_G}(x)$ を式 (7.9) で与えられるガウス密度関数とするとき,

$$\int_{-\infty}^{\infty} p_{X_G}(x)(x-\mu)^2 dx = \sigma^2 \tag{7.51}$$

が成立することを示せ. [ヒント：$p'_{X_G}(x) = -xp_{X_G}(x)$ が成立する].

7.2 エントロピー，結合エントロピー，条件付きエントロピーの間に成立する関係式 (7.13) を証明せよ. さらに, p.184 脚注 1 に述べたことを考慮すると, これらの関係は, 形式的に発散項も含めて成立することを確認せよ.

7.3 〔7.4.10〕に述べた「2元入力 AWGN 通信路」の通信路容量 C_{BiSo} が式 (7.39) で与えられることを示せ. (実際には「AWGN」でなくても雑音の分布が対称 $(p_{X_G}(x) = p_{X_G}(-x))$ であれば成立する).

7.4 入力 $x(t)$ が弱定常 (式 (7.41)) であれば, 線形時不変システム (式 (7.45)) の出力 $y(t)$ も弱定常となることを示せ.

8 情報セキュリティの基礎
──暗号理論の初歩──

現代社会では，色々な意味で情報保護の必要性が増している．(1) クレジットカード，キャシュカードの暗証番号や計算機のログインパスワードの認証と秘匿，(2) CD, DVD などに記録された (ディジタル) 情報の複製保護や正当な使用者の認証，など枚挙に暇がない．中でも通信における情報の秘匿保護と正当な使用者の認証は特に重要である．本章では，これらの技術の基礎となる数理的方法を中心にて概観する[51)～60)]．

8.1 暗号の考え方と共通鍵暗号系

8.1.1 暗号システム

暗号システムの基本構成を図 8.1 に示す．世の中には，通信路を流れる情報を盗聴したり，改竄したり，あるいは他人になりすまして人を騙そうとするような不逞の輩もいる．暗号の第一の目的は，このような不正な盗聴者などから情報を保護することにある．

意味のある自然言語などで書かれたメッセージを平文 (ひらぶん) という．これ

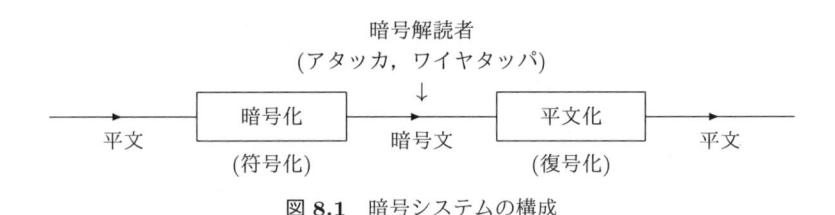

```
                    暗号解読者
                 (アタッカ，ワイヤタッパ)
                         ↓
  ──→ ┌──────┐ ──────→ ┌──────┐ ──→
  平文  │ 暗号化 │   暗号文   │ 平文化 │   平文
        └──────┘             └──────┘
        (符号化)             (復号化)
```

図 8.1 暗号システムの構成

に対して，**暗号化**を行って，正当な受信者以外には情報の内容がわからないように変換されたメッセージを**暗号文**という．逆に，暗号文からもとの平文を求めることを，**復号，解読，平文化**などという．

暗号には数千年に及ぶ長い歴史があり，古来よりさまざまな方式が考えられ，用いられてきた．その中心的な方式が，「暗号化と復号化の鍵が同じ」である**共通鍵暗号システム**であり，8.2 節に述べる「公開鍵暗号システム」が現れるまで，長年にわたって用いられてきた．また，主な暗号は，平文を一定長のブロックに分割し，ブロックごとに暗号化/復号化を行う**ブロック暗号**と，平文の 1 文字ごとに暗号化/復号化を行う**ストリーム暗号**とに大きく分類できる．

8.1.2 共通鍵暗号の代表例

〔8.1.1〕**シーザー暗号**：古代ローマ帝国のジュリアス・シーザー (Julius Caesar) が使ったとされ，その名が付けられている．形式としてはストリーム暗号に分類され，暗号化の操作を表す名前として**換字暗号**と呼ばれることも多い．

SF 映画の古典的名作である「2001 年宇宙の旅」(2001: A Space Odyssey) (原作：Arther C. Clarke, 監督：S. Kubrick, 1968) に出てくる宇宙船の制御コンピュータ「HAL」は，当時のコンピュータ業界の巨人であった「IBM」(International Business Machine) のシーザー暗号による暗号名である．これは最も簡単なシーザー暗号の例であり，図 **8.2** に示すように，英語のアルファベット $\{A, B, C, \ldots, Z, \sqcup\}$ を 1 文字前の文字に置き換える操作が暗号化操作になっている．一般には，$\{A, B, C, \ldots, Z, \sqcup\}$ のアルファベット 27 文字をどのように置き換えるかで，それぞれ異なった暗号となる．この置き換えの規則がシーザー暗号の鍵となり，その総数は容易にわかるように，「$27! \simeq 1.09 \times 10^{28}$」

$$\text{暗号化} \Uparrow \begin{vmatrix} A\,B & \cdots & H\,I & \cdots & L\,M & \cdots & Y\,Z & \sqcup \\ B\,C & \cdots & I\,J & \cdots & M\,N & \cdots & Z\,\sqcup & A \end{vmatrix} \Downarrow \text{平文化}$$

"IBM" (平文) $\Longleftrightarrow$ (暗号文) "HAL"

図 **8.2** シーザー (換字) 暗号システムの構成

で与えられる．

この暗号を解読する方法として，すべての鍵を検査するという方法が考えられるが，一つの鍵を検査するのに例えば，$1 \text{ ns} = 10^{-9}$ s 掛かるとすると，すべての鍵を検査するには，およそ

$$1.09 \times 10^{19} \text{ s} \simeq 3.45 \times 10^{11} \text{ year}$$

掛かることになる (平均値は，この半分)．参考までに，地球が生まれてから 45 億年 $= 4.5 \times 10^9$ 年である．

〔8.1.2〕換字暗号と類似の暗号方式として，図 8.3 に示す**転置暗号**がある．転置暗号は，ブロック暗号に分類され，文 (メッセージ) をブロックと呼ばれる一定長の系列に分割し，ブロック内のスロットの位置を変換する暗号である．転置暗号も，鍵の総数はブロック長を n とすると $n!$ で与えられる．

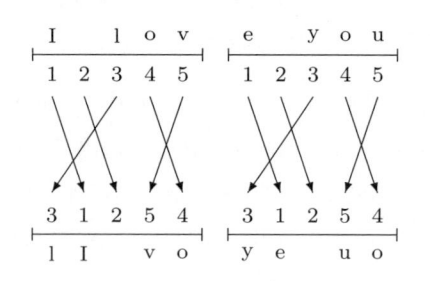

図 8.3 転 置 暗 号

シーザー暗号や転置暗号は，解読法として鍵の全探索しかなかったとすれば，解読に数億年掛かることになる．しかし，実際には，自然言語の言語学的な特徴などを利用して解読が可能であり，安全な暗号システムとはいえない．

〔8.1.3〕バーナム (Vernam) 暗号：1917 年にバーナムによって与えられた暗号方式であり，その構成は以下のようにまとめられる (図 8.4 参照)

- 平文：$\boldsymbol{m} = (m_1, m_2, \cdots), \quad m_i \in \{0, 1\}$
- 鍵：$\boldsymbol{k} = (k_1, k_2, \cdots), \quad k_i \in \{0, 1\}$

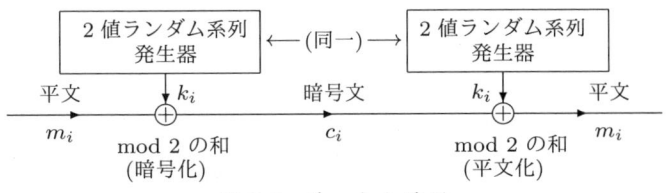

```
          ┌─────────────┐              ┌─────────────┐
          │2値ランダム系列│ ←─(同一)─→ │2値ランダム系列│
          │   発生器     │              │   発生器     │
          └──────┬──────┘              └──────┬──────┘
   平文         ↓ $k_i$      暗号文         ↓ $k_i$      平文
  ───────────→ ⊕ ──────────────────────────→ ⊕ ───────────→
    $m_i$     mod 2 の和       $c$         mod 2 の和      $m_i$
              (暗号化)                       (平文化)
```

図 **8.4** バーナム暗号

- 暗号化：$c_i = m_i + k_i \pmod{2}$
- 暗号文：$\boldsymbol{c} = (c_1, c_2, \cdots), \quad c_i \in \{0, 1\}$
- 復号化：$m_i = c_i + k_i \pmod{2}$

これからわかるように，バーナム暗号はストリーム暗号に属す暗号である．また，鍵を一度に限って使用する，**ワンタイムパッド**と呼ばれる方式を採用すれば，**無条件に安全**な暗号であり，暗号文からもとの平文を知ることは原理的に不可能である [51), 52), 55), 61)].

しかし，ワンタイムパッドのストリーム暗号の大きな問題として，**鍵の配送**の問題が残される．(平文と同じ長さの鍵を事前に共有しなければならない)．

[**8.1.4**] **DES** (Data Encryption Standard) と **AES** (Advanced data Encryption Standard)：DES は，アメリカ商務省がデータ暗号化の標準を定めようとして公募を行い，1977 年に IBM から提案されたシステムである．基本構成は，ブロック長 64 ビットの平文に対して，転置暗号と換字暗号を 16 段組み合わせた方式で，そのパラメタを 64 ビット (うち 8 ビットはパリティ検査用) の鍵で定めるものであった．DES は，鍵の総数が $2^{56} \simeq 10^{17}$ であり，前と同じく 1 ns で一つの鍵が検証できるとすると，およそ 2 年ですべての鍵が検査できることになり，安全性に疑問が残る．その後鍵を 64 ビットから 128 ビットにするなどの修正も考えられたが，結局，1994 年に三菱電機のグループによって解読され，公式に使われることはなかった．

このため，DES の後継規格として，共通鍵ブロック暗号の公募が行われ，2001 年に AES が標準方式として採用された．AES はブロック長 128 ビットで，三つの鍵長，128，192，256 ビットが用意され，現在広く使用されている．

〔**8.1.5**〕以上に代表例を見た，従来の共通鍵暗号システムの特徴は，暗号化/復号化の鍵が共通で，「(1) アルゴリズムと (2) 鍵」が共に秘密なことにある．

一方，このような共通鍵暗号システムは，公衆通信における応用を考えたとき，大きな問題点を有している．それは，鍵の生成，配送，管理の問題である．共通鍵暗号システムでは，送受信者が相互に暗号の鍵を共有する必要である．加入者数が n の公衆ネットワークで必要な鍵の総数は，$_nC_2 \simeq n^2/2$ となる．

表 **8.1** に n と $_nC_2$ の数値例を示す．十万加入の小さなネットワークにおいてすでに 50 億の鍵が必要であり，加入者が 1 億になると鍵の総数は 5 千兆に及び，その配送や管理は手に負えないものとなることは容易に想像できる．

表 **8.1** 従来の共通鍵暗号システムで必要となる鍵の数

加入者数	鍵の総数	
$n = $ 十万	$_nC_2 \simeq 5 \times 10^9$	(50 億)
$n = $ 百万	$_nC_2 \simeq 5 \times 10^{11}$	(5 千億)
$n = $ 千万	$_nC_2 \simeq 5 \times 10^{13}$	(50 兆)
$n = $ 一億	$_nC_2 \simeq 5 \times 10^{15}$	(5 千兆)

このような共通鍵暗号システムの問題点を一挙に解決する方式として，次に述べる公開鍵暗号システムが登場した．

8.2 公開鍵暗号系

本節以降の議論では，適宜付録 **8.8** を参照する．必要に応じて目を通していただきたい．

〔**8.2.1**〕**公開鍵暗号系**は，1977 年に W. Diffie と M.E. Hellman によって提案された[62]．従来の共通鍵暗号システムを根底から変革する，画期的な暗号システムである．

従来の共通鍵暗号システムに対して，公開鍵暗号システムでは，「(1) 暗号化のアルゴリズムと暗号化の鍵は公開，(2) 暗号化鍵と復号化鍵は別，(3) 復

号化の鍵だけが秘密」であり，従来の共通鍵暗号システムとは根本的に違っている．公開鍵暗号システムでは，加入者数が n のネットワークで必要となる鍵の総数が n ($\ll {}_nC_2$) で済むという点が大きな特長である．

8.2.1 公開鍵暗号系の基本構成

〔8.2.2〕公開鍵暗号システムは，基本的にブロック暗号に属すと考えてよい．

平文は，日本語や英語で書かれた普通の文である．例えば，英文は，英語アルファベット $\Gamma := \{A, B, C, \cdots, Z, \sqcup\}$ (27文字) の系列 $\ldots, x_0, x_1, x_2, \ldots, x_n, x_{n+1}, \ldots$ ($x_i \in \Gamma$) である．図 **8.5** に示すように，ブロック暗号では平文を一定長の"ブロック"に分割し，ブロックごとに暗号文に変換する．

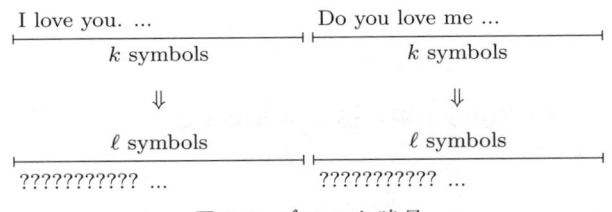

```
I love you. ...           Do you love me ...
├─── k symbols ───┤      ├─── k symbols ───┤
         ⇓                         ⇓
├─── ℓ symbols ───┤      ├─── ℓ symbols ───┤
??????????? ...            ??????????? ...
```

図 **8.5** ブロック暗号

いま，ブロック長を k とすると，一ブロックで表現される平文の総数は $|\Gamma|^k$ (英文の場合，27^k) となる．一ブロックの平文はたかだか 27^k 個ということであるから，$n \geqq 27^k$ とすれば，整数の集合

$$M = \mathbb{Z}_n := \{0, 1, 2, \ldots, n-1\}, \quad (n \geqq 27^k)$$

の中の整数 m によってすべての平文を表すことができる．

〔8.2.3〕公開鍵暗号系では，**暗号化鍵**と**復号化鍵**は別で，暗号化の鍵が公開されている．また，暗号化，復号化のアルゴリズムも公開である．いま，A さんが B さんに公開鍵暗号システムを用いて通信する場合を考えよう (図 **8.6**)．

(1) A さんは公開ファイルに公開されている B さんの暗号化鍵 ε_b と，同じく公開されている暗号化関数 $E(\cdot, \cdot)$ を用いて，平文 m ($\in M$) を暗号化し，

```
公開ファイル: A = ε_a, B = ε_b, C = ε_c, ...
```

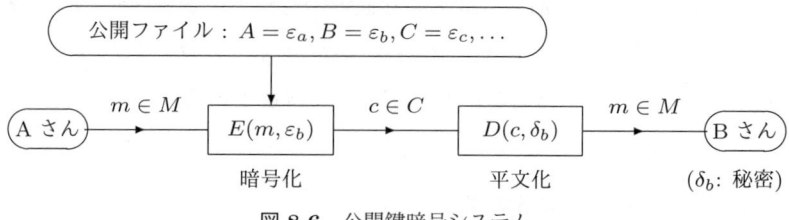

図 8.6 公開鍵暗号システム

$$c := E(m, \varepsilon_b)$$

をBさんに送る．

(2) BさんはAさんから送られてきた暗号文 c に対し，自分だけが知っている秘密の復号化鍵 δ_b を用い，復号化関数 $D(\cdot, \cdot)$ を用いて

$$D(c, \delta_b)$$

によって，Aさんからのメッセージ m を復号する．

8.2.2 公開鍵暗号系の成立条件

〔8.2.4〕容易にわかるように，上に述べた公開鍵暗号系が成立するためには下記の条件が満たされなければならない．

(1) 任意の $m \in M$ に対して

$$D(E(m, \varepsilon), \delta) = m$$

が成立する．すなわち，正当な受信者は暗号文からもとの平文を復元できる．

(2) 公開の暗号化鍵 ε から秘密の復号化鍵 δ を求めることができない (計算量的に不可能) [†1]．

(3) 暗号化 $E(m, \varepsilon)$ および復号化 $D(c, \delta)$ の計算は比較的容易．

[†1] 本来は，鍵を使わない復号も考慮し，「正当な受信者以外は平文を復元できない」とすべきである．

以上の (1)〜(3) に加えて

(4) 任意の $m \in M$ に対して $D(m, \delta)$ が定まり，

$$E(D(m,\delta), \varepsilon) = m$$

が成立するならば，以下に示すように，メッセージの送り手が確かに A さんであることを保証する，**ディジタル署名** (A さんの認証) が可能となる．

〔**8.2.5**〕**平文復元によるディジタル署名**：A さん (鍵のペア $(\varepsilon_a, \delta_a)$) が B さん (鍵のペア $(\varepsilon_b, \delta_b)$) に，この手紙は確かに A さんが書いたものであることを証明する方法として，次の方法が考えられる．

(1) A さんは，自分の署名 (一つのメッセージ) m を，A さんだけが知っている復号化鍵の δ_a を用いて $m' = D(m, \delta_a)$ に変換し，続いて m' を B さんの公開暗号化鍵 ε_b を使って暗号化した署名文

$$c = E(m', \varepsilon_b) = E(D(m, \delta_a), \varepsilon_b)$$

を B さんに送る (m' に対しては普通の暗号化の操作)．

(2) B さんは受信した署名文 c を，復号化の秘密鍵 δ_b を用いて復号し，$D(c, \delta_b) = m'$ を得る．続いて，A さんの公開鍵 ε_a を用いて

$$E(m', \varepsilon_a) = E(D(m, \delta_a), \varepsilon_a) = m$$

を復元する．

このとき，「m から m' を作ることができるのは，δ_a を知っている A さんだけ」と考えられるので，m として "意味のある" メッセージが得られれば，B さんは「確かに A さんが c, m' そして m を送った」と結論できるのである．

8.2.3 ディジタル署名 (認証) の改良

〔**8.2.6**〕上の〔8.2.5〕に述べた平文復号によるディジタル署名は，(1) 平文への復号と復号された平文が意味のある文であるか否かの解析 (意味解析) が必

要，(2) 署名文 c がもとの平文と同程度に大きく効率が悪い，などの問題点がある．これらを解決するのが，次に述べる**認証子**による方法である．

図 **8.7** がその構成図である．認証子 $\tilde{m}$ は，**一方向ハッシュ関数**[†1] $h(\cdot)$ を用いて，平文 m から $\tilde{m} = h(m)$ として計算される．図に示してあるように，この認証子 $\tilde{m}$ に対して（〔8.2.5〕に述べた）ディジタル署名を施すことにより，ハッシュ関数 $h(\cdot)$ を公開することができる[†2]．平文 m と暗号化された署名 $c = D(\tilde{m}, \delta_a)$ を受け取ったBさんは，c から復号した $\tilde{m}$ と平文 m のハッシュ値 $h(m)$ を比較し，両者が一致すれば，意味解析を行うことなく，送信者はAさんである，と結論できることになる．(実例については〔8.7.2〕参照).

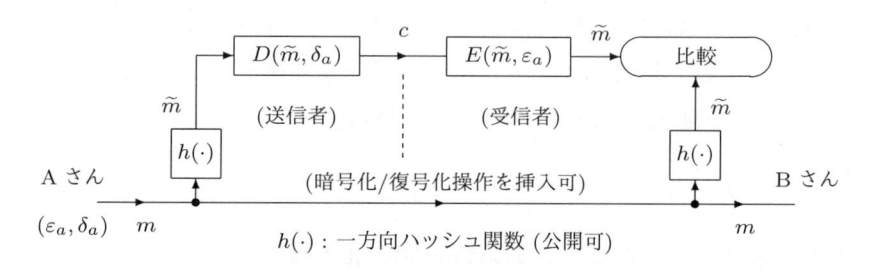

図 **8.7** ハッシュ関数を用いた送信者の認証

8.3　公開鍵暗号成立の根拠

〔**8.3.1**〕現代暗号理論は，主として整数論的枠組みの中で構築され，取り扱う整数 n の桁数 $\ln n$ に対して，その多項式オーダの計算は実行可能であるが，それより大きな計算量を要するアルゴリズムは (実質上) 実行不可能であり，ここが計算可能性の境界になっている (表 **8.2** の数値例参照).〔8.2.4〕に述べた条

[†1] 単に**ハッシュ関数**とも呼ばれ，$\tilde{m} = h(m)$ は簡単に計算できるが，$h^{-1}(\tilde{m})$ は計算困難 (不可能) である関数を指す．一般に，$\tilde{m}$ のサイズは m に比べて十分小さい．

[†2] ディジタル署名を施さない場合は，ハッシュ関数 (あるいはその鍵) を秘密に共有しなければならない．そうでないと，第三者による「なりすまし」や「メッセージ改竄」ができてしまう．

件を満たす公開鍵暗号システムは，この計算可能性の境界に関して求解が困難な問題に立脚して構築される．そのような問題の代表例が，素因数分解と離散対数問題である．

8.3.1 素因数分解と離散対数

〔8.3.2〕**素因数分解**：これは，大きな素数 p, q の積 $n\ (=pq)$ が与えられたとき，n から素数 p, q を見つけ出す問題である．n の素因数分解は，それが n の桁数 $(\ln n)$ の多項式時間では解けないことが証明されているわけではない．しかしピタゴラス以来の整数論の歴史の中で，未だに効率的なアルゴリズムは発見されていない．現在，任意の合成数に対して効率のよい「汎用数体ふるい法」と呼ばれるアルゴリズムが知られており，その計算量は，

$$O\bigl(e^{A(\ln n)^{1/3}(\ln\ln n)^{2/3}}\bigr), \quad A = 1.901 \tag{8.1}$$

で与えられる[74)~76)]．この計算量は，$(\ln n)^{1/3}(\ln\ln n)^{2/3}\ (<\ln n)$ の指数関数[†1]であり，$\ln n$ の**準指数関数**といわれる．

〔8.3.3〕**離散対数問題**：これは，大きな素数 p によって定まる素体 $\mathbb{F}_p$ の乗法群 $\mathbb{F}_p^\times := \{1, 2, \ldots, p-1\}$ の原始元 (定理〔8.8.29〕参照) を α とするとき，与えられた $x \in \mathbb{F}_p^\times$ に対して，「$\alpha^y = x\ (0 \leq y < p-1)$ となる y」を見出す問題である[62)][†2]．このとき，$y = \log_\alpha x$ と表し，y を「α を底とする x の離散対数」という．

離散対数問題についても，それが p の桁数 $(\ln p)$ の多項式時間では解けないことが示されているわけではない．しかし，現在まで，離散対数問題に対する $(\ln p$ の$)$ 多項式時間アルゴリズムは知られておらず，効率がよいとされるアルゴリズムの計算量は，素因数分解に必要な計算量とほぼ同じである[74)~76)]．

[†1] $e^{(\ln n)^{1/3}} < e^{(\ln n)^{1/3}(\ln\ln n)^{2/3}} < e^{\ln n} = n$ である．
[†2] 安全性を高めるために，楕円曲線上の離散対数が考案されている[59)]．

8.3.2 素数判定アルゴリズム

〔**8.3.4**〕一方,与えられた整数 n が素数であるか否かの判定 (素数判定) については,$\ln n$ の多項式オーダの判定アルゴリズムが知られている.その結果,暗号理論の基礎として重要な,大きな素数 p, q を求めて $n = pq$ を作ることや,離散対数問題の土俵となる $\mathbb{F}_p^\times$ を構築することは容易な問題となっている.

〔**8.3.5**〕フェルマ (Fermat) テストによる確率的素数判定法:フェルマの小定理 (p. **228** 脚注 **1**) の対偶「$a^{p-1} \not\equiv 1 \pmod{p} \Rightarrow p$ は素数でない」に基づいて素数判定を行う確率的アルゴリズムを指す.素数である確率をきちんと評価できる形で与えたアルゴリズムにソロベイ・ストラッセンのアルゴリズム,ミラー・ラビンのアルゴリズムなどがある.

歴史的には,1977 年にソロベイ・ストラッセンによる確率的判定法が示され [72],RSA 暗号実現の根拠を与えた.テストに k 回パスすれば,素数である確率は,$1 - (1/2)^k$ 以上であることが保証される (**8.8.10 項**〔**8.8.41**〕参照).判定の計算量は,およそ次式で与えられる (ただし,$k \simeq \ln n$ で評価):

$$O(k(\ln n)^3) \simeq O((\ln n)^4). \tag{8.2}$$

その後,1980 年にミラー・ラビンによる改良版が与えられ [73],合成数 n を誤って素数と推定してしまう確率を,「2^{-k} 以下」から「4^{-k} 以下」へ激減させた.計算量も $O(k(\ln n)^{2\sim 3})$ で,改善されている.

〔**8.3.6**〕**AKS アルゴリズム**: 2004 年,インド工科大学の M. Agrawal, N. Kayal, N. Saxena により,多項式時間の決定論的素数判定アルゴリズムが発見され [77],2 千年来の未解決問題がついに解決された (文献 71) などの解説も参照されたい).素数判定アルゴリズムの決定版といえるが,現段階で必要な計算量は $O((\log n)^6)$ ほどであり,確率的アルゴリズムのほうが簡便で計算時間的にも速い.

〔**8.3.7**〕素因数分解の計算量 (式 (8.1)) と素数判定の計算量 (式 (8.2)) の比較を表 **8.2** に示す.

表 8.2　素数判定と素因数分解の計算量 (†: 1 ns/op. とした場合)

n	$(\ln n)^4$	(計算時間 †)	$e^{A(\ln n)^{1/3}(\ln \ln n)^{2/3}}$	(計算時間 †)
10^{100}	$\simeq 2.81 \times 10^9$	(2.81 秒)	$\simeq 4.47 \times 10^{15}$	(51.8 日)
10^{200}	$\simeq 4.50 \times 10^{10}$	(45.0 秒)	$\simeq 2.29 \times 10^{21}$	(7.26×10^4 年)
10^{300}	$\simeq 2.28 \times 10^{11}$	(3.79 分)	$\simeq 3.29 \times 10^{25}$	(1.04×10^9 年)
10^{400}	$\simeq 7.20 \times 10^{11}$	(12.0 分)	$\simeq 8.00 \times 10^{28}$	(2.54×10^{12} 年)
10^{500}	$\simeq 1.76 \times 10^{12}$	(29.3 分)	$\simeq 6.46 \times 10^{31}$	(2.05×10^{15} 年)

8.4　公開鍵暗号系の具体例 (I)：RSA 暗号

〔8.4.1〕**RSA 暗号**は，最初に成功を収めた具体的公開鍵暗号系であり，1978 年に，Rivest, Shamir and Adleman (MIT) によって提案された[63]．発明者のイニシャルをとって，RSA 暗号と呼ばれる．平文復元によるディジタル署名が可能である．後述の **DSA** (Digital Signature Algorithm)(〔8.7.2〕) などと並んで，**SSH** (Secure SHell)[†1] にも用いられ，現在のデータ通信システムを支える要となっている．

〔8.4.2〕鍵の生成：下記により，各加入者ごとに鍵を生成する．ただし，a と b の最小公倍数を $\mathrm{LCM}(a,b)$，最大公約数を $\gcd(a,b)$ で表す．(〔8.8.6〕参照).

(1)　二つの大きな素数 p, q を選び (〔8.3.4〕による)，$n := pq$ とおく．

(2)　$\ell := \mathrm{LCM}(p-1, q-1)$ とおき，d を「$\gcd(d, \ell) = 1$ を満たす整数」とする．(ユークリッドアルゴリズム (〔8.8.13〕) により計算可能).

(3)　d に対して e を，「$e \cdot d = 1 \pmod{\ell}$ を満たす整数」として定める．(これもユークリッドアルゴリズムにより計算される[†2]).

(4)　暗号化の公開鍵を $\varepsilon = (e, n)$，復号化の秘密鍵を $\delta = (d, n)$ とする．

[†1]　リモートホスト (計算機) をセキュアに利用するための方式 (プロトコル)．公開鍵暗号を用いて共通鍵暗号 (AES など) の鍵を共有し，暗号化された高速通信路を形成してリモートホストを利用する．

[†2]　ユークリッドアルゴリズムにより，$xd + y\ell = \gcd(d, \ell) = 1$ となる整数 x, y が求まる．両辺で $\bmod \ell$ をとれば，$xd \equiv 1 \pmod{\ell}$ となり，$e := \langle x \rangle_\ell$ が得られる．(記号 $\langle x \rangle_\ell$ の意味は式 (8.19) を参照).

(注意) 鍵 e, d は，$\ell := \mathrm{LCM}(p-1, q-1)$ に基づいて決められている．$n = pq$ の因数分解がわかれば，ℓ がわかり，e, d を計算することができる．一方，$n = pq$ の因数分解あるいは ℓ を知らずに，e, d を計算する方法は，暗号の発表以来数十年以上経った現在まで知られていない．ただし，$n = pq$ の因数分解を知らずに，e から d が求められないことが証明されているわけではない．

〔**8.4.3**〕 **暗号化と復号化**： A さんの公開の暗号化鍵を $\varepsilon = (e, n)$，秘密の復号化鍵を $\delta = (d, n)$ とする (簡単のため，添字は省略)．平文および暗号文の集合は $M = C = \mathbb{Z}_n := \{0, 1, 2, \ldots, n-1\}$ である．RSA 暗号の暗号化は

$$c = E(m, \varepsilon) = m^e \pmod{n}$$

で与えられ，復号の秘密鍵 d を知っていれば，次により復号できる[†1]：

$$m = D(c, \delta) = c^d = (m^e)^d \pmod{n}. \tag{8.3}$$

(証明) 式 (8.3) の証明： $ed \equiv 1 \pmod{\ell}$，$\ell := \mathrm{LCM}(p-1, q-1)$ より，$x, y \in \mathbb{Z}$ が存在して「$ed = x\ell + 1 = xy(p-1) + 1$」．よって，「$m^{ed} = m^{xy(p-1)}m$」．しかるにフェルマの小定理 (命題〔8.8.22〕) より，$m^{p-1} \equiv 1 \pmod{p}$ が成立する．よって

$$m^{ed} \equiv m \pmod{p}, \quad m^{ed} - m = k_1 p. \tag{8.4}$$

まったく同様にして，

$$m^{ed} = m \pmod{q}, \quad m^{ed} - m = k_2 q. \tag{8.5}$$

以上の式 (8.4)，(8.5) より，「$p \mid (m^{ed} - m)$，$q \mid (m^{ed} - m)$」が成立し，p, q は素数であるので，「$pq \mid (m^{ed} - m)$ すなわち $m^{ed} = m \pmod{n}$」が得られる．

例〔8.4.4〕 $p = 3, q = 11$ とする．すると，$n = pq = 33$，$M = C = \mathbb{Z}_{33}$ で，$\ell = \mathrm{LCM}(3-1, 11-1) = 10$ である．例えば，秘密鍵を $d = 7$，$\gcd(10, 7) = 1$ とすると，$7 \times 3 = 21 = 1 \pmod{10}$ より，公開鍵「$e = 7^{-1} = 3 \pmod{10}$」が得られる (一般には，ユークリッドアルゴリズムによる)．

[†1] ディジタル署名の条件「$E(D(m, \delta), \varepsilon) = m$」が成立することも同様に示される．

さて，平文を $m = 29$ としよう．すると対応する暗号文は

$$c = \langle m^e \rangle_n = \langle 29^3 \rangle_{33} = \langle (33-4)^3 \rangle_{33} = \langle -64 \rangle_{33} = 2$$

となる．また，これを秘密鍵 $d = 7$ を用いて復号すると

$$m = \langle c^d \rangle_n = \langle 2^7 \rangle_{33} = \langle \langle 64 \rangle_{33} \cdot 2 \rangle_{33} = \langle 62 \rangle_{33} = 29$$

が得られ，確かにもとの平文が復元される． □

なお，RSA 暗号の暗号化，復号化で必要な，べき乗計算 (m^e, c^d) は，次のアルゴリズムによって，効率的に計算される．

〔8.4.5〕**べき乗の計算法**：べき乗 $a^k \pmod{n}$ を単純に計算すると，$k-1$ 回の掛け算が必要となる．しかし次のアルゴリズムによれば，k の桁数 $t \simeq \log_2 k$ に比例する計算量で済む．

k を $k = \sum_{i=0}^{t} k_i 2^i \ (k_i \in \{0,1\})$ と 2 進表現すれば，a^k は

$$a^k = \prod_{i=0}^{t} \left(a^{2^i}\right)^{k_i}, \quad a^{2^i} = (a^{2^{i-1}})^2 \ (i = 1, 2, \ldots, t) \tag{8.6}$$

と表される．よって $a^k \pmod{n}$ は，$\mod n$ により，2 乗の計算 $a^{2^i} = (a^{2^{i-1}})^2$ を t 回行い，$k_i = 1$ である項 (たかだか t 個) の積をとることで計算できる．

明らかにこの計算法は，多項式 $a(x)$ のべき乗 $\{a(x)\}^k \pmod{n(x)}$ に関してもまったく同様に適用できる．

8.5 公開鍵暗号系の具体例 (II)：ラビン暗号

1979 年に，ラビン (Rabin) によって提案された公開鍵暗号[64]で，平文 $m \in \mathbb{Z}_n \ (n = pq)$ に対して暗号文 $c \in \mathbb{Z}_n$ を，$c \equiv -m(m+b) \pmod{n}$ によって定める．したがって，復号は 2 次多項式 $f(x) := x^2 + bx + c \equiv 0 \pmod{n}$ の根 $m \in \mathbb{Z}_n$ を求めればよい．なお，ラビン暗号では，RSA 暗号と異なり，解読の困難さが素因数分解の困難さと同等であることが示されている．

8.5.1 2次多項式の求解 ——ラビン暗号の復号——

〔8.5.1〕ラビン暗号の復号には，2次多項式 $f(x) := x^2 + bx + c$ に対し，

$$\langle f(x) \rangle_n = 0 \Leftrightarrow f(x) \equiv 0 \pmod{n} \tag{8.7}$$

の根 $m\ (\in \mathbb{Z}_n,\ n = pq)$ を求めればよい（式 (8.30) に注意）．これは，n の素因数分解 $n = pq$ がわかっているとすると，以下のように容易に求められる．

まず，$c = \langle -m(m+b) \rangle_n$ であることから，式 (8.7) は解を持つ．逆に，$\langle f(m) \rangle_n = 0$ である任意の $m \in \mathbb{Z}_n$ を考えると，式 (8.20) から直ちに，

$$\langle f(\alpha_1) \rangle_p = 0,\ \alpha_1 := \langle m \rangle_p,\quad \langle f(\beta_1) \rangle_q = 0,\ \beta_1 := \langle m \rangle_q \tag{8.8}$$

が成立する．さらに，p, q は素数で $\mathbb{Z}_p, \mathbb{Z}_q$ は (有限) 体（〔8.8.26〕）$\mathbb{F}_p, \mathbb{F}_q$ となるので，式 (8.8) はそれぞれ二つの根 $\alpha_1, \alpha_2 \in \mathbb{F}_p$ と $\beta_1, \beta_2 \in \mathbb{F}_q$ を持つ（〔8.8.12〕）．逆に，式 (8.8) の根 $\alpha_1, \alpha_2;\ \beta_1, \beta_2$ から中国人の剰余定理〔8.8.19〕によって定まる整数 $(\in \mathbb{Z}_n)$ を，

$$\left. \begin{array}{l} m_{11} = \langle [\alpha_1, \beta_1] \rangle_n,\quad m_{12} = \langle [\alpha_1, \beta_2] \rangle_n, \\ m_{21} = \langle [\alpha_2, \beta_1] \rangle_n,\quad m_{22} = \langle [\alpha_2, \beta_2] \rangle_n \end{array} \right\} \tag{8.9}$$

とおけば（$[\alpha_i, \beta_j]$ の意味は式 (8.31) を参照），$\langle f(m_{ij}) \rangle_n = 0$ が成立する[†1]．よって，式 (8.7) の解は式 (8.9) で尽くされることがわかる．

以上より，式 (8.7) の解を求めるには，素数 p に対して，「$f(x) = x^2 + bx + c \equiv 0 \pmod{p}$」の効率的な解法を示せばよい．

〔8.5.2〕2次多項式は，平方完成を行えば，$f(x) = x^2 + bx + c = \left(x + \dfrac{b}{2}\right)^2 - \dfrac{b^2}{4} + c$ と書かれるから，解 $(\in \mathbb{F}_p)$ の存在が既知である X の2次式

$$X^2 = C \pmod{p} \quad \left(X := x + \dfrac{b}{2},\ C := \dfrac{b^2}{4} - c \right) \tag{8.10}$$

[†1] 式 (8.20) に注意すれば，$\langle f(m_{ij}) \rangle_p = \left\langle f(\langle m_{ij} \rangle_p) \right\rangle_p = \langle f(\alpha_i) \rangle_p = 0$ が成り立つ．同様に $\langle f(m_{ij}) \rangle_q = \langle f(\beta_j) \rangle_q = 0$．よって，$p | f(m_{ij}),\ q | f(m_{ij})$ が成立するが，p, q が素数であるから，これは $pq | f(m_{ij})$ に等しい．すなわち，$\langle f(m_{ij}) \rangle_n = 0$ が成立する．

8.5 公開鍵暗号系の具体例 (II): ラビン暗号

の解法を示せば十分である．解が存在するということは，C が**平方剰余**（定義〔8.8.30〕）であることに等しい．以下，式 (8.10) の解 ($\in \mathbb{F}_p$) を $\sqrt{C}$ で表す．また $C = 0$ のときは自明 ($\sqrt{C} = 0$) であるので，以下 $C \neq 0$ とする．

(1) $p \equiv 3 \pmod 4$ のとき：下記により計算できる．

$$\sqrt{C} \equiv \pm C^{\frac{p+1}{4}} \pmod p. \tag{8.11}$$

(証明) オイラーの基準（命題〔8.8.31〕）より $C^{\frac{p-1}{2}} \equiv 1 \pmod p$ が成り立っている．また $(p+1)/4$ は自然数であり，$\left(\pm C^{\frac{p+1}{4}}\right)^2 = C^{\frac{p+1}{2}} = C \cdot C^{\frac{p-1}{2}} \equiv C \pmod p$ が成り立つ．すなわち，式 (8.11) が成立する．

(2) 一般の場合[†1]：(a) $B^2 - 4C$ が**平方非剰余**（定義〔8.8.30〕）となるように $B \in \mathbb{F}_p$ を選び（〔8.5.3〕参照），(b) $f(X) := X^2 - BX + C$ とすると，

$$\sqrt{C} \equiv \pm X^{(p+1)/2} \pmod{f(X)} \tag{8.12}$$

が成立する[†2]．この計算は，〔8.4.5〕により，$O(\log_2 p)$ の計算量で可能．

(証明) $f(X) \in \mathbb{F}_p[X]$ は既約多項式となるから，

$$\mathbb{F}_p[X]/(f(X)) := \left\{ \langle g(X) \rangle_{f(X)} \mid g(X) \in \mathbb{F}_p[X] \right\} \tag{8.13}$$

は $\mathbb{F}_p$ の 2 次の拡大体で，$f(X) = X^2 - BX + C = 0$ である．式 (8.12) の成立をいうには，$\mathbb{F}_p[X]/(f(X))$ において $X^{p+1} = C$ であることを示せばよい．

(i) $\mathbb{F}_p$ では，フェルマの定理 (p. **228** 脚注 **1**) より $\left(\frac{B}{2}\right)^p = \frac{B}{2}$ が成立する．また，2 項係数 $\binom{p}{i} = \frac{p!}{i!(p-i)!}$ が $i = 0, p$ 以外では 0 となる．よって，$X^p = \left[\left(X - \frac{B}{2}\right) + \frac{B}{2}\right]^p = \left(X - \frac{B}{2}\right)^p + \left(\frac{B}{2}\right)^p = \left(X - \frac{B}{2}\right)^p + \frac{B}{2}$ が成立する．

(ii) $f(X) = 0$ より，$\left(X - \frac{B}{2}\right)^2 = X^2 - BX + C - C + \frac{B^2}{4} = \frac{B^2}{4} - C$．よって，$B^2 - 4C$ が平方非剰余であることとオイラーの基準（式 (8.39)）から，$\left(X - \frac{B}{2}\right)^{p-1} =$

[†1] p は奇素数であるので，$p \equiv 1 \pmod 4$ あるいは $p \equiv 3 \pmod 4$ のいずれかである．(2) のケースはこの両方を含む．また，ここに述べる方法は Cipolla によるもので，他に Tonelli と Shanks によるアルゴリズムが有名である[60],[70]．

[†2] 式 (8.12) の右辺は $\mathbb{F}_p$ の要素 (定数) になる．

$$\left[\left(X-\frac{B}{2}\right)^2\right]^{\frac{p-1}{2}} = \left(\frac{B^2}{4}-C\right)^{\frac{p-1}{2}} = -1 \text{ が成立し,} \left(X-\frac{B}{2}\right)^p = -\left(X-\frac{B}{2}\right) \text{ が}$$

得られる．これを (i) の結果に代入して，$X^p = -\left(X-\frac{B}{2}\right) + \frac{B}{2} = -X+B$ が得られ，$X^{p+1} = -(X^2-BX) = C$ の成立が導かれる．

〔**8.5.3**〕 $C \in \mathbb{F}_p^\times$ が平方剰余であるとき，B^2-4C が平方非剰余となる $B \in \mathbb{F}_p$ の個数は，$(p-1)/2$ である．(確率的には約 $1/2$)．

(**証明**) $\mathbb{F}_p$ の要素は平方剰余 (0 は平方剰余) か，非剰余かのいずれかである．よって，$\mathcal{B} := \{B \in \mathbb{F}_p \mid B^2-4C \text{ は平方剰余}\}$ とすれば，$\mathcal{B}^C := \mathbb{F}_p \setminus \mathcal{B}$ の要素 B に対して，B^2-4C は平方非剰余となる．$\mathcal{B}$ の要素 B に対しては，$A \in \mathbb{F}_p$ が存在して $B^2-4C = A^2$ と書ける．この条件は次式に等しい：

$$B^2 - A^2 = (B+A)(B-A) = 4C. \tag{8.14}$$

まず式 (8.14) を満たす $(B,A) \in \mathbb{F}_p^2$ の個数を数えよう．$B+A = \alpha \ (\in \mathbb{F}_p^\times)$ とおくと，式 (8.14) を満たす $(B,A) \in \mathbb{F}_p^2$ の集合は

$$\{(B,A)\}_{\alpha \in \mathbb{F}_p^\times} = \left\{\left(\frac{\alpha+4C/\alpha}{2}, \frac{\alpha-4C/\alpha}{2}\right)\right\}_{\alpha \in \mathbb{F}_p^\times} =: T$$

と書かれる．容易に確認できるように，T の要素はすべて異なり，$|T| = |\mathbb{F}_p^\times| = p-1$ が成立する．求めるべきは相異なる B の個数である．条件式 (8.14) から明らかなように，$(B,A) \in T$ ならば $(B,-A) \in T$ が成立する．よって，$A \neq 0$ に対しては $(B,\pm A)$ が T の要素となる．一方，$A=0$ のときには $(\pm 2\sqrt{C}, 0)$ が T の要素である．これより，T の中で相異なる B の個数は，$A=0$ のときの二つと，$A \neq 0$ である残りの $p-3$ 個については異なる B の個数は $(p-3)/2$ であり，合計で $2+(p-3)/2 = (p+1)/2$ となる．よって，B^2-4C が平方非剰余となる B の個数は，$p-(p+1)/2 = (p-1)/2$ となる．

〔**8.5.4**〕 上記〔8.5.2〕とは別の方法として次がある．$f(x) = x^2+bx+c \equiv (x-\alpha_1)(x-\alpha_2) \pmod{p}$ において，根の一方 (α_1) が平方剰余，他方 (α_2) が平方非剰余となっている場合[†1]である (〔8.6.2〕参照)．この場合，オイラーの

[†1] この条件が成り立たないときには，$f_\gamma(x) := f(x-\gamma) \ (\gamma \in \mathbb{F}_p)$ とおくことにより，$f_\gamma(x) = 0$ の根 $\delta_i := \gamma + \alpha_i$ について，「一方は平方剰余，他方は平方非剰余」がほぼ半分の $\gamma \in \mathbb{F}_p$ に対して成立することがいえる．

8.5 公開鍵暗号系の具体例 (II)：ラビン暗号

基準 (命題〔8.8.31〕) から，平方剰余に対しては $\alpha_1^{(p-1)/2} \equiv 1 \pmod{p}$，平方非剰余に対しては $\alpha_2^{(p-1)/2} \equiv -1 \not\equiv 1 \pmod{p}$ が成立するから，

$$\left.\begin{array}{l}\gcd\bigl(x^{\frac{p-1}{2}} - 1, f(x)\bigr) = x - \alpha_1, \\ \gcd\bigl(x^{\frac{p-1}{2}} + 1, f(x)\bigr) = x - \alpha_2\end{array}\right\} \tag{8.15}$$

により，根が求められる (一方の根は，根と係数の関係 $-b \equiv \alpha_1 + \alpha_2 \pmod{p}$ から求めるほうが簡単である)．ただし，最大公約多項式を求めるのに，普通に多項式の割り算を行ったのでは，多項式次数 p に比例する計算量が必要になってしまう[†1]．しかし，〔8.4.5〕に示した計算法により，$x^{\frac{p-1}{2}} \equiv Ax - B \pmod{f(x)}$ は $\log_2 p$ に比例する計算量で求められ，これより式 (8.15) の解は，$\alpha_1 = (B-1)/A$, $\alpha_2 = (B+1)/A$ として直ちに求められる

8.5.2 ラビン暗号の構成

〔**8.5.5**〕**鍵の構成と暗号化**： (**1**) 復号化の秘密鍵は大きな素数 p, q，暗号化の公開鍵は $n \;(= pq)$ と $b \;(\in \mathbb{Z}_n)$ で，平文/暗号文の集合は $\mathbb{Z}_n$ である．

(**2**) 暗号化： $m \mapsto c$ は，b を定数として次式で与えられる[†2]：

$$c \equiv -m(m+b) \pmod{n}. \tag{8.16}$$

〔**8.5.6**〕**復号化 (平文化)**： 以下による．式 (8.16) から導かれる 2 次方程式 $f(x) := x^2 + bx + c \equiv 0 \pmod{p, q}$ を解く (**8.5.1 項**参照)．$x^2 + bx + c \equiv 0 \pmod{p, q}$ の解を $\alpha_i \;(\in \mathbb{F}_p), \beta_i \;(\in \mathbb{F}_q) \;(i = 1, 2)$ とすると，$\pmod{n = pq}$ による解は，式 (8.9) の $m_{11}, m_{12}, m_{21}, m_{22}$ (のうちの一つ) で与えられる．このとき，もとの平文は「意味のある文」であるが，残りの三つの中にさらに「意味のある文」がある確率は無視できる．よって，ラビン暗号では，四つの平文候補の中から「意味のある文」をもとの平文として採用する．ただし，この

[†1] これは $\ln p$ の指数関数 ($e^{\ln p} = p$) であり，$p \simeq n$ のとき，素因数分解の計算量 (式 (8.1)) を越える．

[†2] $b = 0$ とすれば最も簡単な形となる．

復号には人間の関与などが必要であり,「真の平文を論理的に決定できない」という欠点が残る.

〔**8.5.7**〕**暗号解読と素因数分解の等価性**: (**1**) もしも, $n = pq$ の素因数分解ができて p, q がわかれば, (正当な受信者と同じく) ラビン暗号は解読できる.

(**2**) 逆に, ラビン暗号が解読できるとすると, $n = pq$ の素因数分解ができる. 実際, この解読器を用いれば, 任意に作られた暗号文 c から, 四つの平文 $m_{ij} = [\alpha_i, \beta_j]$ $(i, j = 1, 2)$ が求められるから,

$$m_{i1} - m_{i2} = [\alpha_i, \beta_1] - [\alpha_i, \beta_2] = [0, \beta_1 - \beta_2] = (\beta_1 - \beta_2)py_1$$

が得られ (式 (8.31) 参照), $p \mid m_{i1} - m_{i2}$ が成り立つ[†1]. よって, ユークリッドの互除法により, $\gcd(m_{i1} - m_{i2}, n) = p$ が求められる. ($m_{1j} - m_{2j} = [\alpha_1 - \alpha_2, 0]$ を考えれば, q が得られる).

暗号文 c に対して, m_{ij} の一つが等確率で与えられるとしても同様である. その場合, m に対する暗号文 c を解読器に通して, m_{ij} の一つが等確率で得られるが, そのとき, $m - m_{ij}$ は p または q をそれぞれ 1/4 (合計では 1/2) の確率で因数に持つ. よって, n と $m - m_{ij}$ に対して互除法を適用すればよい.

8.6 公開鍵暗号系の具体例 (III): 逆数暗号

1986 年, 黒澤, 伊東, 竹内により提案された[65]. 〔8.5.6〕に述べたラビン暗号の欠点を解決した, 興味深い公開鍵暗号システムである.

〔**8.6.1**〕**鍵の構成と暗号化**: (**1**) 秘密の復号化鍵は大きな素数 p, q, また公開の暗号化鍵は, $n (= pq)$ と $\left(\dfrac{c}{p}\right) = \left(\dfrac{c}{q}\right) = -1$ を満たす c $(\in \mathbb{Z}_n^\times)$ である[†2]. ただし, $\left(\dfrac{c}{p}\right)$ はルジャンドルの記号 (定義〔8.8.30〕) を表す.

[†1] $\alpha_1 = \alpha_2$, $\beta_1 = \beta_2$ となる確率は小さいが, そのときには他の暗号文 c を試せばよい.
[†2] $\mathbb{Z}_n^\times := \{i \in \mathbb{Z}_n \mid \gcd(i, n) = 1\}$ である.

8.6 公開鍵暗号系の具体例 (III)：逆数暗号

(2) このとき，平文の集合は $M = \mathbb{Z}_n^\times$ で与えられ[†1]，暗号化は

$$\left.\begin{aligned} E(m,\varepsilon) &= (b, d_1, d_2) \\ b &\equiv -\left(m + \frac{c}{m}\right) \pmod{n}, \\ d_1 &:= \begin{cases} 0 : \left(\dfrac{m}{n}\right) = 1 \\ 1 : \left(\dfrac{m}{n}\right) = -1 \end{cases}, \quad d_2 := \begin{cases} 0 : \left\langle \dfrac{c}{m} \right\rangle_n > m \\ 1 : \left\langle \dfrac{c}{m} \right\rangle_n < m \end{cases} \end{aligned}\right\} \quad (8.17)$$

で与えられる[†2]．ただし，$\left(\dfrac{m}{n}\right)$ はヤコビの記号である (定義〔8.8.36〕参照)．暗号文の集合 C は，「$C = \{(b, d_1, d_2) \mid b \in M, d_1, d_2 \in \{0,1\}\}$」となる．

〔**8.6.2**〕**復号化 (平文化)**： $E(m,\varepsilon) = (b, d_1, d_2)$ の復号は次の手順による．

(1) まず，暗号文 b に対して，$f(x) := x^2 + bx + c \equiv 0 \pmod{p,q}$ を，**8.5.1**項に述べた方法 (のいずれか) により解いて平文 m の候補を求める[†3]．m の候補は，式 (8.9) の $m_{11}, m_{12}, m_{21}, m_{22}$ の四つで与えられる．

(2) 次に，暗号文 $E(m,\varepsilon) = (b, d_1, d_2)$ の d_1 より

$$\begin{aligned} \left(\frac{m_{11}}{n}\right) &= \left(\frac{m_{11}}{p}\right)\left(\frac{m_{11}}{q}\right) \quad \because) \begin{cases} \alpha_1 \equiv m_{11} \pmod{p}, \\ \beta_1 \equiv m_{11} \pmod{q} \end{cases} \\ &= \left(\frac{\alpha_1}{p}\right)\left(\frac{\beta_1}{q}\right) = 1 \Rightarrow d_1 = 0 \\ \left(\frac{m_{12}}{n}\right) &= \left(\frac{\alpha_1}{p}\right)\left(\frac{\beta_2}{q}\right) = -1 \Rightarrow d_1 = 1 \\ \left(\frac{m_{21}}{n}\right) &= \left(\frac{\alpha_2}{p}\right)\left(\frac{\beta_1}{q}\right) = -1 \Rightarrow d_1 = 1 \end{aligned}$$

[†1] $\gcd(m,n) \neq 1$ (i.e., $m \in \mathbb{Z}_n \setminus \mathbb{Z}_n^\times$) となる確率は無視できると考えられる．

[†2] **(a)** 平文 m は，$m \in \mathbb{Z}_n^\times$ であるとしているので，$1/m \pmod{n}$ が存在する．
(b) c を平方非剰余としているので，$m^2 \equiv c \pmod{n}$ すなわち $c/m = m \pmod{n}$ は成立しない．よって，$\langle c/m \rangle_n > m$ または $\langle c/m \rangle_n < m$ のいずれかが成立する．

[†3] 逆数暗号では，$\left(\dfrac{c}{p}\right) = -1$ と定めているので，根 α_1, α_2 と係数 c の関係 $c = \alpha_1 \alpha_2$ から，$\left(\dfrac{\alpha_1}{p}\right)\left(\dfrac{\alpha_2}{p}\right) = -1$ が成立し，$f(x)$ の根の一方は平方剰余，他方は平方非剰余となっている．したがって，式 (8.15) によって根を求めることができる．q に関しても同じであり，一般性を失うことなく α_1, β_1 を平方剰余，α_2, β_2 を平方非剰余とする．

$$\left(\frac{m_{22}}{n}\right) = \left(\frac{\alpha_2}{p}\right)\left(\frac{\beta_2}{q}\right) = 1 \quad \Rightarrow d_1 = 0$$

なる関係が成立する．したがって，m の候補は，$d_1 = 0$ ならば m_{11} または m_{22}，$d_1 = 1$ ならば m_{12} または m_{21} である．

(3) 最後に，m_{11}, m_{22}（または m_{12}, m_{21}）のどちらであるかが d_2 より決定される．根と係数の関係より

$$m_{11}m_{22} = [\alpha_1\alpha_2, \beta_1\beta_2] = [c, c] \equiv c \pmod{n}$$

が成立するから，「$m_{11} = c/m_{22} \pmod{n}$」が成立する．p.**217** 脚注 **2** で述べたように，m_{11}, m_{22} は $m^2 = c \pmod{n}$ を満たすことはないから，「$m > c/m$ または $m < c/m$」のどちらかが成立する．いま，$m_{11} > c/m_{11}$ とすれば，「$m_{22} = c/m_{11} < m_{11} = c/m_{22}$」となり，$m_{22}$ に対しては逆向きの不等式が成立する．したがって，d_2 により，m_{11} であるか m_{22} であるかが決定できる．(m_{12} と m_{21} についてもまったく同様).

〔**8.6.3**〕**暗号解読と素因数分解の等価性**： 逆数暗号では，ラビン暗号の場合（〔8.5.7〕）よりもさらに明確な形で成立する．$n = pq$ の素因数分解ができれば暗号が解読できることは明らかである．逆に，逆数暗号システムが解読できたとすると，次のようにして $n = pq$ の素因数分解ができる．

逆数暗号の解読装置に，(b, d_1, d_2) と $(b, \overline{d_1}, d_2)$ を入力する．ただし，$\overline{d_1}$ は d_1 のビット反転を表す．(b, d_1, d_2) に対する平文が，$m_{11} = [\alpha_1, \beta_1]$（すなわち $d_1 = 0$) であったとしよう（他の場合もまったく同様である）．すると，$(b, \overline{d_1}, d_2)$（すなわち $\overline{d_1} = 1$) に対する平文 m' は，p.217 の〔8.6.2〕で見たように，$m' = m_{12} = [\alpha_1, \beta_2]$ または $m_{21} = [\alpha_2, \beta_1]$ で与えられる．仮に，$m' = m_{12} = [\alpha_1, \beta_2]$ としよう（$m_{21} = [\alpha_1, \beta_2]$ の場合もまったく同様）．すると，式 (8.31) より

$$m - m' = [\alpha_1, \beta_1] - [\alpha_1, \beta_2] = [0, \beta_1 - \beta_2] = (\beta_1 - \beta_2)py_1$$

が成り立ち，$p\,|\,m-m'$ である．したがって，ユークリッドの互除法により，$\gcd(m-m', n)=p$ として，$n\ (=pq)$ の因数が求まる．

8.7　公開鍵暗号系の具体例 (IV)：エルガマル暗号

本節では，離散対数問題（〔8.3.3〕）に基礎を置く暗号系について概観する．

〔**8.7.1**〕**エルガマル (ElGamal) 暗号**：　**(1)** 鍵の生成：p を大きな素数とし，g を $\mathbb{Z}_p^\times := \mathbb{Z}_p \setminus \{0\}$ の**生成元** (原始元) とする．$x \in \mathbb{Z}_p$ をランダムに選んで $y \equiv g^x \pmod{p}$ を計算し，「公開鍵：(p, g, y)，秘密鍵：(x)」とする．

(2) 暗号化：与えられた平文 $m \in \mathbb{Z}_p^\times$ に対して，$r \in \mathbb{Z}_p$ をランダムに選び，暗号文を「(c_1, c_2); $c_1 \equiv my^r$, $c_2 \equiv g^r \pmod{p}$」で定める．

(3) 平文化 (復号)：暗号文 (c_1, c_2) に対して，秘密鍵 x を用いて，「$m' = c_1(c_2^x)^{-1}$」とすると，$m' = m$ が成立する（$\because m' = m(g^x)^r[(g^r)^x]^{-1} = m$）．

〔**8.7.2**〕**エルガマル署名と DSA**：　ディジタル署名 (認証) については〔8.2.5〕，〔8.2.6〕に述べたが，実用の方式として DSA (Digital Signature Algorithm) がある．DSA は，エルガマル暗号を基に開発されたエルガマル署名の改良版といえ，以下による[75]：

(1) 鍵の生成：p を大きな素数，q を $q\,|\,p-1$ である素数とする．また，g を $\mathbb{Z}_p^\times$ の部分群 $\mathbb{Z}_q^\times$ の**生成元** (原始元) とする．$x \in \mathbb{Z}_p$ をランダムに選んで $y \equiv g^x \pmod{p}$ を計算し，公開鍵を (p, q, g, y)，秘密鍵を x とする[†1]．

(2) 署名の生成：$k \in \mathbb{Z}_q^\times$ をランダムに選び，平文 $m \in \mathbb{Z}_p^\times$ に対して，

$$r_1 \equiv g^k \pmod{p},\ r \equiv r_1 \pmod{q};\ s \equiv k^{-1}(H(m, r) + xr) \pmod{q}$$

[†1] エルガマルのオリジナル版では，$q = p-1$ であった．q として，$p-1$ の素因数を採用することにより，署名をより短くすることを可能にしている．一般に，n を表現するのに必要なビット数を b_n で表すとすると，もともと $2b_p$ ビットであった署名を，$2b_q$ ビットにする効果がある．

を計算して，署名を (r,s) とする．ただし，$H(m,r)$ は一方向ハッシュ関数である．(ハッシュ関数の機能と使用法については〔8.2.6〕を参照)．

(3) 署名の検証：$r' \equiv g^{s^{-1}H(m,r)} y^{s^{-1}r} \pmod{p}$ を計算し，$r' \equiv r \pmod{q}$ が成り立てば検証成功とする．

〔**8.7.3**〕**鍵共有プロトコル**：公開鍵暗号システムを用いて一つの鍵を共有し，「共通鍵暗号システム」を用いてより高速な通信を実現することが考えられる．

離散対数を用いた鍵共有の一方式に下記の方式がある[62]．ただし，鍵は〔8.7.1〕(1) に示したとおりとする．

(1) A さん，B さんは，それぞれ秘密の鍵 x_A, x_B ($\in \mathbb{Z}_p$) を持つ．

(2) A さんは B さんに $K_A := \alpha^{x_A}$ を，また B さんは A さんに $K_B := \alpha^{x_B}$ を送る．

(3) A さんは，受け取った K_B に対し，秘密の鍵 x_A により $K_{BA} := K_B^{x_A}$ を計算する．同様に，B さんは K_A に対し，$K_{AB} := K_A^{x_b}$ を計算する．明らかに，$K_{AB} = K_{BA} = \alpha^{x_A x_B} =: K$ が成立し，鍵 K を共有できる．

8.8　付録：初等整数論の基礎

本節では，本章で用いる整数論の初等的事項を，関係する代数学の初歩と共に簡単に解説する．なお，多項式は多くの部分で整数と代数的に類似しており，並行した議論が成立することに注意しておく．詳細は文献66)〜69) などを参照されたい．

8.8.1　群，体，環

〔**8.8.1**〕**群**：集合 G の任意の要素 x, y に対して，2 項演算 $x * y$ ($\in G$) が定義され，次の (G-1), (G-2), (G-3) を満たすとき，$G(*)$ を**群**という．さらに，条件 (G-4) を満たすとき，**可換群**という．(演算を明示したいとき，$G(*)$ と記す)．

(G-1) **結合律**：$x * (y * z) = (x * y) * z$ が成立する．

(G-2) **単位元**と呼ばれる特別の元 $e \in G$ が存在して，任意の $x \in G$ に対して，$x * e = e * x = x$ が成立する．

(G-3) 任意の $x \in G$ に対して，**逆元**と呼ばれる $y \in G$ が存在して，$x * y = y * x = e$ が成立する．

(G-4) **可換律**： $x * y = y * x$ が成立する． □

演算 $*$ が乗算 (あるいは積) "$\cdot$" である群 (**乗法群**) においては，単位元 e を 1_G などと表し，逆元を x^{-1} などと表すことが多い．また，演算 $*$ が加法 (あるいは和) "$+$" である群 (**加群**または**加法群**という) においては，単位元 e を**零元**と呼んで 0_G などと表し，逆元を**負元**と呼んで $-x_G$ などと表すことが多い．

加群の例としては整数の集合 $\mathbb{Z}$ を挙げることができる．また，正則な n 次行列の集合は非可換な乗法群の例である．

定義〔8.8.2〕体： 集合 $\mathbb{F}$ の任意の要素 x, y に対して，"和" $x + y \,(\in \mathbb{F})$ と "積" $x \cdot y \,(\in \mathbb{F})$ [†1] が定義され，次の条件を満たすとき，$\mathbb{F}(+, \cdot)$ を**体**という．

(F-1) $\mathbb{F}$ は和 $(+)$ に関して "可換群" を成す．

(F-2) $\mathbb{F}^\times := \mathbb{F} \setminus \{0_\mathbb{F}\}$ とするとき，$\mathbb{F}^\times$ は積 $(\cdot)$ に関して "可換群" を成す．

(F-3) **分配律**： $\forall x, y, z \in \mathbb{F}$ に対して，$(x + y)z = xz + yz$ が成り立つ．

平たくいうと，体とは「加減乗除」の定義された集合である．有理数体，実数体，複素数体などは，我々がよく知っている (と思っている) 体の例である．

定義〔8.8.3〕環： 群と体の中間に位置する代数的構造が環である．体と同様に，集合 $\mathbb{R}$ の要素に，"和" $x + y \,(\in \mathbb{R})$ と "積" $xy \,(\in \mathbb{R})$ が定義され，

(R-1) 加法 $(+)$ に関して (可換) 群を成し，

(R-2) 乗法 $(\cdot)$ に関して結合律が成立し，

(R-3) 分配律が成立する

を満たすとき，$\mathbb{R}(+, \cdot)$ を環と呼ぶ．整数や多項式，また正方行列の集合などは，それらに普通に定義された積和の演算に関して環を成す．

8.8.2 整 数

〔**8.8.4**〕自然数の集合を $\mathbb{N} := \{1, 2, 3, \ldots\}$，整数の集合を $\mathbb{Z} := \{0, \pm 1, \pm 2, \ldots\}$ で表す．整数や自然数の基本的性質については既知とする．

〔**8.8.5**〕整数に関する**整除**の関係： $r_0, r_1 \in \mathbb{Z}$, $r_1 > 0$ とすると，

$$r_0 = q_1 r_1 + r_2, \quad r_1 > r_2 \geq 0 \tag{8.18}$$

を満たす整数 q_1 (**商**), r_2 (**余り**) が一意に定まる．本書では，この事実は証明なしに認めるものとする．(数直線を認めれば自明)．なお，式 (8.18) において，r_0 を r_1 で

[†1] 普通，"$\cdot$" を省略して単に xy と書くことが多い．

割った余り $r_2\ (\in \{0, 1, 2, \ldots, r_1 - 1\})$ を，記号

$$\langle r_0 \rangle_{r_1} \tag{8.19}$$

で表す[†1]．このとき，整除による余りに関する基本的性質として，

$$\left.\begin{array}{ll}(1) & \langle a+b \rangle_n = \langle \langle a \rangle_n + b \rangle_n = \langle \langle a \rangle_n + \langle b \rangle_n \rangle_n, \\ (2) & \langle ab \rangle_n = \langle \langle a \rangle_n b \rangle_n = \langle \langle a \rangle_n \langle b \rangle_n \rangle_n, \\ (3) & \langle \langle a \rangle_{mn} \rangle_m = \langle a \rangle_m \end{array}\right\} \tag{8.20}$$

などが成立する（章末問題 **8.1** 参照）．なお，式 (8.18) において，$r_2 = 0$ のとき，r_1 は r_0 を**割り切る**といい，$r_1 \mid r_0$ と書く．

〔**8.8.6**〕**最小公倍数と最大公約数**：整数 a, b に対して，$m\ (> 0)$ が，$a \mid m$ かつ $b \mid m$ を満たすとき，m を a と b の**公倍数**という．さらに，$a \mid m'$ かつ $b \mid m'$ である任意の $m'(> 0)$ に対して，$m \mid m'$ が成立するとき，$m\ (> 0)$ を，a と b の**最小公倍数**と呼ぶ．a と b の最小公倍数を $\mathrm{LCM}(a, b)$ で表す．

また，整数 a, b に対して，$d\ (> 0)$ が，$d \mid a$ かつ $d \mid b$ を満たすとき，d を a と b の**公約数**という．さらに，$d' \mid a$ かつ $d' \mid b$ である任意の $d'(> 0)$ に対して，$d' \mid d$ が成立するとき，$d\ (> 0)$ を，a と b の**最大公約数**と呼ぶ．a と b の最大公約数を $\gcd(a, b)$ で表す．

〔**8.8.7**〕**素数と合成数**：整数 $p\ (\geqq 2)$ が，p と 1 以外に（自然数の）約数を持たないとき，p を**素数**という．素数でない整数は**合成数**と呼ばれる．

8.8.3 多　項　式

〔**8.8.8**〕**多項式**：$\mathbb{F}$ を体とする（定義〔8.8.2〕参照）．$\mathbb{F}$ の要素を係数とする多項式の集合を $\mathbb{F}[x]$ で表す．すなわち，

$$\mathbb{F}[x] := \left\{ \sum_{i \in \mathbb{N}_0} a_i x^i \mid a_i \in \mathbb{F} \right\}, \quad \mathbb{N}_0 := \{0, 1, 2, \ldots\}. \tag{8.21}$$

多項式の"和"，"積"ならびに**次数** (degree) は普通に定義する．ただし，零多項式 (i.e., $a_i = 0$, for $\forall i \in \mathbb{N}_0$) の次数を $-\infty$ と定義し，$\mathbb{N}_0 \cup \{-\infty\}$ の要素の足し算に新たな規則「$n + (-\infty) = -\infty$」$(n \in \mathbb{N}_0 \cup \{-\infty\})$ を追加する．すると，「$\deg f(x)g(x) = \deg f(x) + \deg g(x)$」が，零多項式を含めて成立する．

[†1] 正確な表現ではないが，$\langle r_0 \rangle_{r_1}$ を表すのに，$r_0 \pmod{r_1}$ のように書くこともある．

〔**8.8.9**〕 多項式に関する**整除の関係**: $r_0(x), r_1(x) \in \mathbb{F}[x], \deg r_1(x) \geqq 0$ とするとき,

$$r_0(x) = q_1(x) r_1(x) + r_2(x), \quad \deg r_1(x) > \deg r_2(x) \geqq -\infty \qquad (8.22)$$

を満たす多項式 $q_1(x), r_2(x)$ が一意に定まる (証明省略). なお, 整数の場合と同様に, 式 (8.22) において, $r_0(x)$ を $r_1(x)$ で割った余り $r_2(x)$ を「$\langle r_0(x) \rangle_{r_1(x)}$」で表す. また, 式 (8.22) において, $r_2(x) = 0$ のとき, $r_1(x)$ は $r_0(x)$ を**割り切る**といい, $r_1(x) \mid r_0(x)$ と書く.

〔**8.8.10**〕 **公約多項式と最大公約多項式**: 整数の場合と同様に, $d(x) \mid a(x)$ かつ $d(x) \mid b(x)$ のとき, $d(x)$ を $a(x)$ と $b(x)$ の**公約多項式**という. さらに, $d'(x) \mid a(x)$ かつ $d'(x) \mid b(x)$ である任意の $d'(x)$ に対して, $d'(x) \mid d(x)$ が成立するようなモニック多項式[†1] $d(x)$ を $a(x)$ と $b(x)$ の**最大公約多項式**と呼び, $\gcd(a(x), b(x))$ で表す.

〔**8.8.11**〕 **既約多項式と可約多項式**: $\deg q(x) \geqq 1$ である多項式 $q(x) \in \mathbb{F}[x]$ が, 係数体 $\mathbb{F}$ の要素 c と $cq(x)$ 以外に因数を持たない (割り切れない) とき, $q(x)$ は**既約**であるといわれ, そうでなければ**可約**であるといわれる. (既約 [可約] 多項式の概念は, 素数 [合成数] の概念に対応する). 明らかに, すべての 1 次多項式は既約である.

〔**8.8.12**〕 **多項式の根と因数定理**: $f(x) \in \mathbb{F}[x]$ に対して, $f(\alpha) = 0$ for $\alpha \in \mathbb{F}$ が成立するとき, α は $f(x)$ の**根**であるいう. そして, $f(\alpha) = 0$ のとき,

$$f(x) = (x - \alpha) g(x), \quad \deg g(x) = \deg f(x) - 1 \qquad (8.23)$$

が成立する (**因数定理**)[†2]. これより, $f(x)$ の ($\mathbb{F}$ 内の) 根はたかだか $\deg f(x)$ 個であることが導かれる. 特に, 2 次多項式 $f(x) = x^2 + bx + c \in \mathbb{F}[x]$ に対しては, $f(x)$ が $\mathbb{F}$ に根 α_1 を持てば, $\alpha_2 := -(b + \alpha_1) \in \mathbb{F}$ が残りの根で, $f(x) = (x - \alpha_1)(x - \alpha_2)$ が成立する.

8.8.4 ユークリッドの互除法

〔**8.8.13**〕 **ユークリッドの互除法**: 与えられた二つの整数 r_0, r_1 の最大公約数を求める (ユークリッドアルゴリズムとも呼ばれる). a の約数と $-a$ の約数とは同じであるので, 一般性を失うことなく, $r_0 \geqq r_1 > 0$ とする.

アルゴリズム: 整除の関係式 (8.18) に従って, r_0 を r_1 で割った商を q_1, 余りを r_2 とする. 次に, r_1 を r_2 で割った商を q_2, 余りを r_3 とする. 以下同様の操作を繰

[†1] 最高次の係数が 1 の多項式. 特に定数であるモニック多項式は 1 である.
[†2] 証明は, 式 (8.22) において, $r_0(x) = f(x)$, $r_1(x) = x - \alpha$ とすれば, $r_2(x) =$ 定数となり, $f(\alpha) = 0$ であることより, $r_2(x) = 0$ が導かれる.

り返す．このとき，$r_1 > r_2 > r_3 > \cdots$ であるので，この手続きは有限の $k > 0$ で終結し，

$$r_0 = q_1 r_1 + r_2, \qquad r_1 > r_2$$
$$r_1 = q_2 r_2 + r_3, \qquad r_2 > r_3$$
$$\vdots$$
$$r_{k-2} = q_{k-1} r_{k-1} + r_k, \quad r_{k-1} > r_k$$
$$r_{k-1} = q_k r_k + r_{k+1}, \qquad r_k > r_{k+1} = 0$$

となる[†1]．このとき，r_0 と r_1 の最大公約数は r_k で与えられる：

$$\gcd(r_0, r_1) = r_k. \tag{8.24}$$

(証明) ユークリッドアルゴリズムは，行列表現すれば，

$$\begin{pmatrix} r_0 \\ r_1 \end{pmatrix} = \begin{pmatrix} q_1 & 1 \\ 1 & 0 \end{pmatrix} \begin{pmatrix} q_2 & 1 \\ 1 & 0 \end{pmatrix} \cdots \begin{pmatrix} q_k & 1 \\ 1 & 0 \end{pmatrix} \begin{pmatrix} r_k \\ 0 \end{pmatrix} \tag{8.25}$$

と書かれる．よって，$\begin{pmatrix} A & B \\ C & D \end{pmatrix} := \prod_{i=1}^{k} \begin{pmatrix} q_i & 1 \\ 1 & 0 \end{pmatrix}$ とおけば，A, B, C, D は整数で，「$r_0 = A r_k, r_1 = C r_k$」．すなわち，r_k は r_0 と r_1 の公約数である．

一方，$\begin{pmatrix} q_i & 1 \\ 1 & 0 \end{pmatrix}^{-1} = \begin{pmatrix} 0 & 1 \\ 1 & -q_i \end{pmatrix}$ が成立するから，式 (8.25) から，

$$\begin{pmatrix} r_k \\ 0 \end{pmatrix} = \begin{pmatrix} 0 & 1 \\ 1 & -q_k \end{pmatrix} \cdots \begin{pmatrix} 0 & 1 \\ 1 & -q_2 \end{pmatrix} \begin{pmatrix} 0 & 1 \\ 1 & -q_1 \end{pmatrix} \begin{pmatrix} r_0 \\ r_1 \end{pmatrix}.$$

よって，$\begin{pmatrix} A' & B' \\ C' & D' \end{pmatrix} := \prod_{i=k}^{1} \begin{pmatrix} 0 & 1 \\ 1 & -q_i \end{pmatrix}$ とおけば[†2]，A', B', C', D' は整数で，

$$r_k = A' r_0 + B' r_1 \tag{8.26}$$

である．ここで，d を r_0 と r_1 の (任意の) 公約数 ($r_0 = d d_0$, $r_1 = d d_1$) とすれば，「$r_k = A' d d_0 + B' d d_1 = d(A' d_0 + B' d_1)$」．すなわち，$d \mid r_k$ が成立する．よって，r_k は r_0 と r_1 の最大公約数であり，式 (8.24) が成立する．

[†1] $r_{k+1} = 0$ に至るまでに必要な割り算の回数は，$(\ln r_0)/\ln((1+\sqrt{5})/2)$ 未満であることが知られている (ラメの定理[68, p.205])．

[†2] 行列の積の順序に注意．$\prod_{i=1}^{k} a_i = a_1 a_2 \cdots a_k$, $\prod_{i=k}^{1} a_i = a_k a_{k-1} \cdots a_1$ である．

系〔8.8.14〕 式 (8.24), (8.26) より, $a, b\ (\neq 0)$ が与えられたとき,

$$\exists x, y \in \mathbb{Z}, \quad ax + by = \gcd(a, b) \tag{8.27}$$

が成立する. 特に, 次の重要な関係が成立する:

$$\gcd(a, b) = 1 \Leftrightarrow \exists x, y \in \mathbb{Z}, \ ax + by = 1. \tag{8.28}$$

(証明) 式 (8.28) の証明: $\Rightarrow$) 式 (8.27) より自明. $\Leftarrow$) 条件式の左辺 $(ax+by)$ は $\gcd(a,b)$ で割り切れる. よって, 右辺から $\gcd(a,b) \mid 1$, すなわち $\gcd(a,b) = 1$ がいえる.

命題〔8.8.15〕 (1) $\gcd(a_i, b) = 1\ (i = 1, 2, \ldots, k) \Rightarrow \gcd(a_1 a_2 \cdots a_k, b) = 1$.
(2) $\gcd(a_i, a_j) = 1,\ a_i \mid n\ (i = 1, 2, \ldots, k) \Rightarrow a_1 a_2 \cdots a_k \mid n$.

(証明) (1) 帰納法による. $k-1$ で成立すると仮定. すなわち, $A_{k-1} := a_1 a_2 \cdots a_{k-1}$ に対して, $\gcd(A_{k-1}, b) = 1$. このとき, 式 (8.28) により, $A_{k-1} x_{k-1} + b y_{k-1} = 1$, $a_k x_k + b y_k = 1$ を満たす整数 x_i, y_i が存在する. よって,

$$\begin{aligned} 1 &= (A_{k-1} x_{k-1} + b y_{k-1})(a_k x_k + b y_k) \\ &= A_{k-1} a_k (x_{k-1} x_k) + b(A_{k-1} x_{k-1} y_k + a_k x_k y_{k-1} + b y_{k-1} y_k). \end{aligned}$$

よって, 再び式 (8.28) により, $\gcd(A_{k-1} a_k, b) = 1$.

(2) 帰納法による. $A_{k-1} := a_1 a_2 \cdots a_{k-1}$ とし, $A_{k-1} \mid n$ と仮定する. 一方, 上記 (1) により, A_{k-1} と a_k は互いに素となる. よって, 式 (8.28) により, $A_{k-1} x + a_k y = 1$ を満たす整数 x, y が存在する. この式の両辺に n を掛け, $n = bA_{k-1} = ca_k$ と書けることに注意すれば,

$$n = nA_{k-1}x + na_k y = ca_k A_{k-1} x + bA_{k-1} a_k y = (cx + by) A_{k-1} a_k$$

が得られる. よって, $A_{k-1} a_k \mid n$ が成立する.

〔8.8.16〕 本節の議論は, 証明まで含めてほぼそのまま多項式に拡張される. (多項式に対するユークリッドの互除法は, 余り多項式の次数が単調減少であることにより, 終結する).

8.8.5 中国人の剰余定理

本節の議論も, そのまま多項式に拡張される. ただし, 簡単のため, ここでは整数に対する形でだけ述べておく.

命題〔8.8.17〕剰余系： 正整数 m に対して，$\mathbb{Z}_m := \{0, 1, 2, \ldots, m-1\}$, $\mathbb{Z}_m^\times := \{i \in \mathbb{Z}_m \mid \gcd(i, m) = 1\}$ とおき，加算 ($\oplus$)，乗算 ($*$) を，「m で割った余り」

$$a \oplus b := \langle a+b \rangle_m, \quad a * b := \langle ab \rangle_m \tag{8.29}$$

で定義する．すると，$\mathbb{Z}_m(\oplus, *)$ は環に，また，$\mathbb{Z}_m^\times(*)$ は乗法群になる．(これらは，**剰余類環**，**剰余類群**などと呼ばれる).

(証明) $\mathbb{Z}_m(\oplus, *)$ が環になることは自明．$\mathbb{Z}_m^\times(*)$ が乗法群になることを示す．**(1)** 乗法に関して閉じていること：$a_1, a_2 \in \mathbb{Z}_m^\times \Rightarrow a_1 * a_2 \in \mathbb{Z}_m^\times$ を示す．$\mathbb{Z}_m^\times$ の定義より，$\gcd(a_i, m) = 1$ ($i = 1, 2$) $\Rightarrow \gcd(\langle a_1 a_2 \rangle_m, m) = 1$ を示せばよい．$\gcd(a_i, m) = 1$ とすると，式 (8.28) より，$\exists x_i, y_i \in \mathbb{Z}$, $a_i x_i + m y_i = 1$ が成り立つ．$i = 1, 2$ に対して各辺の積をとれば，$1 = (a_1 x_1 + m y_1)(a_2 x_2 + m y_2) = a_1 a_2 (x_1 x_2) + m(a_1 x_1 y_2 + a_2 x_2 y_1 + m y_1 y_2)$．よって再び式 (8.28) より，$\gcd(a_1 a_2, m) = 1$ が得られ，$\gcd(\langle a_1 a_2 \rangle_m, m) = 1$ が成立する[†1]．**(2)** 乗法に関する逆元が存在すること：$a \in \mathbb{Z}_m^\times \Rightarrow \exists x, y \in \mathbb{Z}$, $ax + my = 1 \Rightarrow \langle ax \rangle_m = 1 \Rightarrow a^{-1} = \langle x \rangle_m$.

〔8.8.18〕合同関係と剰余系：整数 a, b に対し，$m \mid a - b$ が成立するとき，「$a \equiv b \pmod{m}$」と書いて[†2]，「a と b は**合同**」であるという．このとき，

$$\langle a \rangle_m = \langle b \rangle_m \Leftrightarrow a \equiv b \pmod{m} \tag{8.30}$$

が成り立つ (証明は (ほとんど) 自明)．よって，「$\langle a \rangle_m = \langle b \rangle_m$」を示す代わりに「$a \equiv b \pmod{m}$」を示したり，あるいはその逆を行ったりする．

なお，合同は一つの**同値関係**[†3]であり，整数 $\mathbb{Z}$ を交わりのない部分集合 $\bar{a} := \{x \in \mathbb{Z} \mid x \equiv a \pmod{m}\}$ の和集合 (直和) $\mathbb{Z} = \bigcup_{a \in \mathbb{Z}} \bar{a} = \bigcup_{a \in \mathbb{Z}_m} \bar{a}$ に分割する[†4]．一方，$\bar{0} = m\mathbb{Z}$ は $\mathbb{Z}$ の正規部分群 (定義〔8.8.23〕で演算が + の場合) で，$\bar{a} = a + m\mathbb{Z}$ である．このとき，定義〔8.8.23〕の (3) に示したように，剰余類群 $\mathbb{Z}/m\mathbb{Z} = \{\bar{0}, \bar{1}, \ldots, \overline{m-1}\}$ が得られるが，これは $\mathbb{Z}_m$ に式 (8.29) で定義される演算 $\oplus$ を導入した群と本質的に同じである．

[†1] $a = qm + \langle a \rangle_m$ と書けることに注意すれば，式 (8.28) より，$\gcd(a, m) = 1 \Rightarrow \exists x, y \in \mathbb{Z}$, $1 = ax + my = \langle a \rangle_m x + m(qx + y) \Rightarrow \gcd(\langle a \rangle_m, m) = 1$.

[†2] 「mod m」，「modulo m」などの表現は，除数 (divisor あるいは modulus=法) が m であることを表している．

[†3] (i) $a \equiv a$, (ii) $a \equiv b \Rightarrow b \equiv a$, (iii) $a \equiv b$, $b \equiv c \Rightarrow a \equiv c$, の 3 条件が成立するとき，$\equiv$ を同値関係という．同値関係の定義された集合は，その同値関係により，交わりのない部分集合の直和に分割される．

[†4] a は集合 $\bar{a}$ の代表元と呼ばれ，$a, b \in \mathbb{Z}$ に対して $\bar{a} = \bar{b}$ or $\bar{a} \cap \bar{b} = \emptyset$ のいずれかが成立する．

定理〔8.8.19〕中国人の剰余定理[†1]　$m_1, m_2, \ldots, m_k$ を互いに素 $(\gcd(m_i, m_j) = 1)$ な自然数とし，$m := \prod_{i=1}^{k} m_i$ とする．すると，任意の $z\,(\in \mathbb{Z}_m)$ は，$z_i := \langle z \rangle_{m_i}$ を並べたベクトル $(z_1, z_2, \ldots, z_k)$ と一対一に対応し，

$$z = \langle z' \rangle_m, \quad z' := \sum_{i=1}^{k} z_i e_i =: [z_1, z_2, \ldots, z_k] \tag{8.31}$$

が成立する．ただし，e_i は次で与えられる．$n_i := m/m_i$ とおくと $\gcd(m_i, n_i) = 1$ であり，式 (8.28) により，x_i, y_i が存在して $m_i x_i + n_i y_i = 1$ が成り立つ．このとき，$e_i := n_i y_i$ である．

(証明)　**(1)** $z\,(\in \mathbb{Z})$ から $z_i := \langle z \rangle_{m_i}$ が一意に定まることは明らか．**(2)** 次に，式 (8.31) の $z' := \sum_{i=1}^{k} z_i e_i$ に対して，「$\langle z' \rangle_{m_j} = z_j$」が成立することを示す．$m_j x_j + n_j y_j = 1$ より，$\langle e_j \rangle_{m_j} = \langle n_j y_j \rangle_{m_j} = 1$ である．また，$m_i x_i + n_i y_i = 1$，$m_i \,|\, n_j\,(i \neq j)$ より，$\langle e_i \rangle_{m_i} = \langle n_i y_i \rangle_{m_i} = 0$ が成立する．よって，z' に関して直ちに次が得られる (式 (8.20) 参照)：

$$\langle z' \rangle_{m_j} = \left\langle \sum_i \langle z_i \rangle_{m_j} \langle e_i \rangle_{m_j} \right\rangle_{m_j} = \left\langle \langle z_j \rangle_{m_j} \right\rangle_{m_j} = \langle z_j \rangle_{m_j} = z_j.$$

(3) 最後に，$\langle z \rangle_{m_i} = \langle z' \rangle_{m_i}\,(i = 1, 2, \ldots, k)$ のとき，$\langle z \rangle_m = \langle z' \rangle_m\,(m := \prod_{i=1}^{k} m_i)$ であることを示す．明らかに，$m_i \,|\, z - z'$ であるが，$\gcd(m_i, m_j) = 1$ より，命題〔8.8.15〕(2) から $m_1 m_2 \cdots m_k \,|\, z - z'$ が得られ，$\langle z \rangle_m = \langle z' \rangle_m$．

系〔8.8.20〕　$\gcd(m_i, m_j) = 1$，$m = \prod_{i=1}^{k} m_i$ のとき，中国人の剰余定理〔8.8.19〕により，環同型「$\mathbb{Z}_m \simeq \mathbb{Z}_{m_1} \times \mathbb{Z}_{m_2} \times \cdots \times \mathbb{Z}_{m_k}$」が成立する．すなわち，$\mathbb{Z}_m$ の要素 z と $\mathbb{Z}_{m_1} \times \mathbb{Z}_{m_2} \times \cdots \times \mathbb{Z}_{m_k}$ の要素 $(z_1, z_2, \ldots, z_k)$ の間に，環の演算を保存する一対一の対応 (写像) が存在する．

(証明)　中国人の剰余定理〔8.8.19〕の式 (8.31) が所望の環同型写像を与える．実際，$\mathbb{Z}_m$ の要素 u, v は，$u_i := \langle u \rangle_{m_i}$，$v_i := \langle v \rangle_{m_i}$ によって定まる $\mathbb{Z}_{m_1} \times \mathbb{Z}_{m_2} \times \cdots \times \mathbb{Z}_{m_k}$ の要素 $(u_1, u_2, \ldots, u_k)$，$(v_1, v_2, \ldots, v_k)$ に一対一に対応する．さらにこの対応は，積和の演算を保存し，次式が成立する：

$$\left.\begin{array}{l} \langle u + v \rangle_m = \left\langle \left[\langle u_1 + v_1 \rangle_{m_1}, \ldots, \langle u_k + v_k \rangle_{m_k}\right] \right\rangle_m, \\ \langle uv \rangle_m = \left\langle \left[\langle u_1 v_1 \rangle_{m_1}, \ldots, \langle u_k v_k \rangle_{m_k}\right] \right\rangle_m. \end{array}\right\} \tag{8.32}$$

ただし，記号 $[z_1, z_2, \ldots, z_k]$ の定義は式 (8.31) による．すると，式 (8.32) の成立は，$\langle\langle u + v \rangle_m\rangle_{m_i} = \langle u_i + v_i \rangle_{m_i}$，$\langle\langle uv \rangle_m\rangle_{m_i} = \langle u_i v_i \rangle_{m_i}$ (式 (8.20) 参照) に注意すれば直ちに確かめられる．

[†1]　3〜5 世紀の中国の書「孫子算経」に述べられていることから，このように呼ばれる．

8.8.6 オイラーの関数とフェルマの小定理

命題〔8.8.21〕オイラー (Euler) の関数：オイラーの関数 $\phi(m)$ は，$\mathbb{Z}_m$ に含まれる m と互いに素な整数の個数を与える関数であり，次のように特徴付けられる：

(1) $\gcd(m_1, m_2) = 1$ ならば，$\phi(m_1 m_2) = \phi(m_1)\phi(m_2)$．

(2) m の素因数分解を $m = p_1^{e_1} p_2^{e_2} \cdots p_k^{e_k}$ $(e_i \geq 1)$ とすると，

$$\phi(m) := m \prod_{i=1}^{k}\left(1 - \frac{1}{p_i}\right). \tag{8.33}$$

(**証明**) **(1)** m と互いに素な整数 $z\,(\in \mathbb{Z}_m)$ を考える．$m = m_1 m_2, \gcd(m_1, m_2) = 1$ のとき，系〔8.8.20〕により，$z \in \mathbb{Z}_m$ と $z_i := \langle z \rangle_{m_i}$ $(i = 1, 2)$ を並べたベクトル $(z_1, z_2) \in \mathbb{Z}_{m_1} \times \mathbb{Z}_{m_2}$ は一対一に対応している (環同型)．よって，

$$\gcd(z, m) = 1 \Leftrightarrow \gcd(z_1, m_1) = \gcd(z_2, m_2) = 1 \tag{8.34}$$

が成り立てば，$\phi(\cdot)$ の定義から

$$\phi(m_1 m_2) = |\{k \in \mathbb{Z}_{m_1 m_2} \mid \gcd(k, m_1 m_2) = 1\}|$$
$$= |\{(k_1, k_2) \in \mathbb{Z}_{m_1} \times \mathbb{Z}_{m_2} \mid \gcd(k_1, m_1) = \gcd(k_2, m_2) = 1\}|$$
$$= |\{k \in \mathbb{Z}_{m_1} \mid \gcd(k, m_1) = 1\}| \times |\{k \in \mathbb{Z}_{m_2} \mid \gcd(k, m_2) = 1\}|$$
$$= \phi(m_1)\phi(m_2)$$

のように，直ちに所望の結果が導かれる．

式 (8.34) の成立は次による：$\Rightarrow$) (z_1, z_2) により式 (8.31) で与えられる z' は，$z_1 m_2 y_1 + z_2 m_1 y_2$ と表される．ここで，$\gcd(z, m) = 1$ $(\Leftrightarrow \gcd(z', m) = 1)$ ならば，式 (8.28) より $1 = z'x + my = (z_1 m_2 y_1 + z_2 m_1 y_2)x + m_1 m_2 y = z_1(m_2 y_1 x) + m_1(z_2 y_2 x + m_2 y) = z_2(m_1 y_2 x) + m_2(z_1 y_1 x + m_1 y)$ が得られ，再び式 (8.28) から，$\gcd(z_1, m_1) = \gcd(z_2, m_2) = 1$ が得られる．(逆 ($\Leftarrow$) については各自確認のこと)．

(2) $m = p^e$ のとき，m と互いに素でない整数 $(\in \mathbb{Z}_m)$ は，kp $(k = 1, 2, \ldots, p^{e-1} - 1)$ で与えられるから，$\phi(p^e) = (p^e - 1) - (p^{e-1} - 1) = p^e - p^{e-1}$．よって，(1) の結果を繰り返し用いれば，直ちに式 (8.33) が得られる．

命題〔8.8.22〕 任意の $a \in \mathbb{Z}_m^\times$ に対して

$$a^{\phi(m)} \equiv 1 \pmod{m} \tag{8.35}$$

が成立する．これは**フェルマ (Fermat) の小定理** (オイラーの一般化) [†1] として知られている．(補題〔8.8.24〕(2) において，$G = \mathbb{Z}_m^\times$，$|\mathbb{Z}_m^\times| = \phi(m)$ より得られる)．

[†1] $m = p$ (素数) のとき，式 (8.35) は，$a^{p-1} \equiv 1 \pmod{p}$ となり，普通に「フェルマの小定理」といわれる形になる．

8.8.7 有限群

定義〔8.8.23〕 **(1)** 群 $G(\cdot)$ の部分集合 H が G の演算に関して再び群になっているとき，H を G の**部分群**という．(演算を積とすると，「$a,b \in H \Rightarrow ab^{-1} \in H$」の成立することが，$H\,(\subseteq G)$ が G の部分群であるための必要十分条件である).

(2) $G(\cdot)$ を群，H を G の部分群とする．$g \in G$ に対し，$gH := \{gh \mid h \in H\}$, $Hg := \{hg \mid h \in H\}$ とおく．$gH = Hg$ が成立するとき，H は G の**正規部分群**と呼ばれる．

(3) H を $G(\cdot)$ の正規部分群とし，$G/H := \{gH \mid g \in G\}$ とおく．このとき，G/H には，$(g_1 H) * (g_2 H) := (g_1 g_2) H$ によって積 $(*)$ が定義され，群となる．G/H の単位元は $eH = H$，逆元は $(gH)^{-1} = g^{-1} H$ で与えられる．G/H は，G の H による**剰余類群**と呼ばれる．

(4) $a \in G(\cdot)$ に対し，$\langle a \rangle := \{a^n \mid n \in \mathbb{Z}\}\,(\subseteq G)$ を，a で**生成される巡回群**という．$\langle g \rangle = G$ が成立するとき，g を G の**原始元**または**生成元**という．

(5) 要素数が有限の群を**有限群**と呼ぶ．(群などの要素数を**位数**という).

補題〔8.8.24〕 $G(\cdot)$ を可換な有限 (乗法) 群，H を G の部分群とする．

(1) 部分群 H の位数 $m := |H|$ は，G の位数 $n := |G|$ の約数である．(**ラグランジュ (Lagrange) の定理**). また，剰余類群 G/H の位数は，n/m で与えられる．

(2) 任意の $a \in G$ に対して，$a^{|G|} = 1$ が成立する．(**フェルマの小定理**).

(3) (乗法) 群 G の元 a に対し，「$a^k = 1$ となる，最小の正整数 k」を a の**位数**という[†1]．a の位数を k とすると，「$a^m = 1 \Rightarrow k \mid m$」が成り立つ．(上記 (2) と併せて，$n := |G|$ とするとき，$k \mid n$ が成り立つ).

(4) a の位数が $k = st$ で与えられるとき，a^s の位数は t で与えられる．

(証明) **(1)** $H = G$ ならば，主張は自明である．$H \neq G$ ならば，$a_1 \in G \setminus H$ が存在する．$a_1 H := \{a_1 h \mid h \in H\}$ とすると，$a_1 h_1 \neq a_1 h_2$ for $h_1 \neq h_2$ が成り立つから $|a_1 H| = |H|$ である．さらに，$H \cap a_1 H \neq \emptyset$ とすると，$h_1 = a_1 h_2$ となる $h_1, h_2 \in H$ が存在するが，これは $a_1 = h_2 h_1^{-1} \in H$ を意味し，a_1 の選び方に矛盾する．よって，$H \cap a_1 H = \emptyset$ が成立する．$H \cup a_1 H = G$ ならば終了．$H \cup a_1 H \neq G$ ならば，再び $a_2 \in G \setminus (H \cup a_1 H)$ が存在し，$a_2 H \cap (H \cup a_1 H) = \emptyset$ が成立して $H \subset H \cup a_1 H \subset H \cup a_1 H \cup a_2 H \subseteq G$ である．$n := |G|$ は有限だから，有限の値 $k-1$ で $H \cup a_1 H \cup \cdots \cup a_{k-1} H = G$ とならなければならず，このとき $|G| = k|H|$ が成立する．ここで，$a_i H$ と $a_j H$ は完全に一致するか交わりがないかのいずれかで，$G/H = \bigcup_{a_i \in G} a_i H$ が成立するから，$|G/H| = |G|/|H| = k = n/m$ が成り立つ．

[†1] a によって生成される巡回群 $\langle a \rangle = \{a^0 = 1, a^1, \ldots, a^{k-1}\}$ の位数 (=要素数) である．

(2) $G = \{a_1, a_2, \ldots, a_n\}$ とすると, $\forall a \in G$ に対して, $aG = \{aa_1, aa_2, \ldots, aa_n\} = G$ が成り立つ. よって, $\prod aa_i = a^n \prod a_i = \prod a_i$ が成立し, $a^n = 1$ が得られる.

(3) $a \in G$ の位数を k とし, m を k で整除 (式 (8.18)) した結果を $m = qk + r$ ($0 \leq r < k$) とすれば, $1 = a^m = a^{qk+r} = a^{qk} a^r = a^r$ である. しかるに, $r \neq 0$ とすると k が a の位数であることに反する. よって, $r = 0$.

(4) a^s の位数を x とする. すると, $(a^s)^t = a^{st} = 1$ であるから, 上記 (3) より $x \mid t$ であり, $x \leq t$ が成り立つ. 一方, $a^{sx} = (a^s)^x = 1$ で, a の位数は st であったから, 再び (3) により, $st \mid sx$. すなわち $t \mid x$ であり, $t \leq x$ が得られる. よって, $x = t$ である.

補題〔8.8.25〕(コーシー (Cauchy) の定理) G を, 位数 $n := |G|$ (≥ 1) の可換な有限群とする. 素数 p あるいは $p = 1$ に対して, $p \mid n$ ならば, G は位数 p の巡回群を含む.

(証明) $n := |G|$ に関する帰納法による. $n = 1$ ならば $p = 1$ である. そして, $p = 1$ ならば n のいかんにかかわらず, 自明 (G の, 位数 1 の元は単位元だけであり, G の単位元 (だけ) から成る群が所望の巡回群) である. よって以下, $n > 1$, $p > 1$ とし, 位数が n より小さい群に関して主張は正しいとする.

$n > 1$ より単位元以外の元 $a \in G$ が存在し, その位数を m (> 1) とすれば, 補題〔8.8.24〕の (3) により, $m \mid n$ が成り立つ. **(1)** $p \mid m$ ならば, $b := a^{m/p}$ が位数 p の元である. 実際, p が素数であることに注意すれば, $b^p = 1$ ならびに $b^i \neq 1$ (for $0 < i < p$) が自明に成立する. **(2)** 一方, $p \nmid m$ ならば $p \mid \frac{n}{m}$ が成立する. a で生成される巡回群を $\langle a \rangle$ とすれば, G が可換であることより, $\langle a \rangle$ は正規部分群となるから, 剰余類群 $G/\langle a \rangle$ が考えられて, その位数は n/m $(< n)$ である (補題〔8.8.24〕の (1)). よって, 帰納法の仮定により, $G/\langle a \rangle$ には位数 p の元 $b\langle a \rangle$ が存在する. ここで, b ($\in G$) の位数を ℓ とすれば, $(b\langle a \rangle)^\ell = b^\ell \langle a \rangle = \langle a \rangle$ が成立するから, ℓ は $b\langle a \rangle$ の位数 p の倍数 ($p \mid \ell$) でなければならない (補題〔8.8.24〕の (3)). このとき, $c := b^{\ell/p} \in G$ が位数 p の元となる. **(1)** の場合と同様に, $c^p = 1$ ならびに $c^i \neq 1$ (for $0 < i < p$) が自明に成立する.

8.8.8 有 限 体

〔8.8.26〕 要素数が有限の体を**有限体**という. 有限体の要素数は素数 p (≥ 2) のべき乗 $|\mathbb{F}| = p^n$ であることが知られている. 特に, 要素数が素数である有限体を**素体**という.

〔8.8.27〕 p (≥ 2) を素数として, $\mathbb{F}_p := \{0, 1, 2, \ldots, p-1\}$ とおき, $x, y \in \mathbb{F}_p$ の和

($\oplus$) と積 ($*$) を $x \oplus y := \langle x+y \rangle_p$, $x * y := \langle xy \rangle_p$ で定義する. すると, $\mathbb{F}_p(\oplus, *)$ は要素数が p の素体となる.

(証明) p が素数より, $\mathbb{Z}_p \setminus \{0\} = \mathbb{Z}_p^\times$ であることに注意する. また, $\mathbb{Z}_p(\oplus)$ が加群, $\mathbb{Z}_p^\times(*)$ が乗法群となることは命題 [8.8.17] に示したとおりである. さらに分配律の成立も自明. よって, $\mathbb{F}_p(\oplus, *) := \mathbb{Z}_p(\oplus, *)$ は体となる.

[**8.8.28**] 素体 $\mathbb{F}_p$ の要素を係数とする多項式の集合 $\mathbb{F}_p[x]$ (式 (8.21)) を考え, n 次の「既約多項式」を $q(x)$ を任意に選ぶ[†1]. このとき,

$$\mathbb{F} := \left\{ \sum_{i=0}^{n-1} a_i x^i \,\middle|\, a_i \in \mathbb{F}_p \right\} \tag{8.36}$$

とおき, $f(x), g(x) \in \mathbb{F}$ の和 ($\oplus$) と積 ($*$) を

$$\left. \begin{array}{l} f(x) \oplus g(x) := \langle f(x) + g(x) \rangle_{q(x)}, \\ f(x) * g(x) := \langle f(x) g(x) \rangle_{q(x)} \end{array} \right\} \tag{8.37}$$

で定義すれば, $\mathbb{F}(\oplus, *)$ は要素数が p^n の有限体となる. $\mathbb{F}$ は $\mathbb{F}_p$ の n 次の**拡大体**といわれる. (有限体は本質的に以上ですべてである).

(証明) 素体 $\mathbb{F}_p = \mathbb{Z}_p$ の場合とまったく同様である. $a(x) \in \mathbb{F}^\times := \mathbb{F} \setminus \{0\}$ とすると, $\gcd(a(x), q(x)) = 1$ に注意すれば, 式 (8.28) より整数の場合と同様に $a(x)$ の逆元の存在が示される.

定理 [8.8.29] 有限体 $\mathbb{F}$ に対し, $\mathbb{F}^\times := \mathbb{F} \setminus \{0\}$ とすると, $\mathbb{F}^\times$ は位数 $|\mathbb{F}|-1$ の巡回群となる. すなわち, 原始元 $\alpha \in \mathbb{F}^\times$ が存在して, $\mathbb{F}^\times = \{1 = \alpha^0, \alpha^1, \alpha^2, \ldots, \alpha^{|\mathbb{F}|-2}\}$ が成立する. (素体に限らない).

(証明) $\alpha (\neq 1) \in \mathbb{F}^\times$ の位数が m で, $1 < m < |\mathbb{F}^\times|$ であったとする. すると, $\mathbb{F}^\times$ には, m より大きな位数の要素が存在することが, 次のように示される. (この結果, $\mathbb{F}^\times$ には, 位数が $|\mathbb{F}^\times|$ の元が存在する).

実際, α と, 任意に選んだ $\beta \in \mathbb{F}^\times \setminus \{\alpha^0, \alpha^1, \alpha^2, \ldots, \alpha^{m-1}\}$ から, 位数が m より大きな要素 $\gamma \in \mathbb{F}^\times$ を, 次のように求めることができる. 以下, α の位数を m, β の位数を n, $\alpha\beta$ の位数を y とする.

(1) $\gcd(m, n) = 1$ のとき: $\gamma := \alpha\beta$ が求める元である. $y = mn > m$ が成り立つことを示す. まず, $(\alpha\beta)^{mn} = 1$ より, $y \,|\, mn$ が得られる.

次に, m と n が互いに素であることに注意すれば,

$$\left. \begin{array}{l} \alpha^{ny} = \alpha^{ny} \beta^{ny} = \{(\alpha\beta)^y\}^n = 1 \Rightarrow m \,|\, ny \Rightarrow \therefore\ m \,|\, y, \\ \beta^{my} = \alpha^{my} \beta^{my} = \{(\alpha\beta)^y\}^m = 1 \Rightarrow n \,|\, my \Rightarrow \therefore\ n \,|\, y \end{array} \right\}$$

[†1] すべての $n \in \mathbb{N}$ について, 既約多項式が存在する[36]).

が得られる．ここで，再度 $\gcd(m,n)=1$ に注意すれば，命題〔8.8.15〕の (2) より，$mn\,|\,y$．よって，$y\,|\,mn$ と併せて，$y=mn>m$ が得られる．

(2) $c:=\gcd(m,n)>1$, $L:=\mathrm{LCM}(m,n)>m$ のとき：$n_0:=n/c$ とおくと，$\gcd(m,n_0)=1$, $\mathrm{LCM}(m,n_0)=L$ である．このとき，$\gamma:=\alpha\beta^c$ が求める元であり，その位数は $L\;(>m)$ となる．実際，補題〔8.8.24〕の (4) より，β^c の位数は n_0 となるが，α の位数 m と n_0 は互いに素であるから，本証明の (1) より，$\alpha\beta^c$ の位数は $mn_0=L\;(>m)$ となる．

(3) $c:=\gcd(m,n)>1$, $L:=\mathrm{LCM}(m,n)=m$ のとき：n は $L\;(=m)$ の約数であるから，$m=kn$ と書けて，$\beta^m=(\beta^n)^k=1$ が成り立ち，β は $x^m=1$ の根であることがわかる．しかるに，$\mathbb{F}$ において，$x^m=1$ の根は $\{\alpha^0=1,\alpha,\alpha^2,\ldots,\alpha^{m-1}\}$ で尽くされている[†1]から，β はこの中のいずれかと一致しなければならない．しかし，これは β の選び方に矛盾する．

8.8.9 平 方 剰 余

定義〔8.8.30〕 p を奇素数とする．$a\in\mathbb{Z}_p^\times=\{1,2,\ldots,p-1\}$ に対して，

$$x^2\equiv a\pmod{p} \tag{8.38}$$

が解 $x\in\mathbb{Z}_p^\times$ を有するとき，「$a\;(\in\mathbb{Z}_p^\times)$ は (p を法として) **平方剰余**である」といわれ，解が存在しないとき，「$a\;(\in\mathbb{Z}_p^\times)$ は (p を法として) **平方非剰余**である (あるいは平方剰余でない)」といわれる．また，

$$\left(\frac{a}{p}\right):=\begin{cases} 1, & a \text{ が }(p\text{ を法として})\text{ 平方剰余であるとき} \\ -1, & a \text{ が }(p\text{ を法として})\text{ 平方剰余でないとき} \end{cases}$$

と定義し，これを**ルジャンドル (Legendre) の記号**と呼ぶ[†2]．

命題〔8.8.31〕 p を奇素数とする．$a\in\mathbb{Z}_p^\times=\{1,2,\ldots,p-1\}$ に対して，

$$a^{\frac{p-1}{2}}\equiv\left(\frac{a}{p}\right)\pmod{p} \tag{8.39}$$

が成立する．これを**オイラー (Euler) の基準**という．特に，$\mathbb{Z}_p^\times$ の半分は平方剰余，残りの半分は平方非剰余である．

[†1] $\mathbb{F}$ 係数の多項式 x^m-1 の根はたかだか m 個である (〔8.8.12〕)．しかるに，$\alpha^0,\alpha^1,\alpha^2,\ldots,\alpha^{m-1}$ は相異なり，$x^m=1$ を満たす．よって，これらが根のすべてである．

[†2] 以下混同のない限り，「p を法として」は省略する．

(証明) (1) まず, $a \in \mathbb{Z}_p^\times$ は, 平方剰余であるか, そうでないかのいずれかであるから, $\left(\dfrac{a}{p}\right) \equiv \pm 1 \pmod{p}$ のどちらか一方が成立する.

(2) $x^2 \equiv 1 \pmod{p}$ の解は, 1 または $-1 \equiv p-1 \pmod{p}$ であり [†1], フェルマの小定理より, $a^{p-1} = 1 \pmod{p}$ であるから, $a^{\frac{p-1}{2}} \equiv \pm 1 \pmod{p}$.

(3) 以上の (1), (2) より, オイラーの基準は,

$$a^{\frac{p-1}{2}} \equiv 1 \pmod{p} \Leftrightarrow a \text{ は平方剰余である} \tag{8.40}$$

と同値である. 以下, 式 (8.40) を示す.

$\Leftarrow$): $a \in \mathbb{Z}_p^\times$ が平方剰余ならば, 式 (8.38) が解 $x\,(\in \mathbb{Z}_p^\times)$ を持ち, 式 (8.38) の両辺を $\frac{p-1}{2}$ 乗して, $a^{\frac{p-1}{2}} \equiv x^{p-1} \equiv 1 \pmod{p}$ が得られる (フェルマの小定理. p. **228** 脚注 **1**).

$\Rightarrow$): $a^{\frac{p-1}{2}} \equiv 1 \pmod{p}$ とし, $\mathbb{Z}_p^\times$ の原始元を α とする. すると, $a = \alpha^i$ ($0 \leq i < p-1$) 書けるから, $\alpha^{i\frac{p-1}{2}} \equiv 1 \pmod{p}$ が成り立つ. しかるに, α は原始元であったから, その位数は $p-1$ であり, $p-1 \,\Big|\, i\dfrac{p-1}{2}$ が成立しなければならない. これは i が偶数であることと同値である. このとき, 明らかに $\alpha^{i/2}$ が $x^2 \equiv a \pmod{p}$ の解であり, a は平方剰余である.

これから明らかに, $\mathbb{Z}_p^\times$ の要素の半分 $\alpha^0, \alpha^2, \ldots, \alpha^{p-1}$ が平方剰余, 残りの半分 $\alpha^1, \alpha^3, \ldots, \alpha^{p-2}$ が平方非剰余となる. ■

系〔8.8.32〕 p を奇素数, a, b を p と互いに素な整数とする. 命題〔8.8.31〕より, ルジャンドルの記号に関して, 下記が得られる (章末問題 **8.7** 参照):

(1) $\left(\dfrac{ab}{p}\right) = \left(\dfrac{a}{p}\right)\left(\dfrac{b}{p}\right),$

(2) $a \equiv b \pmod{p} \Rightarrow \left(\dfrac{a}{p}\right) = \left(\dfrac{b}{p}\right),$

(3) $\left(\dfrac{a^2}{p}\right) = 1, \quad \left(\dfrac{1}{p}\right) = 1, \quad \left(\dfrac{-1}{p}\right) = (-1)^{\frac{p-1}{2}}.$

補題〔8.8.33〕 (ガウスの補題) p を奇素数, a を $\gcd(a, p) = 1$ である整数とする. このとき, $A := \{a, 2a, \ldots, \frac{p-1}{2}a\}$ に対して, $B := \{\langle a \rangle_p, \langle 2a \rangle_p, \ldots, \langle \frac{p-1}{2}a \rangle_p\}\,(\subset \mathbb{Z}_p^\times)$ とおく. すると, 次が成立する:

$$\left(\dfrac{a}{p}\right) = (-1)^t, \quad \text{ただし,} \quad t := |\{b \in B \mid b > p/2\}|. \tag{8.41}$$

[†1] $\mathbb{F}_p$ 上の 2 次多項式 $f(x) := x^2 - 1$ が $f(\pm 1) = 0$ を満たすことはすぐに確認できる. 2 次多項式の根はたかだか 2 個である (〔8.8.12〕) ので, これですべてである.

(証明) (1) $p/2$ より小さい B の要素を $r_1, r_2, \ldots, r_k$, $p/2$ より大きい要素を $s_1, s_2, \ldots, s_t$ とする．ここで，$\langle ia \rangle_p \neq \langle ja \rangle_p$ $(1 \leq i < j \leq (p-1)/2)$ が成立することに注意すれば，$r_1, r_2, \ldots, r_k, s_1, s_2, \ldots, s_t$ はすべて異なり，$t + k = (p-1)/2$ が成り立つ．また，$0 < p - s_j < p/2$ であるが，$p - s_j \neq r_i$ である．実際，$\rho a = kp + r_i$, $\sigma a = \ell p + s_j$ $\left(1 \leq \rho, \sigma \leq \dfrac{p-1}{2}\right)$ としたとき，$p - s_j = r_i$ とすると，$(\rho + \sigma)a = (k + \ell)p + r_i + s_j \equiv 0 \pmod{p}$ である．しかるに，$\gcd(a, p) = 1$ であったから，これは $p \mid (\rho + \sigma)$ を意味するが，$2 \leq (\rho + \sigma) \leq p - 1$ より，これは不可能．

(2) 以上より，集合 $\{r_1, r_2, \ldots, r_k, p - s_1, p - s_2, \ldots, p - s_t\}$ の要素はすべて異なり，値は 1 以上 $\dfrac{p-1}{2}$ 以下で，要素数は $t + k = \dfrac{p-1}{2}$ である．よって，これは，集合として，$\{1, 2, \ldots, \frac{p-1}{2}\}$ に等しく，以下が成立する：

$$r_1 r_2 \cdots r_k (p - s_1)(p - s_2) \cdots (p - s_t) = 1 \cdot 2 \cdots \frac{p-1}{2},$$

$$\Rightarrow r_1 r_2 \cdots r_k (-s_1)(-s_2) \cdots (-s_t) \equiv 1 \cdot 2 \cdots \frac{p-1}{2} \pmod{p},$$

$$\Rightarrow (-1)^t r_1 r_2 \cdots r_k s_1 s_2 \cdots s_t \equiv 1 \cdot 2 \cdots \frac{p-1}{2} \pmod{p},$$

$$\Rightarrow (-1)^t a \cdot 2a \cdots \frac{p-1}{2} a \equiv 1 \cdot 2 \cdots \frac{p-1}{2} \pmod{p},$$

$$\Rightarrow (-1)^t a^{\frac{p-1}{2}} \equiv 1 \pmod{p},$$

$$\Rightarrow (-1)^t \equiv (-1)^t a^{p-1} \equiv a^{\frac{p-1}{2}} \pmod{p}.$$

よって，命題 〔8.8.31〕より，$(-1)^t \equiv a^{\frac{p-1}{2}} \equiv \left(\dfrac{a}{p}\right) \pmod{p}$ が導かれる．

系 〔**8.8.34**〕 上記ガウスの補題より，直ちに次が得られる：

(**1**) a が奇数のとき，$\left(\dfrac{a}{p}\right) = (-1)^t$, $\quad t := \displaystyle\sum_{j=1}^{(p-1)/2} \left\lfloor \dfrac{ja}{p} \right\rfloor$,

(**2**) $\left(\dfrac{2}{p}\right) = (-1)^{(p^2-1)/8}$.

(証明) (1) 式 (8.41) の $t \pmod{2}$ を求める．上記証明と同じ記号を用いる．ja を p で割った余り $\langle ja \rangle_p$ を r_i および s_i と表していることと，集合 $\{r_1, r_2, \ldots, r_k, p - s_1, p - s_2, \ldots, p - s_t\}$ と集合 $\{1, 2, \ldots, \frac{p-1}{2}\}$ が等しいことから，

$$\sum_{j=1}^{\frac{p-1}{2}} ja = \sum_{j=1}^{\frac{p-1}{2}} p \left\lfloor \frac{ja}{p} \right\rfloor + \sum_{i=1}^{k} r_i + \sum_{i=1}^{t} s_i,$$

$$\sum_{j=1}^{\frac{p-1}{2}} j = \sum_{i=1}^{k} r_i + \sum_{i=1}^{t} (p - s_i) = tp + \sum_{i=1}^{k} r_i - \sum_{i=1}^{t} s_i$$

が成り立っている．よって，辺々差し引けば，

$$(a-1)\sum_{j=1}^{\frac{p-1}{2}} j = p\sum_{j=1}^{\frac{p-1}{2}} \left\lfloor \frac{ja}{p} \right\rfloor - tp + 2\sum_{i=1}^{t} s_i$$

を得る．よって，$\sum_{j=1}^{\frac{p-1}{2}} j = \frac{p^2-1}{8}$ ならびに $\langle p \rangle_2 = 1$ に注意すれば，

$$(a-1)\frac{p^2-1}{8} \equiv \sum_{j=1}^{\frac{p-1}{2}} \left\lfloor \frac{ja}{p} \right\rfloor - t \pmod{2}$$

が得られる．ここで a を奇数とすれば，$t \equiv \sum_{j=1}^{\frac{p-1}{2}} \left\lfloor \frac{ja}{p} \right\rfloor \pmod{2}$ が得られる．

(2) 上で $a = 2$ のときには，$\left\lfloor \frac{ja}{p} \right\rfloor = 0 \left(1 \leq j \leq \frac{p-1}{2}\right)$ であるから，$t \equiv \frac{p^2-1}{8}$ (mod 2) が得られる． □

(注意) 任意の正整数は $2^d a$ (a は奇数) と書けるから，本補題の結果と系〔8.8.32〕の **(1)** を用いれば，$\left(\frac{2^d a}{p}\right)$ が計算できる．

定理〔8.8.35〕 p, q を相異なる奇素数とすると，次が成立する：

$$\left(\frac{p}{q}\right)\left(\frac{q}{p}\right) = (-1)^{\frac{p-1}{2} \frac{q-1}{2}}. \tag{8.42}$$

(証明) 集合 S_0, S_1, S_2 を次で定義する：

$$S_0 := \left\{(x,y) \in \mathbb{N}^2 \mid 1 \leq x \leq \frac{p-1}{2},\ 1 \leq y \leq \frac{q-1}{2}\right\},$$
$$S_1 := \left\{(x,y) \in \mathbb{N}^2 \mid 1 \leq x \leq \frac{p-1}{2},\ 1 \leq y < \frac{q}{p}x\right\},$$
$$S_2 := \left\{(x,y) \in \mathbb{N}^2 \mid 1 \leq y \leq \frac{q-1}{2},\ 1 \leq x < \frac{p}{q}y\right\}.$$

S_0 で，$1 \leq y < \frac{q}{p}x$ である点を考えると，S_1 が得られる．また，S_0 で，$y > \frac{q}{p}x$ である点は，$1 \leq x < \frac{p}{q}y$ である点に等しく，S_2 が得られる．最後に，$y = \frac{q}{p}x$ である点が残るが，このような点は存在しない．なぜなら，p, q は相異なる奇素数であったから，$y = \frac{q}{p}x$ とすると，$p|x$ かつ $q|y$ でなければならないが，S_0 において，これは明らかに不可能．よって，S_1 と S_2 は交わりがなく，$S_0 = S_1 \cup S_2$ が成立し，$|S_0| = \frac{p-1}{2}\frac{q-1}{2}$ である．

一方, S_1, S_2 の要素数は, $|S_1| = \sum_{j=1}^{\frac{p-1}{2}} \left\lfloor \frac{qj}{p} \right\rfloor$, $|S_2| = \sum_{j=1}^{\frac{q-1}{2}} \left\lfloor \frac{pj}{q} \right\rfloor$ となり, $|S_1|+|S_2| = |S_0|$ と系〔8.8.34〕の **(1)** から, 式 (8.42) が得られる.

定義〔8.8.36〕ヤコビの記号: $Q > 0$ を奇数とし, その素因数分解を $Q = q_1 q_2 \cdots q_s$ (重複を許す) とする. また, P を Q と互いに素な整数とする. このとき, $\left(\dfrac{P}{Q}\right)$ を

$$\left(\frac{P}{Q}\right) := \prod_{i=1}^{s} \left(\frac{P}{q_i}\right) \quad (\text{右辺はルジャンドルの記号}) \tag{8.43}$$

によって定義し, **ヤコビ** (Jacobi) **の記号**と呼ぶ.

補題〔8.8.37〕 $q_1, q_2, \ldots, q_m$ を奇数とする. 次が成立する:

(1) $\displaystyle\sum_{i=1}^{m} \frac{q_i - 1}{2} \equiv \frac{q_1 q_2 \cdots q_m - 1}{2} \pmod{2}$,

(2) $\displaystyle\sum_{i=1}^{m} \frac{q_i^2 - 1}{8} \equiv \frac{q_1^2 q_2^2 \cdots q_m^2 - 1}{8} \pmod{2}$.

(証明) 帰納法による. $m = 1$ のときは自明.「奇数×奇数=奇数」に注意すれば, $m = 2$ の場合を証明すれば十分.

(1) q_1, q_2 が奇数であれば, $(q_1 - 1)(q_2 - 1) \equiv 0 \pmod{4}$ であり, これから, $q_1 q_2 - 1 \equiv (q_1 - 1) + (q_2 - 1) \pmod{4}$ が得られる. これを 2 で割って **(1)** を得る.

(2) $q_i^2 - 1$ は 4 で割り切れる. よって, $(q_1^2 - 1)(q_2^2 - 1) \equiv 0 \pmod{16}$ であり, これから, $q_1^2 q_2^2 - 1 \equiv (q_1^2 - 1) + (q_2^2 - 1) \pmod{16}$ が得られる. これを 8 で割って **(2)** が得られる.

補題〔8.8.38〕 $Q > 0$ を奇数とすると, 次が成立する:

$$\left(\frac{-1}{Q}\right) = (-1)^{(Q-1)/2}, \quad \left(\frac{2}{Q}\right) = (-1)^{(Q^2-1)/8}.$$

(証明) Q の素因数分解を $Q = \prod_i q_i$ とし, ヤコビの記号の定義 (式 (8.43)) に従って展開する. すると, 第 1 式は, 系〔8.8.32〕の (3)-3 と補題〔8.8.37〕の (1) より直ちに得られる. 同じく第 2 式は, 系〔8.8.34〕の (2) と補題〔8.8.37〕の (2) より直ちに導かれる.

定理〔8.8.39〕 P, Q を, $\gcd(P, Q) = 1$ の相異なる奇数とする. すると,

$$\left(\frac{P}{Q}\right)\left(\frac{Q}{P}\right) = (-1)^{\frac{P-1}{2}\frac{Q-1}{2}}. \tag{8.44}$$

(証明) P, Q の素因数分解を $P = \prod_i p_i$, $Q = \prod_i q_i$ とし，ヤコビの記号の定義 (式 (8.43)) に従って展開する．続いて，系〔8.8.32〕の (1) に従って分子を展開し，定理〔8.8.35〕と補題〔8.8.37〕の (1) を用いれば直ちに得られる．

〔**8.8.40**〕**ヤコビの記号の計算法**: **A. 基本法則 (まとめ)** $n (\geqq 3)$ は奇数で，m と n, m_i と n は互いに素とする．すると，下記が成立する[†1]：

(a) $\left(\dfrac{m}{n}\right) = \left(\dfrac{\langle m\rangle_n}{n}\right)$

(b) $\left(\dfrac{m}{n}\right) = (-1)^{(m-1)(n-1)/4} \left(\dfrac{n}{m}\right)$, ただし m, n は共に奇数

(c) $\left(\dfrac{m_1 m_2}{n}\right) = \left(\dfrac{m_1}{n}\right)\left(\dfrac{m_2}{n}\right)$

(d) $\left(\dfrac{2}{n}\right) = (-1)^{(n^2-1)/8}$, $\left(\dfrac{1}{n}\right) = 1$.

B. アルゴリズム: $n (\geqq 3)$ は奇数で，正整数 m と n が互いに素であるとき，$\left(\dfrac{m}{n}\right)$ は以下により計算される．

(1) $m > n$ ならば，(a) により，$\left(\dfrac{m \pmod n}{n}\right)$ を返す

(2) $m < n$ で m が奇数ならば，(b) により，$(-1)^{(m-1)(n-1)/4}\left(\dfrac{n}{m}\right)$ を返す

(3) $m < n$ で m が偶数ならば，$m = 2^k \ell$ (ℓ:奇数) と表して，(c), (d) (第 1 式) により，$(-1)^{k(n^2-1)/8}\left(\dfrac{\ell}{n}\right)$ を返す

与えられた $\left(\dfrac{m}{n}\right)$ に (1)〜(3) を施して $\left(\dfrac{m}{n}\right) = \pm\left(\dfrac{m_1}{n_1}\right)$ に至ったとすると，明らかに $m_1 < m$ かつ $n_1 \leqq n$ で m_1, n_1 は共に奇数が成立する．よって，上記 (1)〜(3) を繰り返し施すことにより，$\left(\dfrac{m}{n}\right) = \pm\left(\dfrac{1}{n'}\right)$ に至り，(d) の第 2 式により，$\left(\dfrac{m}{n}\right)$ が求まる．

例： $\left(\dfrac{1234}{567}\right) \stackrel{(1)}{=} \left(\dfrac{100}{567}\right) = \left(\dfrac{2^2 25}{567}\right) \stackrel{(3)}{=} \left(\dfrac{2}{567}\right)^2 \left(\dfrac{25}{567}\right) = \left(\dfrac{25}{567}\right)$

$\stackrel{(2)}{=} (-1)^{24 \times 566/4} \left(\dfrac{567}{25}\right) \stackrel{(1)}{=} \left(\dfrac{17}{25}\right) \stackrel{(2)}{=} (-1)^{16 \times 24/4} \left(\dfrac{25}{17}\right)$

$\stackrel{(1)}{=} \left(\dfrac{8}{17}\right) = \left(\dfrac{2^3}{17}\right) \stackrel{(3)}{=} (-1)^{3(17^2-1)/8} \left(\dfrac{1}{17}\right) = \left(\dfrac{1}{17}\right) = 1$.

[†1] (a) はヤコビの記号の定義〔8.8.36〕と系〔8.8.32〕(2) ならびに式 (8.20) の第 3 式より導かれる．(b) は定理〔8.8.39〕．(c) は定義〔8.8.36〕と系〔8.8.32〕(1) による．(d) の第 1 式は補題〔8.8.38〕の第 2 式．(d) の第 2 式は定義〔8.8.36〕と系〔8.8.32〕(3) の第 2 式による．

8.8.10 ソロベイ・ストラッセンの素数判定法

〔**8.8.41**〕ソロベイ・ストラッセンの素数判定法：奇数 $n \in \mathbb{N}$ が素数であるか否かを以下によって推定する： $\mathbb{Z}_n^\times := \{i \in \mathbb{Z}_n \mid \gcd(i,n) = 1\}$ に対して，

$$\mathbb{G}_n := \left\{ a \in \mathbb{Z}_n^\times \;\middle|\; \gcd(a,n) = 1 \text{ and } a^{\frac{n-1}{2}} \equiv \left(\frac{a}{n}\right) \pmod{n} \right\} \tag{8.45}$$

とおき，$a \in \mathbb{Z}_n^\times$ を「ランダム」に選んで，$a \in \mathbb{G}_n$ であるか否かを調べて，

    (1) $a \in \mathbb{G}_n$ ならば，「n は (恐らく) 素数」，
    (2) $a \in \mathbb{G}_n^{\mathrm{C}} := \mathbb{Z}_n^\times \setminus \mathbb{G}_n$ ならば，「n は合成数」

と出力する． □

本判定法は，オイラーの基準 (命題〔8.8.31〕) に依拠した判定法で，

「n が "素数" ならば，任意の $a \in \mathbb{Z}_n^\times$ に対して，$a \in \mathbb{G}_n$ が成立する」

ことによっている (逆は真とは限らないことに注意)．よって，n が「本当に」素数であれば，必ず (1) が成立し，この判定法は正しい推定結果を出力する．

一方，n が「合成数」の場合には，誤る可能性がある．(2) の $a \in \mathbb{G}_n^{\mathrm{C}}$ が成立すれば「n は合成数」が出力され，推定結果は正しい．しかし，(1) $a \in \mathbb{G}_n$ が成立した場合には，「(恐らく) 素数」が出力され，誤りが生じる．

このように，本判定法は，「合成数」を「素数」と誤って判定することがある．しかし，その確率は次に示すように「1/2 以下」である．したがって，この判定法で k 回連続して「(恐らく) 素数」が出力されたときには，この判定が誤っている確率は，「$1/2^k$ 以下」となる．

命題〔8.8.42〕[72]　上記〔8.8.41〕のソロベイ・ストラッセンの素数判定法において，n が奇数の「合成数」であるとき，

$$|\mathbb{G}_n| \leq \frac{|\mathbb{Z}_n^\times|}{2} \leq \frac{|\mathbb{Z}_n|}{2} \quad \text{すなわち} \quad |\mathbb{G}_n| \leq |\mathbb{G}_n^{\mathrm{C}}| \tag{8.46}$$

が成立する．したがって，合成数を素数に誤る確率は，「1/2 以下」である．

(証明) $\mathbb{G}_n$ は，乗法群 $\mathbb{Z}_n^\times = \{a \in \mathbb{Z}_n \mid \gcd(a,n) = 1\}$ の部分群である．(実際，演算結果の閉性「$a_i^{(n-1)/2} \equiv \left(\frac{a_i}{n}\right), i = 1,2 \Rightarrow (a_1 a_2)^{(n-1)/2} \equiv \left(\frac{a_1}{n}\right)\left(\frac{a_2}{n}\right) \equiv \left(\frac{a_1 a_2}{n}\right)$」が成立することは容易に確かめられる)．よって，補題〔8.8.24〕の (1) により，$\mathbb{G}_n$ の位数 (要素数) は $\mathbb{Z}_n^\times$ の位数 (要素数) の約数である．したがって，式 (8.46) をいうには，$\mathbb{G}_n \neq \mathbb{Z}_n^\times$ を示せば十分である．以下に，

$$\exists a \in \mathbb{Z}_n^\times, \quad a^{\frac{n-1}{2}} \not\equiv \left(\frac{a}{n}\right) \pmod{n} \tag{8.47}$$

が成立することを示す．

(1) 奇素数 p に対し，$p^2 | n$ である場合：$n = p^e q$，$e \geq 2$，$\gcd(p^e, q) = 1$ と書け，$|\mathbb{Z}_n^\times| = \phi(n) = \phi(p^e q) = \phi(p^e)\phi(q) = p^{e-1}(p-1)\phi(q)$ であるので，p は $|\mathbb{Z}_n^\times|$ の約数である．よって，補題〔8.8.25〕により，$\mathbb{Z}_n^\times$ には位数 p の要素 a が存在するが，このとき，「$a^{(n-1)/2} \not\equiv \pm 1 \pmod{n}$」が成り立つ．実際，$a^{(n-1)/2} \equiv \pm 1$ とすると，$a^{n-1} \equiv 1$ であり，補題〔8.8.24〕の (1) により，$p | n-1$ が導かれるが，これは，$p | n$ に矛盾する．よって，ヤコビの記号のとり得る値が ± 1 であることを考えると，「$a^{(n-1)/2} \not\equiv \left(\frac{a}{n}\right) \pmod{n}$」（式 (8.47)）が得られる．

(2) 上記 (1) でない場合：この場合，n は，相異なる素数の積 $n = p_1 p_2 \cdots p_k$ ($p_i \neq p_j$, $p_i \geq 3$, $k \geq 2$) と表される．背理法により式 (8.47) の成立を示す：

(a) すべての $a \in \mathbb{Z}_n^\times := \{a \in \mathbb{Z}_n \mid \gcd(a, n) = 1\}$ に対して，
$$a^{(n-1)/2} \equiv \left(\frac{a}{n}\right) \ (+1 \text{ or } -1) \pmod{n} \tag{8.48}$$
が成立すると仮定する (i.e., $\mathbb{Z}_n^\times = \mathbb{G}_n$)．すると，式 (8.48) において，
$$a^{(n-1)/2} \equiv \left(\frac{a}{n}\right) = 1 \pmod{n}, \text{ for all } a \in \mathbb{Z}_n^\times \tag{8.49}$$
であることが，次のように示される．再び背理法による：

式 (8.49) が成立しない，すなわち，$b^{(n-1)/2} \equiv -1 \pmod{n}$ である $b (\in \mathbb{Z}_n^\times)$ が存在したとする．$n = p_1 p_2 \cdots p_k$ に対して，$p := p_1$，$q := n/p_1$ とおく．このとき，中国人の剰余定理により，a を「$a \equiv 1 \pmod{p}$, $a \equiv b \pmod{q}$」である整数として定めれば，
$$a^{(n-1)/2} \equiv 1 \pmod{p}, \quad a^{(n-1)/2} \equiv b^{(n-1)/2} \equiv -1 \pmod{q} \tag{8.50}$$
が成り立つ．しかるに，これは，「$a^{(n-1)/2} \not\equiv \pm 1 \pmod{pq}$」を意味し [†1]，式 (8.48) に矛盾する．($b \in \mathbb{Z}_n^\times$ が成立する [†2] ことに注意)．したがって，式 (8.49) が成立しなければならない．

(b) 式 (8.49) は，「$\left(\frac{a}{n}\right) = 1$, for all $a \in \mathbb{Z}_n^\times$」を意味するが，再びこれは不可能である（したがって式 (8.47) が成立する）ことが次のように示される：

$n = pq$，p は素数，$\gcd(p, q) = 1$ であった．よって，$b \pmod{p}$ を平方「非」剰余 ($\left(\frac{b}{p}\right) = -1$) とし [†3]，中国人の剰余定理により，$a$ を「$a \equiv b \pmod{p}$, $a \equiv 1 \pmod{q}$」である整数 ($\in \mathbb{Z}_n$) として定めれば，$a \in \mathbb{Z}_n^\times$ で，ヤコビの記号に関して，「$\left(\frac{a}{n}\right) = \left(\frac{b}{p}\right)\left(\frac{1}{q}\right) = -1$」が成り立つ．

[†1] $A \equiv B \pmod{pq}$ とすると，これは，$pq | A-B \Rightarrow p | A-B$, $q | A-B \Rightarrow A \equiv B \pmod{p}$, $A \equiv B \pmod{q}$ を意味し，式 (8.50) に矛盾する．

[†2] n の素因数分解を $\prod_i p_i$ とするとき，$p_i \nmid b$ を示せばよい．

[†3] オイラーの基準（命題〔8.8.31〕）により，このような b の存在は保証されている．

章 末 問 題

8.1 式 (8.20) に示した余りに関する基本的性質が成立することを証明せよ.

8.2 (1) gcd(13579, 97531), (2) gcd(123456789, 987654321) を求めよ.

8.3 $p = 5, 7$ に関して,命題〔8.8.22〕に述べたフェルマの小定理「$a^{p-1} \equiv 1 \pmod{p}$」が成立することを確認せよ.

8.4 例〔8.4.4〕に倣って,$p = 5$, $q = 7$, $n = pq = 35$ に関して,RSA 暗号システムの鍵を一組求めよ.また,平文 $m = 29$ に対する暗号文 c を計算すると共に,復号を行うと,もとの平文が得られることを確認せよ.

8.5 (1) $p = 7$ のとき,$C = 2$ の平方根を,式 (8.11) ならびに式 (8.12) の両方により求めよ. (2) 同様に,$p = 11$ のとき,$C = 5$ の平方根を 2 つの方法で求めよ.

8.6 秘密鍵が二つの素数 $p = 5$, $q = 7$ で与えられ,公開鍵が $n = 35\ (= pq)$ と $c = 3$ である,KIT 暗号を考える.
  (a) $c = 3$ が $\pmod{p}$ ならびに $\pmod{q}$ に関して共に平方非剰余であることを確認せよ.
  (b) 平文 $m = 24$ に対する暗号文 (b, d_1, d_2) を求めよ.
  (c) 暗号文 $(b, d_1, d_2) = (11, 1, 1)$ が与えられたとき,対応する平文 m を求めよ.

8.7 系〔8.8.32〕の成立することを示せ.

8.8 ヤコビの記号 $\left(\dfrac{1\,411}{317}\right)$, $\left(\dfrac{1\,735}{507}\right)$ を計算せよ.(〔8.8.40〕参照).

引用・参考文献

情報理論/通信理論 (原典)

1) C.E. Shannon: "A Mathematical Theory of Communication," *Bell System Tech. J.*, vol.27, pp.397–423, 623–656, 1948
2) C.E. Shannon and W. Weaver: *The Mathematical Theory of Communication*, Univ. of Illinois Press, 1949 (邦訳：(1) 長谷川 淳，井上 光洋 (訳)「コミュニケーションの数学的理論」，明治図書，1969; (2) 植松 友彦 (訳)「通信の数学的理論」，ちくま学芸文庫， 2009)

情報理論/通信理論 (全般：和書)

3) 甘利 俊一: 情報理論，ダイヤモンド社，1970
4) 有本 卓: 現代情報理論，電子情報通信学会編，1978
5) 宮川 洋: 情報理論，コロナ社，1979
6) 宮川 洋，原島 博，今井 秀樹: 情報と符号の理論，岩波講座情報科学 4，岩波書店，1983
7) 今井 秀樹：情報理論，昭晃堂，1984
8) 大石 進一：例にもとづく情報理論入門，講談社サイエンティフィック，1993
9) 平澤 茂一：情報理論，情報数理シリーズ B-1，培風館，1996
10) 韓 太舜: 情報理論における情報スペクトル的方法，培風館，1998
11) 植松 友彦: 現代シャノン理論，培風館，1998
12) 今井 秀樹: 情報・符号・暗号の理論，電子情報通信学会編，コロナ社，2004
13) 横尾 英俊: 情報理論の基礎，共立出版，2004
14) 小林 欣吾，森田 啓義: 情報理論講義，培風館，2008
15) 小嶋 徹也: はじめての情報理論，近代科学社，2011
16) 植松 友彦: イラストで学ぶ情報理論の考え方，講談社，2012

情報理論/通信理論 (全般：洋書)

17) N. Abramson: *Information Theory and Coding*, McGraw-Hill, 1963 (邦訳：宮川 洋 (訳)「情報理論入門」，好学社，1969)
18) R.G. Gallager: *Information Theory and Reliable Communication*, John Wiely and Sons, 1968

19) T.M. Cover and J.A. Thomas: *Elements of Information Theory*, 2nd Ed., John Wiley & Sons Inc., 2006 (邦訳：山本，古賀，有村，岩本 (訳)「情報理論 −基礎と広がり−」，共立出版，2012)

情報源符号化

20) 韓 太舜: データ圧縮理論の最近の進歩 [I]，[II]，電子情報通信学会誌，vol.67, pp.185–191, pp.286–292, 1984
21) 情報理論とその応用学会 編：情報源符号化 (無歪みデータ圧縮)，情報理論とその応用シリーズ 1-I, 培風館, 1998
22) 韓 太舜，小林 欣吾: 情報と符号化の数理，培風館, 1999
23) 情報理論とその応用学会 編：情報源符号化 (歪みのあるデータ圧縮)，情報理論とその応用シリーズ 1-II, 培風館, 2000
24) 植松 友彦: Lempel-Ziv 符号と情報理論，電子情報通信学会論文誌 A, vol.J84-A, No.6, pp.681-690, 2001
25) D.A. Huffman: "A metod for the construction of minimum redundancy codes," *Proc. IRE*, vol.40, pp.1098–1101, 1952
26) R. Pasco: "Source coding algorithms for fast data compression," *Ph D dissertation*, Stanford University, 1976
27) J.J. Rissanen: "Generalized Kraft inequality and arithmetic coding," *IBM J. Res. Develop*, vol.20, pp.198–203, 1976
28) J.J. Rissanen and G. Langdon: "Arithmetic coding," *IBM J. Res. Develop*, vol.23, pp.149–162, 1979
29) J. Ziv and A. Lempel: "Compression of Individual Sequences via Variable-Rate Coding," *IEEE Trans. Inform. Theory*, vol.IT-24, no.5, pp.530–536, 1978
30) T.A. Welch: "A Technique for High-Performance Data Compression," *Computer*, vol.17, no.6, pp.8–19, June 1984

通信路符号化

31) R.G. Gallager: "A Simple Derivation of the Coding Theom and Some Applications," *IEEE Trans. on Inform. Theory*, vol.IT-11, no.1, pp.3–18, Jan. 1965
32) S. Arimoto: "An Algorithm for Computing the Capacity of Arbitrary Discrete Memoryless Channels," *IEEE Trans. Inform. Theory*, vol.IT-18, pp.14–20, 1972
33) S. Arimoto: "On the Converse of the Coding Theorem for Discrete Memo-

ryless Channels," *IEEE Trans. Inform. Theory*, vol.IT-19, pp.357–359, 1973

誤り訂正符号関連

34) F.J. MacWilliams and N.J.A. Sloane: *The Theory of Error-Correcting Codes*, North-Holland, 1977
35) 今井 秀樹: 符号理論, 電子情報通信学会 編, コロナ社, 1990
36) 坂庭好一, 渋谷智治：代数系と符号理論入門, コロナ社, 2010
37) 和田山 正：低密度パリティ検査符号とその復号法, トリケップス, 2002
38) T.J. Richardson and R.L. Urbanke: *Modern Coding Theory*, Cambridge University Press, Mar. 2008
39) F. Kschischang, B. Frey and H.-A. Loeliger: "Factor graphs and the sum-product algorithm," *IEEE Trans. Inform. Theory*, vol.IT-47, no.2, pp.498–519, Feb. 2001
40) T.J. Richardson and R.L. Urbanke: "The Capacity of Low-Density Parity-Check Codes Under Message-Passing Decoding," *IEEE Trans. Inform. Theory*, vol.IT-47, pp.599–618, Feb. 2001

確率論/通信基礎

41) 河田 敬義, 丸山 文行：数理統計, 裳華房, 1972
42) A. Papoulis: *Probability, Random Variables, and Stochastic Processes*, McGraw-Hill, 1984 (邦訳：垣原, 根本, 中山, 町田, 西 (訳)「応用確率論」, 東海大学出版会, 1989
43) J.M. Worencraft and I.M. Jacobs : *Principles of Communication Engineering*, John Wiley & Sons, Inc., 1965
44) J.G. Proakis, *Digital Communications*, McGraw-Hill, 1995 (邦訳：坂庭他 (訳)「ディジタルコミュニケーション」, 科学技術出版社, 1999)

解析学/フーリエ解析

45) 高木 貞治：解析概論 (改訂第 3 版), 岩波書店, 1961
46) 染谷 勲: 波形伝送 (第 4 章), 修教社, 1949
47) 河田 龍夫：FOURIER 解析, 産業図書, 1975
48) 大石 進一：フーリエ解析, 岩波書店, 1989
49) A. Papoulis: *The Fourier Integral and Its Applications*, McGraw-Hill, 1962 (邦訳：大槻・平岡 (監訳)「応用フーリエ積分」, オーム社, 1967)
50) M.J. Lighthill: *Introduction to Fourier analysis and generalised functions*, Cambridge University Press, 1958 (邦訳：高見 穎郎 (訳)「フーリエ解析と超関数」, ダイヤモンド社, 1975)

セキュリティ/暗号理論 (成書)

51) 池野 信一，小山 謙二：現代暗号理論，電子情報通信学会 編，1986
52) 辻井 重男・笠原 正雄 編著：暗号と情報セキュリティ，昭晃堂，1990
53) 岡本 龍明・太田 和夫 共編：暗号・ゼロ知識証明・数論，共立出版，1995
54) 情報理論とその応用学会 編：暗号と認証，情報理論とその応用シリーズ IV，培風館，1996
55) 岡本 栄司：暗号理論入門 (第 2 版)，共立出版，2002
56) 宮地 充子，菊池 浩명：情報セキュリティ，オーム社，2003
57) 黒澤 馨，尾形 わかば：現代暗号の基礎数理，電子情報通信レクチャーシリーズ D-8，コロナ社，2004
58) 辻井 重男・笠原 正雄 編著：暗号理論と楕円曲線，森北出版，2008
59) D.R. Stinson: *Cryptography: Theory and Practice*, Third Edition, CRC Press, 2005 (邦訳：桜井他 (訳)「暗号理論の基礎」(第一版)，共立出版，1996)
60) A.J. Menezes, P.C. van Oorschot and S.A. Vanstone: *Handbook of Applied Cryptography*, CRC Press, Inc. 1997

セキュリティ/暗号理論 (論文)

61) C.E. Shannon: "Communication Theory of Secracy Systems," *Bell System Tech. J.*, vol.28, pp.656–715, 1949
62) W. Diffie and M.E. Hellman: "New Directions in Cryptography," *IEEE Trans. on Inform. Theory*, vol.IT-22(6), pp.644–654, Nov. 1976
63) R.L. Rivest, A. Shamir and L. Adelman: "A Method for Obtaining Digital Signatures and Public-Key Cryptosystems," *Comm. ACM*, vol.21(2), pp.120–126, Feb. 1978
64) M.O. Rabin: "Digitalized Signatures and Public-Key Functions as Intractable as Factorization," MIT/LCS/TR-212, *MIT Lab. for Computer Science*, Jan. 1979
65) K. Kurosawa, T. Itoh and M. Takeuchi: "Public key cryptosystem using a reciprocal number with the same intractability as factoring a large number," *Cryptologia*, vol.12, pp.225–233, 1988

整数論

66) 高木 貞治：初等整数論講義 (第 2 版)，共立出版，1971
67) I. Kenneth and M. Rosen: *A Classical Introduction to Modern Number Theory*, Second Ed., Springer-Verlag, 1990
68) I. Niven, H.S. Zuckerman and H.L. Montgomery: *An Introduction to the*

Theory of Numbers, Fifth Ed., John Wiely and Sons, 1991
69) E. Bach and J. Shallit: *Algorithmic Number Theory*, The MIT Press, 1996
70) G. Tornaría: "Square Roots in Modulo p," *Proc. LATIN '02: Proceedings of the 5th Latin American Symposium on Theoretical Informatics*, pp.430–434, Springer-Verlag, 2002

素数と素因数分解

71) 内山 成憲:"素数とアルゴリズム," 電子情報通信学会誌, vol.91, no.6, pp.457–461, June 2008
72) R.M. Solovay and V. Strassen: "A fast Monte-Carlo test for primality," *SIAM Journal on Computing*, vol.6, no.1, pp.84–85, March 1977
73) M.O. Rabin: "Probabilistic Algorithm for Testing Primality," *Annals of Number Theory*, vol.12, pp.128–138, 1980
74) D. Coppersmith: "Modifications to the Number Field Sieve," *J. of Cryptology*, vol.6, pp.169–180, 1993
75) 宮地 充子:"デファクト暗号の評価," CRYPTREC 技術報告書 No.100, 2000 年度, http://www.ipa.go.jp/security/enc/CRYPTREC/fy15/doc/100_defacto.pdf, http://www.cryptrec.go.jp/estimation.html
76) CRYPTREC 2002 年度暗号アルゴリズム及び関連技術の評価報告 (No.19):"素因数分解問題 調査研究報告書," 2001 年 12 月　http://www.cryptrec.go.jp/estimation/rep_ID0019.pdf
77) M. Agrawal, N. Kayal and N. Saxena: "PRIMES is in P," *Annals of Math.*, vol.160, no.2, pp.781–793, 2004

その他

78) 福村 晃夫, 後藤 宗弘:算術符号理論, コロナ社, 1978
79) 渡辺 治:計算可能性／計算の複雑さ入門, 近代科学社, 1992
80) 梶谷 洋司:組合せアルゴリズム通論, コロナ社, 2002
81) 上野 修一, 高橋 篤司:情報とアルゴリズム, 森北出版, 2005
82) W. Mayeda: *Graph Theory*, John Wiley & Sons, Inc., 1972

索引

【2】

2 元消失通信路 (BEC) [Binary Erasure Channel] *96*
2 元対称通信路 (BSC) [Binary Symmetric Channel] *4, 94, 95*
2 元入力 AWGN 通信路 [binary input AWGN channel] *191*
2 元無記憶対称通信路 [binary memoryless symmetric channel] *96*

【A】

AES [Advanced data Encryption Standard] *201*
AWGN 通信路 [Additive White Gaussian Noise channel] *185*

【B】

Belief Propagation 復号法 [Belief Propagation decoding] *156*
Berry-Esseén の定理 [Berry-Esseén theorem] *15*

【D】

DES [Data Encryption Standard] *201*
DSA [Digital Signature Algorithm] *209, 219*

【K】

Kullback-Leibler 情報量 [Kullback-Leibler information] *27*

【M】

MAP 復号法 [Maximum A Posteriori probability decoding] *121*
ML 復号法 [Maximum Likelihood decoding] *123*

【R】

RSA 暗号 [RSA cryptosystem] *209*

【S】

SSH [Secure SHell] *209*
Sum-Product アルゴリズム [Sum-Product algorithm] *152, 156, 161*

【Z】

Z 通信路 [Z-channel] *96*
ZL 符号 [Ziv-Lempel code] *74*

【あ】

アナログ情報 [analog information] *176*
アナログ信号 [analog signal] *176*
余り [remainder] *221*

誤り訂正符号 [error correcting code] *142*
アルファベット [alphabet] *17*
暗号 [cryptography, cryptogram, code, cipher] *198*
暗号化 [encryption, coding] *199*
暗号化鍵 [encryption key] *203*
暗号文 [cipher text] *199*

【い】

イエンゼンの不等式 [Jensen's inequqlity] *90*
位数 [order] *229*
一意に復号可能 [uniquely decodable] *31, 33*
一方向ハッシュ関数 [one way hash function] *206*
イライアス符号 [Elias code] *57*
因数定理 [factor theorem] *223*
インパルス応答 [impulse response] *195*

【え】

枝 [edge] *34*
エルガマル暗号 [ElGamal cryptography] *219*
エルガマル署名 [ElGamal signature] *219*
エントロピー [entropy] *3, 26, 182*

【お】

オイラーの関数 [Euler's function] 228
オイラーの基準 [Euler's criterion] 232
凹関数 [concave function] 90
重み [weight] 144

【か】

解読 [decipher, decode, decrypt] 199
ガウス雑音 [Gaussian noise] 95
ガウス信号 [Gaussian signal] 182
ガウスの補題 [lemma of Gauss] 233
ガウス分布 [Gaussian distribution] 14
ガウス変数 [Gaussian random variable] 186
可換群 [commutative group] 220
可換律 [commutativity] 221
鍵 [key] 199
鍵共有プロトコル [key sharing protocol] 220
鍵の配送 [key delivery (key distribution)] 201
拡大情報源 [extended source] 41
拡大体 [extention field] 231
確率 [probability] 8
確率過程 [stochastic process] 194
確率空間 [probability space] 8
確率の公理 [axioms of probabilty system] 8
(確率) 分布関数 [probability distribution function] 9
確率ベクトル [probability vector] 102

確率変数 [random variable] 9
確率密度関数 [probability density function] 10
確率モデル [probabilistic model] 17
加群 [additive group] 144, 221
加法群 [additive group] 144, 221
加法的通信路 [additive channel] 145
加法的白色ガウス雑音通信路 [additive white Gaussian noise channel] 185
可約 [reducible] 223
環 [ring] 221
換字暗号 [substitution cipher] 199
完全符号 [perfect code] 146
環同型 [ring isomorphism] 227

【き】

木 [tree] 35
期待値 [expectation] 11
既約 [irreducible] 223
逆元 [inverse] 221
既約多項式 [irreducible polynomial] 143
ギャラガ関数 [Gallager function] 130
ギャラガーの上界 [Gallager's upper bound] 126
行重み [row weight] 150
共通鍵暗号システム [common key cryptosystem] 199
共分散行列 [covariance matrix] 186
距離 [distance] 144
近傍グラフ [neighborhood graph] 150

【く】

空間計算量 [space complexity] 45
空事象 [empty event] 8
グラフ [graph] 34
クラフト・マクミランの定理 [Kraft-McMillan's theorem] 37
クラフトの不等式 [Kraft's inequality] 37
群 [group] 220

【け】

計算量 [computational comolexity] 45
結合確率分布関数 [joint probability distribution function] 9
結合確率変数 [joint random variable] 9
結合確率密度関数 [joint probability density function] 10
結合事象 [joint event] 8
結合弱定常 [jointly weakly stationary] 194
結合律 [associativity] 220
限界距離復号法 [bounded distance decoding] 145
原始元 [primitive element] 229

【こ】

公開鍵暗号系 [public key cryptosystem] 202
広義定常 [wide-sense stationary] 194
合成数 [composite number] 222
合同 [congruent, congruence] 226
公倍数 [common multiple] 222

公約数 [common divisor] 222
公約多項式 [common divisor] 223
コーシーの定理 [Cauchy's theorem] 230
語頭 [prefix] 34, 75
語頭符号 [prefix code] 34
根 [root] 223
コンパクト符号 [compact code] 50
コンマ符号 [comma code] 31

【さ】

最小公倍数 [least common multiple] 209, 222
最小ハミング重み [minimum Hamming weight] 144
最小ハミング距離 [minimum Hamming distance] 144
最大公約数 [greatest common divisor] 209, 222
最大公約多項式 [greatest common divisor] 223
最大事後確率復号法 [maximum a posteriori probability decoding] 121
最適復号器 [optimum decoder] 120
最適復号領域 [optimum decoding region] 120
最尤復号法 [maximum likelihood decoding] 123
雑音 [noise] 4, 95
算術符号 [arithmetic code] 57

【し】

シーザー暗号 [Caesar cipher] 199
時間計算量 [time complexity] 45
自己相関 [auto-correlation] 194
事象 [event] 8
次数 [degree] 150, 222

実数体 [field of real numbers] 143
ジブ・レンペル符号 [Ziv-Lempel code] 74
ジブの不等式 [Ziv's inequality] 83
写像 [mapping] 29
シャノン・ファノ符号 [Shannon-Fano code] 39, 46
シャノンの補題 [Shannon's lemma] 26
周辺確率 [marginal probability] 9
受信機 [receiver] 2
巡回群 [cyclic group] 229
準指数関数 [subexponential] 207
瞬時符号 [instantaneous code] 31, 34
商 [quotient] 221
条件付き確率 [conditional probability] 8
冗長 [redundant] 29
冗長シンボル [redundant symbol] 146
情報圧縮 [information compression] 4
情報源 [information/message source] 17
情報源符号化 [source coding] 4, 29
情報源符号化定理 [source coding theorem] 40, 42
情報シンボル [information symbol] 146
情報伝達速度 [information transfer rate] 6, 124
剰余系 [residue class system] 226
剰余類環 [residue class ring] 226

剰余類群 [residue class group] 226, 229
信号 [signal] 176
信号対雑音比 [signal to noise ratio] 189
シンドローム [syndrome] 147
真部分集合 [proper subset] 35
シンボル [symbol] 17
信頼性関数 [reliability function] 130

【す】

スキャナー [scanner] 86
ストリーム暗号 [stream cipher] 199

【せ】

正規部分群 [normal subgroup] 229
正規分布 [normal distribution] 14, 15
整除の関係 [division algorithm] 221, 223
生成 [generate] 229
生成行列 [generator matrix] 147
生成元 [generator] 219, 229
正則 LDPC 符号 [regular LDPC code] 150
正則パリティ検査行列 [regular parity check matrix] 150
静的符号化 [static coding] 45
セグメント [segment] 74, 75
節点 [vertex, node] 34
零元 [zero] 221
遷移確率 [transition probability] 97, 125
遷移行列 [transition matrix] 98
漸近的最良性 [asymptotically optimum] 66
線形時不変システム [linear time-invariant system] 195

索引

線形量子化 [linear quantization] 179
全事象 [whole event] 8

【そ】

素因数分解 [prime factorization] 207
相互情報量 [mutual information] 100, 187
相互相関 [cross-correlation] 194
送信機 [transmitter] 1
増分分解 [incremental parsing] 75
疎行列 [sparse matrix] 150
素数 [prime number] 143, 222
素体 [prime field] 230
ソロベイ・ストラッセンの素数判定法 [Solovay-Strassen's primality test] 238

【た】

体 [field] 143, 221
帯域制限信号 [bandlimited signal] 178
対称 [symmetric] 109
対称通信路 [symmetric channel] 109
ダイバージェンス [divergence] 27
互いに素 [mutually disjoint] 8
多項式 [polynomial] 222
多次元エントロピー [multi dimensional entropy] 183
多次元条件付きエントロピー [multi dimensional conditional entropy] 183
畳み込み [convolution] 13
タナーグラフ [Tanner graph] 149
単位元 [identity] 220
単一誤り訂正符号 [single error correcting code] 146
単純閉路 [simple loop] 35
単純マルコフ情報源 [simple Markov source] 20
端点 (葉) [end node (leaf)] 35
単連結 [simply connected] 35

【ち】

チェックノード [check node] 149
チェビシェフの不等式 [Chebyshev's inequality] 12
置換 [permutation] 109
中国人の剰余定理 [Chinese remainder theorem] 227
中心極限定理 [central limit theorem] 15, 95
超関数 [distribution] 9
頂点 [vertex, node] 34

【つ】

通信 [communication] 1
通信路 [communication channel] 2
通信路「逆」符号化定理 [converse coding theorem] 118
通信路行列 [channel matrix] 98
通信路符号化 [channel coding] 6
通信路符号化定理 [channel coding theorem] 6, 118, 125, 193
通信路容量 [channel capacity] 5, 106, 188

【て】

ディジタル情報 [digital information] 176
ディジタル署名 [digital signature] 205
ディジタル信号 [digital signal] 176

低密度パリティ検査符号 [LDPC (Low-Density Parity-Check) code] 150
テイラー展開 [Taylor expansion] 7
テイラーの定理 [Taylor's theorem] 7
データ圧縮 [data compression] 4
データ圧縮符号 [data compression code] 45
適応符号化 [adaptive coding] 45
電気通信 [electrical communication] 1
伝達情報量 [transinformation] 5, 100, 187
転置暗号 [transposition (permutation) cipher] 200
電力スペクトル密度 [power spectral density] 195, 196

【と】

(統計的に) 独立 [statistically independent] 8, 10
同値関係 [equivalence relation] 226
等長符号 [fixed length code] 31
動的符号化 [dynamic coding] 45
特異符号 [singular code] 31
特性関数 [characteristic function] 13
独立情報源 [independent source] 18
独立同一分布 [i.i.d. independent and identically distributed] 15, 189
独立分解 [independent decomposition] 79
上に凸な関数 [concave function] 90
凸関数 [convex function] 90

下に凸な関数 [convex function] 90
凸集合 [convex set] 90

【な行】

内挿 [interpolation] 178
内挿関数 [interpolation function] 178
認証子 [authenticator] 206
根 [root] 35
ノード [node] 34

【は】

バーナム暗号 [Vernam cipher] 200
白色ガウス雑音 [white Gaussian noize] 184
白色雑音 [white noise] 196
パス [path] 35
ハッシュ関数 [hash function] 206
ハフマン符号 [Huffman code] 46
ハミング重み [Hamming weight] 144
ハミング距離 [Hamming distance] 144
ハミング符号 [Hamming code] 146
パリティ検査行列 [parity check matrix] 146

【ひ】

非瞬時符号 [non-instantaneous code] 32
歪 [distortion] 30
非線形量子化 [nonlinear quantization] 179
ビット誤り率 [bit error rate] 4, 95
標準偏差 [standard deviation] 12
標本化定理 [sampling theorem] 178
標本化 [sampling] 177, 178
標本化間隔 [sampling interval] 178
標本化関数 [sampling function] 178
標本化周波数 [sampling frequency] 178
標本値 [sampled value] 178
平文 (ひらぶん) [plain text] 198
平文化 [decipher, decode, decrypt] 199
平文復元によるディジタル署名 [digital signature by plain text recovery] 205

【ふ】

ファクシミリ [facsimile] 86
フィルタ [filter] 195
フーリエ変換 [Fourier transform] 13
フェルマテスト [Fermat test] 208
フェルマの小定理 [Fermat's theorem] 228, 229
不規則過程 [stochastic process] 194
不規則信号 [random process] 194
不規則変数 [random variable] 9
復号 [decipher, decode, decrypt] 199
復号閾値 [decoding threshold] 169
復号化 [decoding] 29
復号化鍵 [decryption key] 203
復号器 [decoder] 2, 29
復号木 [decoding tree] 150
復号領域 [decoding region] 119
複雑度 [complexity] 79
複素数体 [field of complex numbers] 143
負元 [negative element] 221
符号 [code] 29
符号化 [coding] 29
符号化率 [coding rate] 124
符号器 [encoder] 1, 29
符号器アルファベット [encoder alphabet] 29
符号語 [codeword] 29
符号長 [code length] 146
符号の木 [code tree] 35
不等長符号 [variable length code] 31
不動点 [fixed point] 169
部分群 [subgroup] 229
ブロック暗号 [block cipher] 199
ブロック符号 [block code] 124
分割 [parition] 119
分散 [variance] 12
分配律 [distributive law] 221
分布関数 [distribution function] 9

【へ】

平均 [mean, average] 11
平均に関する基本定理 [fundamental theorem of expectation] 11
平均値の定理 [mean value theorem] 91
平均伝達情報量 [mean transinformation] 5, 100
平均電力 [average power] 194
平均符号長 [average code lenght] 32
ベイズの定理 [Bayes' theorem] 9
平方剰余 [quadratic residue] 213, 232
平方非剰余 [quadratic non-residue] 213, 232
閉路 [loop, cycle, circuit] 35
辺 [arc, edge] 34

索引

平均情報量 [entropy]　3, 26
変数ノード [variable node]　149

【ほ】
補間 [interpolation]　178

【ま】
マクローリン展開 [Maclaurin expansion]　7
マルコフ情報源 [Markov source]　19

【み】
道 [path]　35
密度発展法 [density evolution]　172

【む】
無記憶 [memoryless]　96, 97, 125
無記憶情報源 [memoryless source]　18
無条件に安全 [unconditionally secure]　201
無相関 [no correlation]　194
無歪圧縮 [distortinless compression]　30

【め】
メッセージ [message]　157
メッセージパシングアルゴリズム [message passing algorithm]　156

【も】
モーメント [moment]　12
モニック多項式 [monic polynomial]　223

【や】
ヤコビの記号 [Jacobi's symbol]　217, 236

【ゆ】
ユークリッドアルゴリズム [Euclidean algorithm]　223
ユークリッドの互除法 [Euclidean algorithm]　223
有限群 [finite group]　229
有限体 [finite field]　143, 230
有理数体 [field of rational numbers]　143
ユニバーサル符号 [universal code]　67

【よ】
余事象 [complement event]　8

【ら】
ラグランジュの定理 [Lagrange's theorem]　229
ラメの定理 [Lamé's theorem]　224
ラン [run]　86
ランダウの記号 [Landau symbol]　152
ランダム符号化 [random coding]　127
ランレングス符号 [run length code]　86

【り】
離散情報 [discrete information]　176
離散信号 [discrete signal] 176
離散対数 [discrete logarithm]　207
離散無記憶通信路 [discrete memoryless channel] 5, 97
量子化 [quantization]　177, 179
量子化誤差 [quantization error]　180
量子化雑音 [quantization noise]　180
量子化ステップ幅 [quantization step size]　180
量子化歪み [quantization distortion]　180
量子化ビット数 [number of quantization bits]　180

【る】
ルート [root]　35
ルジャンドルの記号 [Legendre's symbol]　216, 232

【れ】
レート歪理論 [rate distortion theory]　30
列重み [column weight]　150
連結 [connected]　35
連続情報 [continuous information]　176
連続信号 [continuous signal]　176
連続通信路 [continuous channel]　5, 176

【ろ】
ロールの定理 [Rolle's theorem]　7
ロピタルの定理 [l'Hôpital's rule]　7

【わ】
ワイル符号 [Wyle code]　86
和事象 [union event]　8
割り切る [divisible] 222, 223
ワンショット符号化 [one-shot coding]　67
ワンタイムパッド [one time pad]　201

―― 著者略歴 ――

坂庭 好一（さかにわ こういち）
- 1972 年 東京工業大学工学部電子工学科卒業
- 1974 年 東京工業大学大学院修士課程修了
  （電子工学専攻）
- 1977 年 東京工業大学大学院博士課程修了
  （電子工学専攻）
  工学博士
- 1977 年 東京工業大学助手
- 1983 年 東京工業大学助教授
- 1991 年 東京工業大学教授
- 2014 年 東京工業大学名誉教授

笠井 健太（かさい けんた）
- 2001 年 東京工業大学工学部情報工学科卒業
- 2003 年 東京工業大学大学院修士課程修了
  （集積システム専攻）
- 2006 年 東京工業大学大学院博士課程修了
  （集積システム専攻）
  博士（学術）
- 2006 年 東京工業大学助手
- 2007 年 東京工業大学助教
- 2012 年 東京工業大学准教授
  現在に至る

通信理論入門
Introduction to Communication Theory
© Kohichi Sakaniwa, Kenta Kasai 2014

2014 年 9 月 22 日 初版第 1 刷発行

検印省略	著　者	坂　庭　好　一
		笠　井　健　太
	発行者	株式会社　コロナ社
	代表者	牛来真也
	印刷所	三美印刷株式会社

112-0011 東京都文京区千石 4-46-10
発行所　株式会社　コ ロ ナ 社
CORONA PUBLISHING CO., LTD.
Tokyo Japan
振替 00140-8-14844・電話(03)3941-3131(代)
ホームページ http://www.coronasha.co.jp

ISBN 978-4-339-02464-7　　（金）　　（製本：愛千製本所）
Printed in Japan

本書のコピー、スキャン、デジタル化等の無断複製・転載は著作権法上での例外を除き禁じられております。購入者以外の第三者による本書の電子データ化及び電子書籍化は、いかなる場合も認めておりません。

落丁・乱丁本はお取替えいたします